# 磁约束等离子体发射原理

毛保全　白向华　魏曙光　著

西北工业大学出版社

西安

【内容简介】 本书共 8 章。第 1 章绪论,主要介绍磁约束等离子体发射原理相关概念、发展动态和应用前景;第 2~6 章,从磁约束等离子体特性、效应和产生出发,分别介绍磁约束等离子体动态分布规律及鞘层特性、磁约束等离子体隔热效应、磁约束等离子体减压效应、磁约束等离子体增力效应和火药燃烧时等离子体产生规律;第 7 章是外加磁场源特性仿真分析;第 8 章是磁约束等离子体发射原理试验验证。本书全面介绍磁化等离子体发射技术,为火炮技术革新提供借鉴和参考。

本书可为从事火炮研究、论证、设计及试验的教师和科研人员提供参考,也可作为武器相关专业研究生和高年级本科生的辅助教材。

**图书在版编目(CIP)数据**

磁约束等离子体发射原理 / 毛保全,白向华,魏曙光著. — 西安 : 西北工业大学出版社,2024.3
ISBN 978 - 7 - 5612 - 9242 - 6

Ⅰ.①磁… Ⅱ.①毛… ②白… ③魏… Ⅲ.①磁约束 -等离子体-离子发射 Ⅳ.①O53

中国国家版本馆 CIP 数据核字(2024)第 061823 号

CIYUESHU DENGLIZITI FASHE YUANLI

**磁约束等离子体发射原理**
毛保全　白向华　魏曙光　著

| | | | |
|---|---|---|---|
| 责任编辑:孙　倩 | | 策划编辑:张　炜 | |
| 责任校对:朱辰浩 | | 装帧设计:高永斌　李　飞 | |

出版发行:西北工业大学出版社
通信地址:西安市友谊西路 127 号　　邮编:710072
电　　话:(029)88491757,88493844
网　　址:www.nwpup.com
印 刷 者:西安真色彩设计印务有限公司
开　　本:710 mm×1 000 mm　　1/16
印　　张:18.625
字　　数:355 千字
版　　次:2024 年 3 月第 1 版　　2024 年 3 月第 1 次印刷
书　　号:ISBN 978 - 7 - 5612 - 9242 - 6
定　　价:88.00 元

# 序　言

　　火炮是陆、海、空三军装备数量最多,使用最广泛的武器之一,是陆军火力 体系的主体。受传统发射原理和发射方式的局限,目前火炮在提高威力、轻量化 和延长寿命等综合性能方面难以取得突破性进展。高初速、高膛压与轻量化、长 寿命之间的矛盾越来越突出,已成为制约火炮发展的瓶颈。

　　针对上述问题,毛保全教授的科研团队提出了"磁化等离子体火炮"新概念,申请了武器装备探索研究项目,历时五年完成了探索项目协议规定的全部研究内 容,技术指标达到了协议要求,并顺利通过了项目验收。后续他们又开展了一系列试验验证,为本书的撰写提供了丰富的理论和实践基础。

　　"磁化等离子体火炮"不改变传统火炮的发射原理,通过在常规火炮身管外 施加磁场,火炮发射时产生的等离子体被磁场约束,在弹后空间形成带电粒子的 定向扩散和磁流体动力学效应,从而产生隔热、减压和增力三个效应。

　　火炮发射过程涉及发射药燃烧、膨胀做功、弹丸运动等过程,具有高温、高 压、瞬态(毫秒级)等特性,施加磁场后又涉及多物理场耦合问题,该条件下对 等离子体磁约束特性进行研究十分困难。该科研团队克服了多种技术困难,最终验证了磁化等离子体火炮概念的可行性,并形成了一套磁约束等离子体发射原理 相关体系,最终汇总成书。

　　本书以等离子体物理学、电磁学、火炮内弹道学、气体动力学、磁流体力学 和材料力学等为基础,系统全面地阐述了磁化等离子体火炮鞘层形成、隔热、提高 弹丸推力、减小身管径向压力等机理;集成了磁约束等离子体湍流耗散、瞬态动力学、高压下火药燃气热电离建模仿真和磁化等离子火炮试验测试等关键技术，创造性地提出了一条解决身管类武器烧蚀问题和进一步提高初速的崭新技术途径。因此，该书是一本原创性强、技术含量大、科学水平高的著作。

本书对从事火炮相关理论研究和应用的科研人员、工程技术人员以及院校相关专业的高年级本科生和研究生具有重要的参考价值。

基于此，我郑重推荐该书出版。

中国工程院院士 臧克茂

2023 年 10 月

# 前　言

　　针对制约火炮发展的高初速、高膛压与轻量化、长寿命之间的矛盾越来越突出的瓶颈问题,我们科研团队提出了"磁化等离子体火炮"新概念,完成了原总装备部武器装备探索研究项目,取得了一系列理论研究和实验验证成果。为了使这些宝贵成果得到推广应用,我们团队对项目成果进行了总结、提炼、升华,形成了在纵向围绕火药燃烧型等离子体、磁场源及隔热减压增力三个效应,在横向包括理论分析、仿真建模、试验验证的逻辑架构,构成了磁约束等离子体发射原理的内容体系,遂成此书。

　　本书共8章。第1章绪论,主要介绍相关概念、发展动态和应用前景;第2至6章,从磁约束等离子体特性、效应和产生出发,分别介绍磁约束等离子体动态分布规律及鞘层特性、磁约束等离子体隔热效应、磁约束等离子体减压效应、磁约束等离子体增力效应和火药燃烧时等离子体产生规律;第7章是外加磁场源特性仿真分析;第8章是磁约束等离子体发射原理试验验证。

　　本书的特点体现在以下三个方面。第一,理论分析和建模仿真相结合,使理论具备较强的科学性。第2章在研究磁约束等离子体动态分布及鞘层特性时使用 Comsol Multiphysics 软件仿真模拟;第3章分析高压下磁约束等离子体的传热特性试验采用 Ansys Maxwell 软件对电磁铁进行磁场的有限元分析;第4章采用 FLUENT 软件对磁控等离子体动力学模型进行分析计算;第5章在磁约束等离子体增力效应模型构建中采用 CFD 软件求解感应电流;第7章利用 Ansys Maxwell 软件对外加磁场源特性进行仿真分析等。将理论分析和建模仿真紧密结合在一起,充分发挥计算机软件的工具作用,使理论更具可靠性和科学性。第二,理论分析和试验验证相结合,使理论具备较强的指导性。第8章对磁约束等离子体发射原理进行试验验证,验证磁化等离子体火炮隔热、减压和增力效应的正确性。其中的试验数据和结果对实践具有重要的指导意义。第三,凝聚最新研究成果,具有很强的创新性。不论是磁化等离子体火炮新概念的提出,还是理论模型(火药燃烧时等离子体生成模型、磁化等离子体火炮隔热效应模型、磁化等离子体火炮减压效应模型、磁化等离子体火炮增力效应模型)的构建,甚至磁化等离子体火炮原理试验系统,这些都属于国际首创。

我们将项目组近十年关于磁化等离子体火炮相关的理论和实践研究成果编写成书,衷心希望本书的出版能对磁约束等离子体研究领域及新概念火炮的发展起到积极的推动作用。

本书由毛保全、白向华、魏曙光著。罗建华、陈永康、童晓、赵其进、杨雨迎、李向荣、徐振辉、李华、韩小平、肖自强、陈春林、贺珍妮、李转、金琦、罗静、李仁玢、高祥涵、王传有、王之千、李程、兰图、李晓刚、宋鹏、李俊参与撰写。

本书的出版得到了陆军装甲兵学院博士后站点建设经费资助。在撰写本书过程中,还得到了陆军装甲兵学院臧克茂院士的热情鼓励和大力支持。在本书涉及的相关内容中,北京理工大学朵英贤院士、兵器科学研究院苏哲子院士、中北大学李魁武院士、航天五院赵华研究员等提供了指导和帮助,在此一并表示衷心的感谢。本书的撰写和出版还得到了陆军装甲兵学院各级领导和同事的大力支持和帮助,特向他们表示衷心的感谢。

限于笔者学识水平和经验,书中难免存在不足之处,恳请广大读者予以批评指正。

著 者

2023 年 10 月

# 目　　录

# 第1章 绪 论

## 1.1 磁约束等离子体发射原理相关概念

### 1.1.1 等离子体

#### 1. 等离子体概念

等离子体(Plasma)是一种由带负电的自由电子和带正电的离子为主要成分的物质形态,也称为"超气态",或者"电浆体"。当气体温度上升到一定的程度或者有高压放电时,气体分子中的原子从中获得能量,核外电子脱离原子的束缚,成为自由电子,于是气体便成为由电子和离子组成的体系。等离子体具有一些普通气体性质,但又和普通气体有本质的不同,等离子体具有很高的导电性,与电磁场存在极强的耦合作用。普通气体中的气体分子之间的相互作用力是短程力,而在等离子体中,带电粒子之间的作用力是长程的库仑力,库仑力的作用使正电荷或负电荷局部集中产生电场,电荷定向运动引起的电流产生磁场,电场和磁场反过来又能影响带电粒子的运动。空间电场和磁场对带电粒子的作用由洛伦兹(Lorentz)力定律来描述$[F=q(E+v\times B)]$,另外等离子体还需要满足动量守恒、能量守恒、粒子数守恒等约束条件,因此等离子体的性质是由带电粒子的分布和运动情况决定的。等离子体在有限空间中的粒子运动与场之间的耦合是一切等离子体现象的基础和根源。

#### 2. 等离子体构成

等离子体是一种由自由电子和带电离子为主要成分的物质形态,广泛存在于宇宙中,常被视为物质的第四态,被称为等离子态,或者"超气态",也称"电浆体"。等离子体具有很高的电导率,与电磁场存在极强的耦合作用。等离子体是由克鲁克斯在 1879 年发现的,1928 年美国科学家欧文·朗缪尔和汤克斯(Tonks)首次将"等离子体"一词引入物理学,用来描述气体放电管里的物质形态。严格来说,等离子体是具有高位能动能的气体团,等离子体的总带电量仍是中性,借由电场或磁场的高动能将外层的电子击出,结果电子已不再被束缚于原子核,而成为高位能高动能的自由电子。产生等离子体的不同途径如图 1-1 所示。

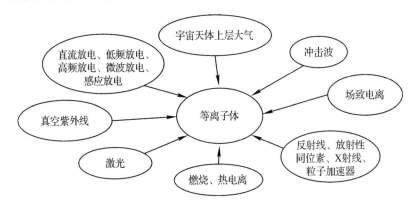

图 1-1  产生等离子体的不同途径

等离子体是物质的第四态,即电离了的"气体",它呈现出高度激发的不稳定态,其中包括离子(具有不同符号和电荷)、电子、原子和分子。其实,人们对等离子体现象并不生疏。在自然界里,炽热烁烁的火焰、光辉夺目的闪电以及绚烂壮丽的极光等都是等离子体作用的结果。对于整个宇宙来讲,几乎 99.9% 以上的物质都是以等离子体态存在的,如恒星和行星际空间等都是由等离子体组成的。用人工方法,如核聚变、核裂变、辉光放电及多种放电都可产生等离子体。分子或原子的内部结构主要由电子和原子核组成。在通常情况下,即上述物质前三种形态,电子与核之间的关系比较固定,即电子以不同的能级存在于核场的周围,其势能或动能不大。

当普通气体温度升高时,气体粒子的热运动加剧,使粒子之间发生强烈碰撞,大量原子或分子中的电子被撞掉,当温度高达百万到 $10^9$ K 时,所有气体原子全部电离。电离出的自由电子总的负电量与正离子总的正电量相等。这种高度电离的、宏观上呈中性的气体叫等离子体。

等离子体和普通气体性质不同。普通气体由分子构成,分子之间相互作用力是短程力,仅当分子碰撞时,分子之间的相互作用力才有明显效果,理论上用分子运动论描述。在等离子体中,带电粒子之间的库仑力是长程力,库仑力的作用效果远远超过带电粒子可能发生的局部短程碰撞效果;等离子体中的带电粒子运动时,能引起正电荷或负电荷局部集中,产生电场;电荷定向运动引起电流,产生磁场。电场和磁场要影响其他带电粒子的运动,并伴随着极强的热辐射和热传导;等离子体能被磁场约束作回旋运动等。等离子体的这些特性使它区别于普通气体,被称为物质的第四态。

## 1.1.2 磁约束

磁约束是一种利用磁场对带电粒子进行约束的技术,被广泛应用于离子源、等离子体物理、核聚变等领域。

磁场是为人们所熟悉的,任何磁铁的周围都存在着磁场,一根通电的导线其周围也有磁场存在。对于受控核聚变的研究来说,最感兴趣的是电流的磁场,因为电流的流向、强度、通断都比较容易控制,因而能得到形状、强度、分布等都比较理想的磁场,这对于有效地约束高温等离子体具有决定性的意义。

电流的流向与磁场的形状、方向有着简单而明确的关系。沿着直导线流过的电流,其磁场是环形的,沿着螺旋形导线流过的电流,其磁力线是直线形的。它们之间的关系可按右手定则确定。

电流在磁场中流过时,会产生一定的作用力。电动机即根据这个原理制成。在核聚变研究中将利用这个作用力来约束高温等离子体。电流、磁场、作用力三者之间的关系可按左手定则确定。

高温等离子体由高速运动的荷电粒子(离子、电子)所构成,犹如电流一样,把它们放置在磁场之中,这些粒子的运动方向就会由于受到磁场的作用力而发生变化,从而为约束提供具体的可能性。运动的带电粒子在磁场中受力的大小,除与磁场强度、粒子电荷的大小有关外,还与粒子运动的方向有关。只有当粒子运动方向与磁场相垂直时,磁场才对它施加最大可能的作用力。如粒子沿磁场方向运动,则作用力为零。如粒子运动方向与磁场有一定夹角,则作用力取决于垂直于磁场的速度分量。这样,带电粒子在磁场中运动时,就受到磁场的作用力而约束。磁场越强,或者粒子的电荷越大,则受到的约束越强。另外,如果粒子的质量越大、速度越快,则该粒子具有的反约束能力就越大。如果磁场能把所有的燃料粒子都约束住,则该磁场就能成功地起到任何容器都起不到的作用——约束高温等离子体。和没有磁场的情况相比,磁场中的粒子再也不能自由地向四面八方运动,而是沿着一螺旋形的轨道运动。当然,由于等离子体内荷电粒子的电荷不同(有正有负,有多有少)、质量不同、速度不同,各个粒子的轨道是不同的,粒子之间不可避免地发生碰撞,并可能引起粒子的损失。这种损失叫作"经典扩散"。经典扩散是一种无法避免的损失过程,但是在核聚变中,这种损失并不严重。

当带电粒子受磁场约束,沿螺旋线运动时,带电粒子本身又要产生自己的磁场,而且这个磁场的方向总是和外磁场方向相反。带电粒子在方向向下的匀强磁场 $B_0$ 中以速度 $v$ 向里运动,这时粒子受到一个向左的磁场力 $F$,使粒子按逆时针方向旋转向上运动。此时,由带电粒子构成的螺旋形电流产生它自己的磁场 $B'$,其方向向上,因而削弱了 $B_0$ 的强度。这就是说,被约束的粒子将用自己的磁场来削弱对它的约束。显然,被约束的粒子越多,它们的速度越快,则 $B_0$ 被削弱得越厉害。

磁约束等离子体发射原理是,利用发射药燃烧生成的等离子体在磁场中运动时,内部将产生感应电流,感应电流又会与磁场作用产生洛伦兹力,形成磁流体动力学(MHD)效应,这种效应可以改变气体的流动状态,影响气体的流动和传热性能[1]。

## 1.1.3　磁约束等离子体发射原理的特点

在身管武器中运用磁约束等离子体发射原理既能大幅提高身管武器弹丸的推动力,又能使身管所受径向力降低,同时还能大幅提高身管的耐热性、延长寿命,有望解决长期以来困扰国内外身管武器高膛压、高初速与轻量化、长寿命之间的矛盾,是身管武器技术发展的一次飞跃,对于武器装备的发展具有极大的推动作用。

**1.磁约束等离子体发射能大幅提高弹丸推动力,有效提高弹丸速度**

磁约束等离子体发射在不改变发射原理的基础上,可从两方面提高弹丸推动力:一是利用磁化等离子体鞘层的隔热作用,使高温气体向身管壁传递热量大幅减小,增大了身管中轴向的气体动能,增大了弹丸的推动力;二是在火炮膛内产生磁化等离子体鞘层,使膛内高温高压气体呈现出磁流体特征。由于磁流体的磁马赫数比一般马赫数低,磁流体的磁声速增大,突破了常规火药气体的迟滞声速极限,降低了轴向磁流体的热化效率,身管中的磁流体动能增大,提高了气体的推动力。因此,弹丸速度可得到有效提高。

**2.磁约束等离子体发射能大幅降低身管所承受的径向压力,巧妙解决火炮高膛压与轻量化之间的矛盾**

磁约束等离子体发射利用磁化等离子体鞘层的压力各向异性特征,形成高温气体径向压力远远小于轴向压力的分布,在相同发射药量情况下,身管的径向压力减小30%,大幅降低了火炮身管壁所承受的压力,降低了火炮对材料和身管壁厚的要求,这为磁约束等离子体发射采用超轻质金属作为身管材料提供了可能。

**3.磁约束等离子体发射能在火药气体与身管之间产生隔热层,大幅延长火炮寿命**

磁约束等离子体发射可以产生磁化等离子体鞘层,这个鞘层就像一个处于高温高压火药气体与身管壁之间的隔热层,可以阻止高温高压火药气体热量向身管的传递。通过估算可知,仅有原来 1/3 的热量传递至身管,可提高身管的耐高温耐烧蚀能力,同时等离子体鞘层的存在大幅度降低了紧邻身管壁的高温高压气体密度,减少了高温高压气体对身管壁的冲刷作用,身管寿命得以大幅提高。

# 1.2　等离子体发展动态

当等离子体温度低于 $10^5$ K 时一般称为低温等离子体,而温度达到 $10^7 \sim 10^9$ K 时则称为高温等离子体。利用高压电、激光或其他热源使气体电离产生的属于低温等离子体,而低温等离子体根据不同粒子之间的热运动情况,又可分为冷等离子体和热等离子体。冷等离子体中粒子的热运动处于不平衡的状态,低质量的电子运动速度快,而质量大的离子运动速度慢,因此当电子温度达到上千电子伏时,气体温度仅有几十到几百摄氏度,气体放电是产生冷等离子体最常见的方式。热等离子体内部粒子运动处于热平衡或局部热平衡状态,电子温度与其他粒子温度相同,不同粒子之间通过热运动相互碰撞达到温度一致。本书所描述的等离子体主要从气体放电和热电离两方面产生。

## 1.2.1　气体放电产生等离子体

通常把在电场作用下气体被击穿而导电的物理现象称为气体放电,由此产生的等离子体叫作气体放电等离子体,它属于冷等离子体。气体放电等离子体基本过程都是利用外场使大量的气体分子激发和电离,形成等离子体。根据气体放电的形式和特点,可以把气体放电分为电晕放电、辉光放电、电弧放电和介质阻挡放电等。按照所加电场的频率不同,气体放电可以分为直流放电、低频放电、高频放电和微波放电等多种类型。

直流放电因其简单易行,特别是在工业装置上可以施加很大的功率,因而应用广泛。一些低温等离子体技术也是在气体放电和电弧技术的基础上进一步得到应用与推广,如等离子体蚀刻、焊接、表面处理、晶体制备以及材料改性等。直流电弧等离子体喷涂装置应用的就是典型的电弧放电等离子体。1950 年,美国联合碳化物公司研制出了第一台等离子体喷涂设备,将 Ar、He 等惰性气体经直流电弧放电后形成高温等离子体从喷枪喷出,喷涂粉末通过等离子体射流的加热和加速,在熔化状态下高速喷射至基体表面形成致密的涂层。经过几十年的发展,等离子体喷涂已成为应用最普遍的热喷涂技术之一。

介质阻挡放电(DBD)是利用插入放电空间的绝缘介质放电的一种气体放电方式。这种放电等离子体的优点在于能形成较大体积的等离子体放电区,且放电现象稳定均匀。介质阻挡放电的一个重要应用领域是能够处理工业污染,在众多的环境污染治理技术中,等离子体污染控制技术作为一种高效率、低能耗的环保新技术成为近年来研究的热点。其作用机理是:放电等离子体产生高度反应活性的电子、原子和自由基等活性物质,通过这些活性物质与各种有机、无机污染物分子反应,从而使污染物分子分解成小分子化合物。小分子化合物在等离子体环境下继续反应矿化成无毒的水、二氧化碳和无机盐。Lee 等用介质阻挡放电对含二甲苯的废气进行了处理,当电压为 18 kV 时,二甲苯中 95% 的碳矿化为二氧化碳,能量转换率达 7.1 g/(kW·h)。Chang 和郑光云等采用介质阻挡放电等离子体对含有甲苯和甲醛的废气进行处理,结果表明,当电压达 7.2 kV 时,甲苯的降解率可以达到 100%,主要产物为二氧化碳和水。图 1-2 所示为介质阻挡放电等离子体产生装置。

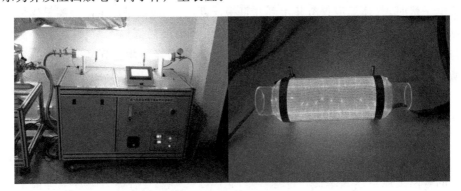

图 1-2　介质阻挡放电等离子体产生装置

南京苏曼公司创建的科罗纳实验室是在国内外均具有影响力的低温等离子体工程应用研究中心。该公司和美国内华达大学联合研发的"大流量低温等离子体工业废气处理系统"在治理大规模工业废气方面已取得显著的成效。系统应用低温等离子体内部产生的极高化学活性的粒子,如电子、自由基和激发态分子等。由于这些活性粒子的平均能量高于有机物分子的键能,它们和有机物分子发生频繁的碰撞,打开气体分子的化学键,最终将污染物质转化为 $CO_2$、CO

和 $H_2O$ 等物质,从而达到净化污染的目的。

## 1.2.2 热电离产生等离子体

热电离等离子体属于热等离子体范畴。热电离理论是 20 世纪早期由沙赫提出的,他描述了当物体被加热时,首先发生的是熔解,然后蒸发,最后发生电离这样一个分子或原子逐渐松弛的过程[2]。对于在气体中加入电离种子,是利用碱金属电离电位较低的特点,可以在温度为 2 000~2 500 K 时就得到足够的热电离,其主要应用领域为磁流体发电。

20 世纪 60 年代左右,美国 MHD 公司就进行了爆炸磁流体发电机的研究。它是将高能炸药在燃烧室内爆轰形成高温、高压等离子体,导电气体在带有磁体的极板间快速切割磁场,受洛伦兹力的作用在电极间感应生成电压,从而使负载获得高功率的脉冲电流[3]。1965 年,MHD 公司成功研制了磁流体发电装置。采用长 78 cm、宽 20 cm、高 15 cm 的发电通道,在 C4 型复合药柱上加入电离种子,当外加磁场大小为 2.8 T 时,装置的发电最大电流达到 260 kA、脉冲宽度为 100 $\mu s$,能量转换效率约为 1.6%[4-5]。

除采用高能炸药产生等离子体外,美国空军研究室在高超声速飞行器电源系统(HVEPS)中提出了基于推进剂的超声速燃烧法。以固体火箭推进剂为燃料,电离种子采用 $K_2CO_3$ 粉末。自美国宣告了磁流体发电获得最初的成功后,世界上其它国家也纷纷开始进行该项技术的研究。1976—1987 年,日本三菱重工公司建造了具有超导磁体的 Mark Ⅶ 装置。该装置以煤油为燃料,以富氧空气为氧化剂,在 2.5 万 Gs 的磁场下达到了持续 200 h 发电 100 kW 的指标。东京理工学院的磁流体发电技术使热能到电能的转换率高达 18%[6]。

国内方面,空军工程大学李益文等采用热电离激波风洞法,以氩气为工作气体,在高温气体中加入碳酸钾粉末,实现高温条件下导电流体的产生。北京理工大学爆炸科学与技术国家重点实验室鉴于铯元素比钾元素具有更低的电离电位,将硝酸铯作为电离种子以得到新的推进剂配方,并对推进剂的导电特性进行了深入研究。实验结果表明:在标准火箭发动机喷管出口,其燃烧产物的平均电子密度达到 $1.9\times10^{12}$ $cm^{-3}$,比不含硝酸铯推进剂提高了千倍以上[7]。中国航天科技集团公司第六研究院第十一研究所设计并研制了磁流体功率提取试验系统,包括高超高温燃气发生器及喷管和煤油全自动化供应系统,试验系统的燃料选用气氧和煤油,燃气温度为 2 600~3 400 K。严陆光等设计制造了国内第一台用于研究爆炸磁流体发电的小型爆炸磁流体发电机实验装置,他们把等离子体看作磁流体,将磁流体受到电磁场的影响以电磁项的形式耦合进流体力学方程中,与麦克斯韦(Maxwell)电磁方程联立,用来描述等离子体的宏观运动。谢中元等开展了广泛深入的脉冲磁流体发电机试验研究,设计制造的脉冲磁流体发电机采用永磁体聚磁的方式,在一个较大的长方体空间区域内磁场感应强度达到 1.24 T,均匀度达 95% 以上[8]。

# 1.3　磁场源发展动态

　　磁性体、电磁铁和线圈磁场是产生磁场最常用的三种来源。电磁铁和线圈都是通过电磁转换的方式来产生磁场的。电磁铁的铁芯上缠绕有线圈,线圈通电后,就会在空间产生磁场。电磁铁能产生均匀度高的磁场,但只限于磁极气隙的小范围空间,而且在设计电磁铁时,由于磁轭、铁芯等材料的导磁性质不同,其磁场的分析和计算要难于线圈磁场。线圈磁场的特点是易于加工,线圈绕成螺线管的形式,装配和拆卸都非常方便,而且磁场稳定,线性好,可以通过组合产生不同的磁场。电磁铁和线圈磁场都必须研究线圈的结构参数,线圈的绕制匝数、长度、层数和运行电流大小等直接影响磁场的性能,因此高质量的线圈结构参数对磁场性能有直接的影响。计算线圈磁场常用数值方法,目前常用的磁场仿真软件有 MATLAB 软件、Ansys Workbench 软件中的 fluent 和 Maxwell 3D 模块以及 Ansoft Maxwell 工程电磁场分析软件等。

　　螺线管是多重缠绕的线圈,广泛应用于军事、医疗、电力、化工、航天等领域中,内部通常是空心的,有时也缠绕一个金属芯。当有电流通过时,螺旋管的内部就会产生均匀磁场。螺旋管是很重要的电感元件,很多物理实验需要均匀磁场,在工程领域螺线管可以用于电磁铁或超导磁体中,或是作为转换元器件,将能量转换为其他形式。螺线管的磁场大小与线圈绕制方式和结构参数密切相关,但其要获得较高的磁场,必须通过增加绕组以及消耗大量电功率来实现,因此螺线管线圈磁场的体积和电源问题一直是研究的热点和重点。

# 1.4　磁约束等离子体发射原理应用前景

　　由于等离子体是一种导电气体,当其在磁场中运动时,内部将产生感应电流,感应电流又会与磁场作用产生洛伦兹体积力,这一体积力会对流场产生影响。因此可以运用磁场来主动控制等离子体的流动,进而影响气体的传热性能,这使等离子体流动控制具有广泛的应用价值。

## 1.4.1　磁约束等离子体流动控制研究现状

　　20 世纪 50 年代,苏联物理学家塔姆提出用环形强磁场约束高温等离子体的设想。在环形不锈钢真空室外套上多匝线圈,使真空室形成环形磁场,也就是"托卡马克装置"。他的这一设想在 1968 年召开的第三届等离子体和受控热核聚变研究国际会议上引起了极大反响,在世界范围内掀起了大规模的托卡马克磁约束聚变等离子体实验,使核聚变研究来到了一个新时代[9]。

　　我国的磁约束聚变研究主要集中在托卡马克装置上。先后建设了 HL‐1(西南物理研究院)、HT‐6B,HT‐6M(中国科学院等离子体物理研究所)、CT‐6B(中国科学院物理研究所)、KT‐5(中国科学技术大学)等中小规模的托卡马克装置。中国科学院等离子体物理研究所引进俄罗斯 T‐7 超导托卡马克装置,重新改造建成了 HT‐7 超导托卡马克装置。近几年,国内聚变界以 HT‐7 和 HL‐2A 为重点,辅以其他小装置,在等离子体湍流,特别是边界湍流的研究中取得了非常令人瞩目的结果。

　　为解决等离子体两端泄露的问题,出现了磁镜装置。磁镜装置是采用中间弱、两端强的磁场来约束等离子体的系统,它可以将等离子体初步控制在装置内部并进行绝热压缩。图 1‐3 是等离子体在环形电磁线圈内的压缩示意图,随着通电线圈数量的增加,磁场强度加大,使得等离子体沿径向压缩[10]。

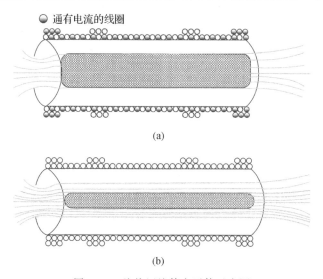

(a)

(b)

图 1‐3　绝热压缩等离子体示意图

(a) 磁场较弱时的等离子体分布;　(b) 磁场增强,使等离子体径向压缩在航空航天领域,磁流体动力学的研究对象一般为超声速电离气体,有时也称磁激等离子体动力学[11]。在一些应用中希望洛伦兹力方向垂直于飞行器表面向外,用来减少热负荷;而在有些情况下,希望洛伦兹力方向指向飞行器,这可以用于提高进气道里的气体流量。在原理上,通过改变磁场的分布、形状和电极的排列可以使洛伦兹力达到一个要求的方向和大小,从而达到最佳的磁流体控制效果。超声速导电气体加速的基本原理如图1-4所示,在外加电场和磁场的耦合作用下,注入导电气体的电能转化为动能而使气流速度增加。

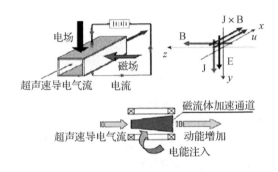

图1-4　超声速导电气体加速原理

在国外的研究报道中,NASA(美国航空航天局)艾姆斯研究中心利用电弧激波管(EAST)设备进行了磁流体加速实验研究[12]。采用分段法拉第型 MHD 加速通道,电磁铁及电场所需电能则由大容量电容提供,同时还专门研制了碳酸钾粉末注入装置以提高气流电导率。实验结果表明:当平均磁感应强度为 0.92 T 时,最大可以加速 40%。

日本的长冈科技大学采用碟形加速器对磁流体加速进行了数值模拟(见图 1-5)。磁感应强度为 2.4 T,入口气流马赫数为 2.4,总压及总温分别为 0.2 MPa和 2 500 K。结果表明:磁场产生的洛伦兹力可以使导电气流加速,且电导率的增加有利于导电气体的加速[13]。

等离子体隐身技术为飞行器实现隐身功能开辟了新途径,它是应用等离子体与电磁波的相互作用来屏蔽雷达探测的一种技术(见图 1-6)。目前主要有折射隐身和吸收隐身两种方式:折射隐身是由于磁化等离子体表现为各向异性介质,使入射波产生折射偏离原先方向;吸收隐身是在外加磁场的作用下,等离子体中的电子作回旋运动,产生共振吸收的作用削弱入射波能量[14]。

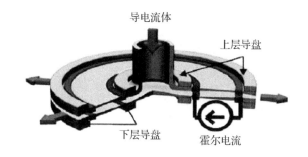

图 1-5 碟形加速器示意图

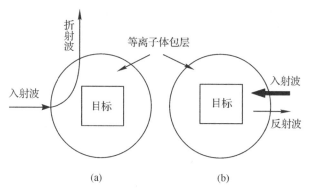

(a)                    (b)

图 1-6 等离子体隐身示意图

(a) 折射隐身; (b) 吸收隐身

俄罗斯在等离子体隐身技术方面做过大量研究,他们将等离子体隐身技术应用于"米格"战机上,在不改变飞机气动外形的前提下,将飞机周围的空气电离成等离子云,从而达到吸收和散射雷达波的效果。但是,为了实现良好的隐身效果,要求等离子体具有一定的厚度和持续时间,因此等离子体的产生和维持将是今后需要突破的关键性问题。

磁等离子体动力(MPD)推力器是一种通过加速等离子体来产生推力的电推进技术,可实现较大的推力和高比冲,是载人深空探测的理想推力器之一。该装置采用同轴结构,气态推进剂通过阴极和阳极间的高压电弧放电而电离;若感应磁场足够大,则磁场和电流产生的洛伦兹力可以直接加速推进剂,并在轴线方向压缩等离子体使其以较高的速度喷出,从而产生推力。若感应磁场较小,可以通过外加磁场形成一个磁喷管结构,实现等离子体热能和旋转动能向轴向动能的转化,从而提高推力器的效率。其工作原理如图 1-7 所示。

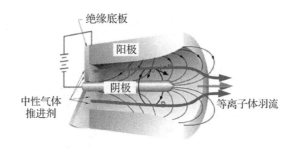

图 1-7　MPD 推力器工作原理

由于电弧放电等离子体温度较高,MPD 推力器存在阴极烧蚀现象,严重影响了推力器使用寿命。为解决电极烧蚀问题,国外专家提出螺旋波等离子体推力器的概念。其工作原理是,利用螺旋波(频率 1～27 MHz)电离 Ar、He 等惰性气体,形成高密度等离子体,由磁喷管将等离子体加速并高速喷出,形成推力(见图 1-8)。该装置由于没有电极和等离子体直接接触,因此,不存在电极烧蚀的问题。

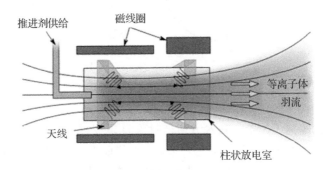

图 1-8　螺旋波等离子体推力器工作原理

目前螺旋波等离子体推力器处于原理性探索研究阶段,总体工作效率降低,主要研究国家有美国、日本等[15]。其中华盛顿大学研制的螺旋波等离子体推力器(HPHT)性能较好,输入功率为 20～50 kW,推力为 1～2 N,气体喷出速度可提升至 17 km/s。国内大连理工大学进行了螺旋波放电特性等机理研究,设计了一套螺旋波等离子体推力器地面试验系统,通过初步实验结果对磁场系统进行了优化改进[16]。

近年来国内对磁流体流动控制的研究也逐渐增多。国防科技大学张康平等通过数值模拟表明:应用 MHD 技术对管道流动进行加减速控制是可行的。他们采用长 21.59 cm、宽 2.03 cm 的 MHD 加速器,发现当电场 $E=6\,000$ V·m$^{-1}$,磁

感应强度 $B=0.92$ T 时,流场的加速性能可达 13.46％。空军工程大学也开展了超声速气流磁流体加速的初步实验研究,采用感应电压法对加速效果进行初步评估,出口气流速度约增加了 15.7％[17]。种子含量为 2.5％时不同温度下的尾流形状如图 1-9 所示。

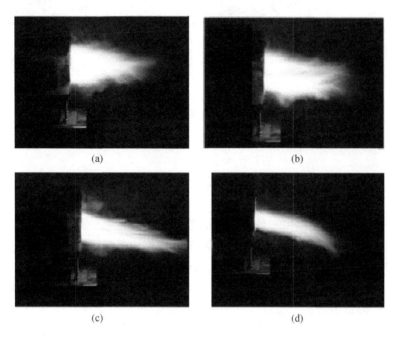

图 1-9　种子含量为 2.5％时不同温度下的尾流形状

(a)$T=1\ 800$ K；　(b)$T=2\ 000$ K；　(c)$T=2\ 200$ K；　(d)$T=2\ 400$ K；

北京航空航天大学提出了一种基于 MHD 控制等离子体流动理论的试验方法。通过向航空发动机燃烧室内注入低电离能种子诱导燃气电离,形成磁流体,研究了不同温度和不同磁场方向条件下射流偏转向量角,在磁场作用下实现了推力的矢量控制[18]。

南京航空航天大学对表面安装等离子体激活版的 NACA0015 翼型进行了低速吹风试验,获得了等离子减阻特性规律。试验结果表明,等离子体能够有效抑制翼型吸力面的流动分离,在一定条件下能够大幅降低流动阻力,其效果与加载电压和频率成线性关系。空军工程大学、北京航空航天大学也进行了相应的试验研究,从目前公开的文献来看,等离子体气动激励作用在翼型前缘或流动分离点之前时,控制效果最为明显。等离子体抑制翼型表面流动分离图如图 1-10 所示。

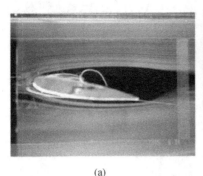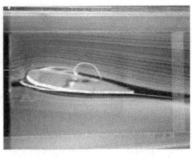

(a)　　　　　　　　　　　　(b)

图 1-10　等离子体抑制翼型表面流动分离图

(a) 无等离子体；　(b) 有等离子体

## 1.4.2　磁约束等离子体传热特性研究现状

磁场的存在会对等离子体中运动的带电粒子产生洛伦兹力,使得带电粒子发生回旋,并通过多种漂移机制,使等离子体产生宏观运动。如图 1-11 所示,以地磁场抵御太阳风侵袭的过程为例,太阳风是太阳不断向外抛射的等离子体流,当其运动到地球附近,受到地磁场的阻碍作用而逐步减速,很大一部分被地磁场俘获,而后沿着磁力线向南或向北运动并最终绕过地球。正是地磁场的作用,才降低了太阳风对地球的热能伤害,给人类提供了一个适宜的生存环境。

图 1-11　太阳风与地磁场

基于地磁场的作用原理,国外学者 Bisek 提出了磁控热防护的概念。高超声速飞行条件下,飞行器头部的空气会产生激波并在高温下发生电离形成等离子体鞘。当我们在飞行器内部埋入磁体时,激波层内的感应电流和磁场相互作用会产生与流动方向相反的洛伦兹力,减速等离子流并将激波推出,从而降低飞行器表面热流密度,实现热防护[19]。磁控热防护系统原理示意图如图 1 - 12 所示。

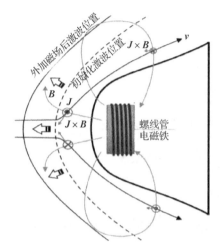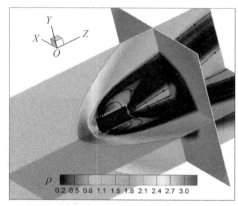

图 1 - 12　磁控热防护系统原理图

　　俄罗斯的 Bityurin 等通过实验测试了高超声速流中钝体附近电离空气中的磁流体相互作用,实验发现高速流动的等离子体在磁场作用下其弓形激波的脱体距离以及下游尾迹的分布将发生改变。此外 Bityurin 还采用耦合二维电磁学方程的二维 N‐S 方程对上述流动进行了模拟,结果表明,通过适当的磁流体作用可以减少驻点处的热流密度。

　　针对等离子体磁鞘的实验研究工作有:2001 年 Bornali 和 Singha 实验研究了磁场中不同角度的斜金属板表面的鞘层和磁预鞘的结构,测量了在各种影响条件下的等离子体参数(如电子温度等)的值,这些影响条件包括倾斜板的位置、外加磁场梯度以及板的偏压等。发现这些条件对边界层结构的影响为:磁场角度从小到大,磁预鞘厚度增大,而鞘层厚度减小;磁场强度、极板偏压增强,鞘层厚度增大。Szikorac 使用 Langmuir 探针测量了直流平板磁电管的电子温度、漂浮势、等离子体电位,发现漂浮势和等离子体电位的差值与电子温度成线性关系,同时通过探针测量证明了鞘层玻姆判据(Bohm criterion)理论的正确性。Kim 通过实验研究了电子温度远远大于离子温度时,磁场和碰撞对预鞘参数的影响,通过对碰撞等离子体电势的测量发现预鞘具有双层结构,包括碰撞预鞘和无碰撞预鞘(MPS)。

2014年1月,中国航天科技集团公司第五研究院空间环境研究与应用研究室,利用层流等离子体束进行了主动热防护试验研究,试验用两个相同外形结构、相同材料的弹头体,其中对一个弹头进行了相应的磁化处理。高温、高速层流等离子体束分别对两个弹头体进行束流喷射,两个弹头体经历的束流气流量、功率、成分参量及喷射时间相同。图1-13为对两个弹头进行等离子体喷射的图片。其中,左图是层流等离子体喷焰吹向铝制半圆球型模拟弹体,右图是采用同样的等离子体喷焰吹向采用主动热防护技术处理的同样尺寸、同样材质的半圆球型弹体。最终得出两个模拟弹体的试验效果图如图1-14所示。其中,左面弹体受到严重热烧蚀,出现铝融状态,而右面无明显烧蚀。

图1-13　等离子体束流喷射图

图1-14　喷射后效果图

2014年2月,北京卫星环境工程研究所组建中心利用层流等离子体束再次复现主动热防护试验技术的机制有效性及工程可行性,并对射流参数进行了测试。层流等离子体元的热流密度为 2 MW/m²,总的电功率约为 25 kW,转换效率约为 60%,射流直径约为 10 cm,电离率约为 20%,出口速度马赫数约为15(4~5 km/s)。两个弹头体在 23.5 kW、20 L/min、100% N₂ 束流条件下烧蚀8 min,结果显现明显差异,如图1-15所示。采取主动热防护措施的弹体光亮如新,可以重复使用。

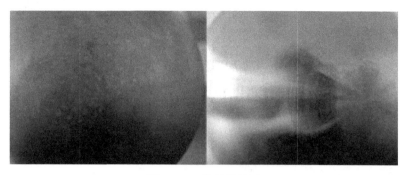

图 1-15　烧蚀效果图

　　综上所述,通过磁场控制等离子体在热防护和加速方面具有很好的应用前景,由于磁场对等离子体流动和换热的影响是各向异性的,因此,磁化等离子体的热传导各向异性特征、湍流效应的物理机理及控制方法将是今后的研究趋势。磁化等离子体在工程技术上的应用较少,其研究主要集中在磁流体发电、核工业和超高声速飞行器方面。到目前为止,尚未发现将其应用在火炮发射方面的相关技术报道。

### 1.4.3　磁约束等离子体发射原理应用前景

　　磁约束等离子体发射原理应用在身管武器上具有隔热效应、增力效应和减压效应等显著特点,既能提高身管耐热性,又能增大弹丸推力,可为解决坦克炮、自行火炮、小口径自动武器等身管类武器烧蚀问题和进一步提高初速提供新的技术途径。

　　(1)近期目标及应用前景。突破发射药电离种子添加和身管加磁等关键技术,实现延寿、增速、减压可控化,为身管武器工程化应用奠定基础。

　　(2)中期目标及应用前景。评估论证不同口径身管武器的电离种子添加和加磁方案,形成可靠的电离种子添加和身管加磁方案,解决延寿和提高初速问题。

　　(3)远期目标及应用前景。磁约束等离子体发射在身管类武器抗烧蚀领域普遍应用后,拓展形成一种新型武器发射技术,即磁化等离子体发射技术,可应用在火炮、火箭炮、导弹、空间武器等具有管状发射形式的武器发射平台上,减少发射结构烧蚀,提升投射部战斗性能。

# 第 2 章　磁约束等离子体动态分布规律及鞘层特性

## 2.1　磁约束等离子体动态分布规律

等离子体中粒子间的运动是极其复杂的,既存在短程库仑作用引起的碰撞,又有带电粒子长程库仑作用引起的集体效应。当前,对等离子体的研究方法主要有粒子轨道法、统计描述法和磁流体动力学法。其中,粒子轨道法只考虑单个粒子在外加电磁场中的运动,忽略了粒子间的集体效应,适用于稀薄等离子体;统计描述法则是将等离子体视为大量粒子的集合,用统计物理学得出粒子的速度、时间分布函数,该方法由于分布函数的参量过多,形式复杂;磁流体动力学法是把等离子体看成连续的导电流体,研究导电流体在电磁场中运动规律的一种宏观理论。通过对电磁学方程和流体力学方程进行耦合求解,可以获得等离子体流场的速度和温度等宏观量,等离子体物理中大约 80% 以上的现象都能用流体方法描述。

本章从宏观和微观两个层面研究磁约束等离子体的相关特性。首先,基于磁流体动力学法构建磁约束等离子体射流热磁耦合模型,研究同轴磁场和圆筒壁面条件对等离子体流动及传热特性的影响,并采用红外热成像技术试验测试施加同轴磁场后的圆筒外壁面温度,验证模型的有效性;其次,采用鞘层理论研究圆筒中磁约束等离子体的鞘层特性,并开展磁约束等离子体鞘层特性数值模拟分析,得到磁约束等离子体的动态分布规律。

### 2.1.1　磁约束等离子体射流热磁耦合模型

等离子体具有良好的导电性和与磁场的可作用性,因此可以用磁场控制等离子体的受力和运动状态。当对等离子体施加同轴磁场时,如果带电粒子存在径向运动,那么磁场与具有径向运动的带电粒子相互作用会产生洛伦兹力,驱使这些带电粒子旋转,进而改变等离子体射流的速度和传热特性。磁约束等离子体射流热磁耦合模型是在非导电流体力学的基础上,将一般流体所受的力与洛伦兹力相结合,得到磁流体动力学基本方程组,研究等离子体中流场、温度场和磁场的相互作用。

**1.物理模型**

如图 2-1 所示,计算模型为长 200 mm、直径 30 mm 的圆筒结构,设定入口处等离子体流的速度为 $U$,沿平行($x$ 轴)圆筒轴线方向施加均匀分布的磁场 $B$。

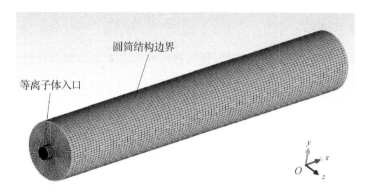

图 2-1　物理模型示意图

针对研究对象,提出以下基本假设:

(1)等离子体属于导电气体,圆筒内等离子体的流动处于连续介质区,可以运用磁流体动力学方法进行研究。

(2)等离子体处于局部热平衡状态,满足理想气体状态方程。

(3)不考虑圆筒内等离子体流动过程中的化学反应。

**2.控制方程**

为研究磁场对等离子体流动特性的影响,在传统流体力学的基础上,将洛伦兹力和焦耳热分别加入动量和能量守恒方程中,对流体力学方程进行相应的修正。由于质量守恒方程不涉及力的作用,因此磁流体力学与传统流体力学的质量守恒方程相同。

质量守恒方程:

$$\frac{\partial \rho}{\partial t} + \nabla(\rho \boldsymbol{U}) = 0 \tag{2.1}$$

在电磁场中,导电气体运动中受到的洛伦兹力可表示为如下形式:

$$F = J \times B \tag{2.2}$$

式中：$B$ 为磁感应强度；$J$ 为感应电流密度。

动量守恒方程：

$$\frac{\partial (\rho U)}{\partial t} + \nabla (\rho U U) = -\nabla p - \nabla \tau + J \times B \tag{2.3}$$

能量守恒方程：

$$\rho \frac{\partial \varepsilon_f}{\partial t} = -p \nabla U + \nabla (U\tau + \lambda \nabla T) + \frac{J^2}{\sigma} \tag{2.4}$$

式中：$\rho$ 为导电气体密度；$p$ 为压力；$\tau$ 为切应力张量；$\varepsilon_f$ 为气体内能；$\lambda$ 为热导率；$\dfrac{J^2}{\sigma}$ 为焦耳热。

根据麦克斯韦方程组和欧姆定律可得电流密度方程和磁场方程，即

$$J = \sigma(E + U \times B) \tag{2.5}$$

$$\frac{\partial B}{\partial t} + (U \cdot \nabla)B = \frac{1}{\sigma \mu_m} \nabla^2 B + (B \cdot \nabla)U \tag{2.6}$$

式中：$\sigma$ 为电导率；$E$ 为电场强度；$\mu_m$ 为磁导率。

当给定磁感应强度 $B$ 的大小时，即可求出洛伦兹力和焦耳热。图 2 - 2 中给出了电磁学与流体力学之间的相互耦合关系。

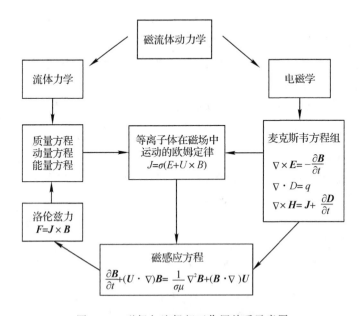

图 2-2　磁场与流场相互作用关系示意图

### 3.边界条件

设定圆筒入口处等离子体的初始速度 $v=10$ m/s,温度 $T=500$ K,电导率 $\sigma=500$ S/m,考虑到材料的电磁屏蔽特性,壁面材料选用石英,磁导率为 $1.26\times10^{-6}$ H/m。出口处设为压力出口条件,$p=101\ 325$ Pa。等离子体通过壁面向外的传热量由一维传热公式给出:

$$q=-\lambda_{w}(T-T_{0})/\delta \tag{2.7}$$

式中:$\lambda_{w}$ 为壁面热导率;$T_{0}$ 为 283.15 K;$\delta$ 为壁面厚度,$\delta=5$ mm。

## 2.1.2　等离子体射流在圆筒结构中的流动控制数值模拟

### 1.磁约束等离子体流动控制原理

外加磁场后,微观上带电粒子(电子、正离子)在洛伦兹力的作用下由杂乱无章的无规则运动转变为绕磁力线的回旋运动。正离子在洛伦兹力作用下发生偏转,与水平向前运动的中性粒子发生碰撞,进行能量和动量输运。碰撞之后的正离子在磁场作用下继续偏转运动,中性粒子则获得偏转方向的动量,沿着偏转方向运动。由于电子的质量非常小,碰撞过程中的动量和能量输运相当有限,所以正离子的运动将对射流运动起主导作用。图 2-3 为等离子体在磁场中的受力分析。

图 2-3　等离子体在磁场中的受力分析

其中:$v_1$ 和 $v_1'$ 为正离子与中性粒子碰撞前、后的速度,$v_2$ 和 $v_2'$ 为中性粒子与正离子碰撞前、后的速度,$r$ 和 $r'$ 为正离子碰撞前、后的轨道半径。

### 2.同轴磁场对等离子体运动规律的影响

根据上述磁流体动力学控制方程,采用 UDF(User-Defined-Function)对 FLUENT 软件进行二次开发,将洛伦兹力和焦耳热以源项的形式分别添加进动量方程和能量方程,开展了等离子体射流在圆筒结构中的流动传热特性三维数值模拟。图 2-4 所示为无磁场情况下,在 $xOy$ 截面上等离子体射流随时间的演化过程。

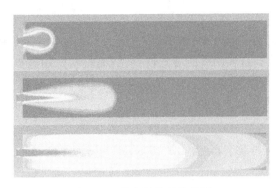

图 2-4　等离子体射流模拟

从图 2-4 中可以看出,随着时间的增加,等离子体从入口处喷出后沿径向和轴向扩展,当其扩散到径向边界时受到管壁的约束形成以轴向为主的等离子体射流。

为研究平行于等离子体流动方向的磁场对其运动特性的影响,沿圆筒轴向施加均匀的平行磁场。由于等离子体射流存在径向速度的分量,带电粒子的运动受到洛伦兹力作用将变成平行磁力线的螺旋运动,在合适的磁场强度和分布下,将导致等离子体整体旋转。图 2-5 和图 2-6 所示为施加 0.5 T 强度的平行磁场后,在 $x = 160$ mm 处截面上的感应电流的云图和矢量分布图。

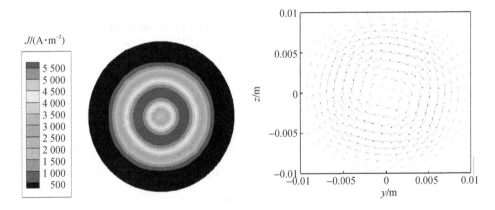

图 2-5　$yOz$ 截面上的感应电流云图　　图 2-6　同轴磁场作用下洛伦兹力的<br>矢量分布图

由于外加磁场沿着 $x$ 轴方向垂直纸面向外,因此正离子应做顺时针旋转,由图 2-6 可知,感应电流为顺时针方向,与理论分析一致。此外,根据右手定则可知,感应电流产生的磁场与外加磁场相反,表明等离子体为抗磁性物质。

由洛伦兹力公式可知,感应电流和轴向外加磁场形成的洛伦兹力方向指向轴线。因此,洛伦兹力可以使等离子体脱离壁面向轴线方向压缩。图 2-7 为施加同轴磁场后,$x=160$ mm 处截面上洛伦兹力的矢量分布图。

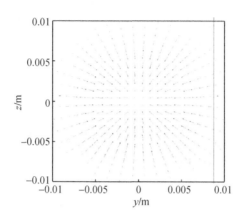

图 2-7　同轴磁场作用下洛伦兹力的矢量分布图

外加磁场越强,产生的洛伦兹力也就越大,因此,同轴磁场可以限制等离子体的扩散,起到对等离子体的压缩作用。

**3. 同轴磁场对等离子体射流速度分布的影响**

图 2-8 所示为不加磁场时,等离子体射流的速度分布。从图中可以看出,靠近等离子体射流中心区域的流速较高,由内向外速度递减,且等离子体的径向速度梯度比轴向速度梯度大。

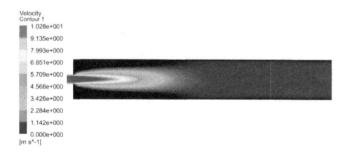

图 2-8　不加磁场时速度分布

图 2-9 为不同磁场强度下等离子体射流的速度等值线图,对比无磁场情况下的速度可知,外加磁场使得等离子体在轴向上的速度等值线被拉长,梯度变化减小,且随着磁场的增强,这种现象更加明显。

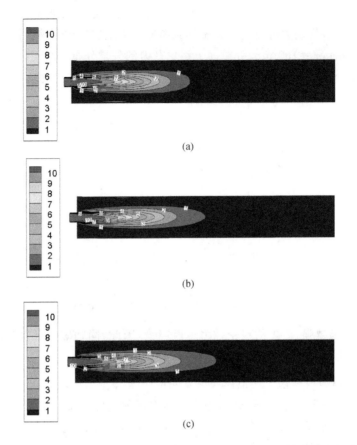

图 2-9　两种矩形在不同磁场强度作用下等离子体速度等值线分布图
(a)无磁场作用下速度等值线分布；　(b)$B=1$ T 时速度等值线分布；　(c) $B=2$ T 时速度等值线分布

　　图 2-10 所示为不同磁场强度下，等离子体射流中心线上的速度分布。从图中可以看出，施加磁场后，在入口附近等离子体速度有所下降，但随着 $x$ 轴距离的增大，其速度要大于无磁场时的速度，且随着磁场的增强，速度逐渐增大。

　　自然界中的绝大多数流动都属于湍流，随着速度梯度的变化，流场中会逐渐形成紊乱、不规则的湍流流场，湍流动能的大小宏观上反映了流体微团之间的碰撞剧烈程度。图 2-11 为不施加外部磁场时的等离子体湍流动能分布图，湍流动能与速度梯度的变化紧密相关，速度变化梯度越大，湍流动能越强。因此，结合速度场的分布可知，在等离子体射流中心线两侧速度变化梯度较大，导致该处湍流动能最强。

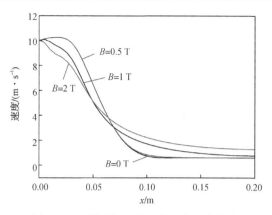

图 2 - 10　同磁场强度下中心线速度分布

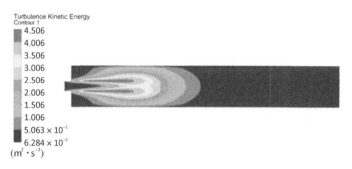

图 2 - 11　无磁场时的湍流动能分布图

图 2 - 12 和图 2 - 13 分别为施加不同强度磁场下湍流动能的分布图。从图中可以看出,磁场能够降低等离子体的湍流动能,随着磁场的增强,湍流动能减小的程度也越大。与无磁场时相比较,施加 2 T 强度的磁场后,最大湍流动能从 4.506 J/kg 下降为 4.432 J/kg。

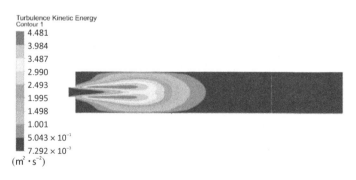

图 2 - 12　$B=1$ T 时的湍流动能分布

图 2-13  $B=2$ T 时的湍流动能分布

### 4.同轴磁场对等离子体射流传热的影响

磁场对等离子体的另一个作用就是可以改变其传热特性,通过强磁场使等离子体绕磁力线做回旋运动,降低等离子体与物体壁面的接触,从而减少壁面的温升。设定入口处射流的初始温度为 500 K,图 2-14 为不加磁场情况下的圆筒结构内截面温度分布图。

图 2-14  不加磁时的截面温度分布图

从温度场可以看出,高温核心区域出现在射流入口附近,等离子体射流由中心向外温度逐渐降低,在射流尾部依然保持较高温度。

图 2-15 为不同磁场强度下等离子体射流的温度等值线图,对比无磁场情况下的温度可知,外加磁场使得射流能量向中心线集中,等离子体在管壁附近的温度减小,且随着磁场的增强,壁面温度降低程度越明显。

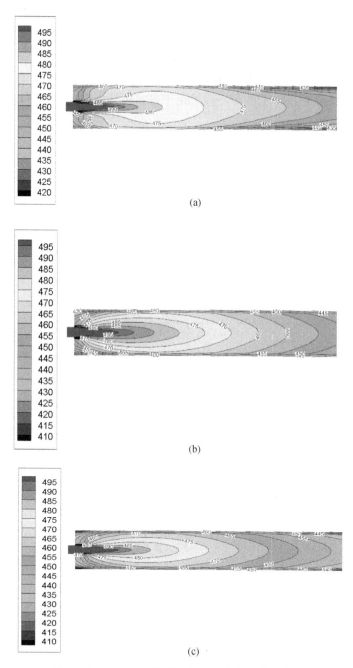

图 2-15　不同磁场强度作用下温度等值线分布图

(a)无磁场作用下温度等值线图；(b)B＝1 T 时温度等值线图；(c) B＝2 T 时温度等值线图

　　为了直观显示磁场对等离子体射流传热特性的影响,作出了在 $x=50$ mm 处等离子体沿 $y$ 轴的温度分布曲线,如图 2-16 所示。由图可知,未加磁场时,在圆筒壁两侧的等离子体温度为 440 K,中心线处温度最高,为 485 K。施加同轴磁场后,洛伦兹力使得等离子体向轴线方向压缩。因此,在圆筒壁两侧的等离子体温度降低为 428 K,而在中心线处由于等离子体压缩而温度有所上升,最高值为 488 K。

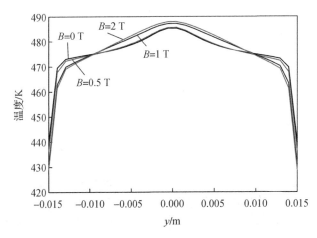

图 2-16　不同磁场强度作用下的温度曲线

　　图 2-17 所示为不同磁场强度作用下对称面中心线上的温度分布曲线,从图中可以看出,施加同轴磁场后,中心线处由于等离子体压缩而温度有所上升。

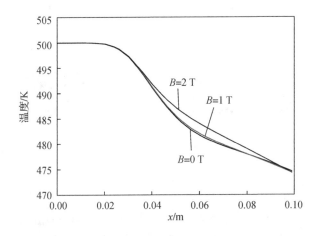

图 2-17　不同磁场强度作用下的中心线温度曲线

## 2.1.3　等离子体在同轴磁场下的传热特性试验验证

采用红外热成像测温技术试验测试了同轴磁场对圆筒内等离子体传热特性的影响。试验系统采用空气作为工作气体，通过电弧放电以热等离子体射流的形式从喷枪喷出。试验系统结构示意图如图 2-18 所示。

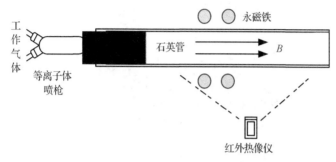

图 2-18　试验系统结构示意图

等离子体产生装置采用南京苏曼公司的 PG-1000ZD 型射流等离子体喷枪，出口速度为 10 m/s，气体的流速通过空气泵来控制。测试试验段为长 200 mm，直径 30 mm 的石英管，在石英管外加装钕铁硼环形永磁铁。磁环外径 60 mm，内径 40 mm，轴向宽度 30 mm。采用高斯计测得磁场方向平行于石英管轴线，磁场强度从石英管内壁到轴线呈衰减分布，在石英管内壁处磁场强度最强，为 0.4 T，轴线处磁场强度最弱，为 0.05 T。图 2-19 为试验测试实物图。

(a)　　　　　　　　　　　(b)

图 2-19　试验测试图
(a)不加磁场；　(b)施加磁场

红外热像仪为非接触式测量，它通过接收被测物体的红外辐射而获得物体表面的温度分布。图2-20所示为采用红外热像仪测量的石英管外壁温度实时显示图像。其中方框内为温度分析区域,热像仪会自动记录和计算该区域的最高温度、最低温度和平均温度。此外,热像仪可实时显示连续动态的全数字红外图像,对任意点、任意区域、任意线进行多目标的同时温度数据显示和分析。

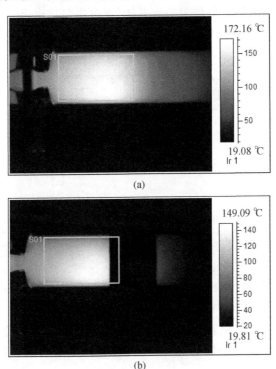

(a)

(b)

图2-20 石英管外壁温度分布图
(a)不加磁场; (b)施加磁场

图2-21给出了等离子体喷枪工作100 s内石英管外壁的最高温度变化曲线,从图中可以看出,施加磁场后,外壁的温度相比于无磁场情况下略低。根据磁约束核聚变的理论,同轴磁场对等离子体具有"磁箍缩"效应。因为磁场方向平行于管的轴向,且线圈磁场的磁场强度随着距离快速衰减,因而在管的中心磁场最弱,在管壁磁场强度最强。这种位形的磁场对高温气体产生的等离子体具有磁约束作用。在纵向磁约束的等离子体中,电子、离子受到洛伦兹力的约束,等离子体粒子横越磁场传递的热流密度就会下降。因此,同轴磁场可以限制带电粒子的径向扩散,减少导电气体对圆筒壁面的传热量,从而降低壁面温度。试验结果与数值仿真所得的温度趋势基本一致,验证了模型的可靠性。

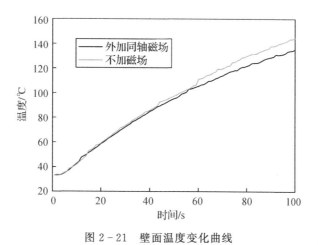

图 2 - 21　壁面温度变化曲线

## 2.2　磁约束等离子体鞘层特性理论分析

本节内容主要对磁约束等离子体鞘层机理和特性进行理论研究。为便于构建模型和仿真计算,采用电场加速方法产生等离子体。外加磁场产生激励电场,电场对粒子的加速效应可使高温燃气中初始的电子形成雪崩电离效应,从而使火药燃气产生足够的电离率,形成磁约束等离子体鞘层。

### 2.2.1　等离子体鞘层产生条件分析

武器发射时其内部膛压高达 400 MPa,温度高达 3 000~4 000 K,高温高压气体对管道材料的烧蚀磨损较为严重。通过高韧性超轻质主动热防护材料的应用,身管壁材料并不需要抵抗 400 MPa 的总膛压,而是抵抗其一半的膛压即可,另外的 200 MPa 膛压分散到身管外层材料上,从而大幅降低身管的损伤。

假设被发射物体在发射时,其身管内的压力达到 400 MPa,身管内径约为120 mm,身管截面积约为

$$S = 0.25\pi D^2 = 1.13 \times 10^{-2} (\text{m}^2) \tag{2.8}$$

发射气体的总推力为

$$F = PS = 4.52 \times 10^6 (\text{N}) \tag{2.9}$$

被发射物体的质量约为 10 kg,发射药对被发射物体的加速度约为

$$a = \frac{F}{M} = 4.52 \times 10^5 \, (\text{m/s}^2) \tag{2.10}$$

身管的长度约为 5 m,被发射物体在身管内的加速时间约为

$$t = \sqrt{\frac{2L}{a}} = 4.7 \times 10^{-3} \, (\text{s}) \tag{2.11}$$

被发射物体的出口速度约为

$$v_t = at = 2\,124 \, (\text{m/s}) \tag{2.12}$$

而实际被发射物体出膛初速度约为 1 800 m/s,这是由于发射气体在身管内燃烧、气体膨胀造成压力减弱,燃气的推力不是恒定的,被发射物体与身管间存在阻力,造成出口速度达不到理想速度。假设发射药在弹壳内充分燃烧,形成高温、高压气体,随着被发射物体沿着身管向外运动,气体的密度逐渐下降,压力逐渐减弱。在 400 MPa、4 000 K 的高温高压下,身管内的气体密度约为

$$n_0 = \frac{P}{k\,T_0} = 7.25 \times 10^{27} \, (\text{m}^{-3}) \tag{2.13}$$

处于热平衡分布的部分高能粒子相互碰撞,使极少部分的气体分子产生电离,电子的温度约为 1 eV,碰撞截面较大,离子、分子间能量交换效率高,而使得离子温度与中性粒子温度相当,约 0.4 eV。这部分电离的等离子体对身管的热效应几乎可以忽略不计。发射药燃烧产生的高温高压气体向身管壁传递的热流密度为

$$\Gamma_{\text{th}} = 0.5\,n_0 k\,T_0\,v_{\text{oth}} = 0.5 p \sqrt{\frac{8k\,T_0}{\pi\,m_a}} \tag{2.14}$$

式中:$n_0$ 为身管内发射药燃烧气体的密度;$T_0$ 为身管内发射药燃烧气体的温度;$p$ 为管壁内的总压力;$k$ 为玻耳兹曼常数;$m_a$ 为燃气分子的加权平均质量。

$$m_a = 3.34 \times 10^{-26} \, (\text{kg}) \tag{2.15}$$

$$v_{\text{oth}} = \sqrt{\frac{8k\,T_0}{\pi\,m_a}} = 2\,052 \, (\text{m/s}) \tag{2.16}$$

在高温高压燃气中,声速可表示为

$$v_s = \sqrt{\frac{\gamma k\,T_0}{m_a}} = 1\,712 \, (\text{m/s}) \tag{2.17}$$

在燃气热膨胀过程中,气体沿着身管的定向流动速度大于声速,其马赫数 $Ma = 1.2$,为超声速。在燃气热膨胀过程中,激波的产生使得部分气体膨胀,动能变为气体加热的热能,从而使得激波截面处的燃气密度增加、温度升高,造成

燃气的能量向身管壁传递。激波的高密度、高温特性,导致管壁中前部向身管传递更多的热量及更高的高压,易造成管壁中前部烧蚀。热膨胀燃气形成的激波示意图如图 2-22 所示。

图 2-22　热膨胀燃气形成的激波示意图(颜色越深表示气体密度越高、温度越高)

平均条件下,400 MPa、4 000 K 的燃气向身管壁传递的热流密度约为

$$\Gamma_{\text{th}} = 0.5p \sqrt{\frac{8k\,T_{\text{o}}}{\pi\,m_{\text{a}}}} = 205(\text{GW/m}^2) \tag{2.18}$$

由于激波面后的气体密度增加约 1 倍,温度升高 50%,从而热流密度增加 3 倍,因此,抑制身管内热碰撞激波的形成是降低身管热烧蚀的重要措施之一。磁约束等离子体管技术可以降低爆炸激波的马赫数,减轻发射气体的热量通过激波加热向身管传递。

如图 2-23 所示,线圈上电流从被发射物体发射药点火开始,从零增加到 1 000 A,周期约为 0.01 ms。在身管内形成轴向磁场。磁场从零到 0.01 μs 内上升到 2 000 Gs。

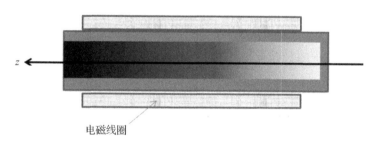

电磁线圈

图 2-23　身管外加载磁场示意图

由法拉第电磁感应定律:

$$\frac{\partial \boldsymbol{B}}{\partial t} = -\nabla \times \boldsymbol{E} \tag{2.19}$$

螺线管电磁线圈产生的磁场是 z 方向,随着时间增加的磁场在身管内产生的感应电场,在柱坐标系中是角向,身管的内半径是 $R_{\text{o}}$。对方程式(2.19)沿身管的内环线积分,有

$$\oint \frac{\partial \boldsymbol{B}}{\partial t} \cdot \mathrm{d}\boldsymbol{l} = \iint \frac{\partial \boldsymbol{B}}{\partial t} \cdot \mathrm{d}\boldsymbol{s} = -\oint E_\theta \boldsymbol{e}_\theta \cdot \mathrm{d}\boldsymbol{l} = -E_\theta \int_0^{2\pi} - 2\pi R_\circ E_\theta \quad (2.20)$$

$$\iint \frac{\partial \boldsymbol{B}}{\partial t} \cdot \mathrm{d}\boldsymbol{s} = \frac{\partial}{\partial t}(BS) = -2\pi R_\circ E_\theta \quad (2.21)$$

$$E_\theta (r = R_\circ) = 6 \times 10^5 (\mathrm{V/m}) \quad (2.22)$$

变化的磁场在身管壁附近产生的感应电场最大。假设在高温、高压气体中，由于高能尾巴上的粒子碰撞产生电离，生成初始的电子和离子，这部分初始电离的电离成分占总的气体密度可以忽略不计。初始电子的能量约为 1 eV，离子的能量约为 0.4 eV。电子和离子在背景轴向磁场中作回旋运动，背景磁场的中值约为 0.1 T。电子的回旋半径

$$r_{\mathrm{Le}} = \frac{m_e v_{e\perp}}{eB} = \frac{\sqrt{0.5 m_e \varepsilon_e}}{eB} = 16.9 (\mu\mathrm{m}) \quad (2.23)$$

离子的回旋半径

$$r_{\mathrm{Li}} = \frac{m_i v_{i\perp}}{eB} = \frac{\sqrt{0.5 m_i \varepsilon_i}}{eB} = 2.04 (\mathrm{mm}) \quad (2.24)$$

感应电场 $E_\theta$ 在电子回旋半周期内加速电子，使得电子获得的能量约为

$$\Delta \varepsilon_e = 2 r_{\mathrm{Le}} E_\theta = 20.28 (\mathrm{eV}) \quad (2.25)$$

初始电子在燃气中的平均自由程约为

$$\lambda_{\mathrm{Fe}} = \frac{1}{\sigma_c n_\circ} = 1.38 \times 10^{-8} (\mathrm{m}) \quad (2.26)$$

电子在回旋半周期发生与中性气体分子碰撞的次数约为

$$N_c = \frac{\pi r_{\mathrm{Le}}}{\lambda_{\mathrm{Fe}}} = 3\,845 (\text{次}) \quad (2.27)$$

每次与气体分子碰撞，电子损失的动能约为

$$\kappa_{\mathrm{ea}} = \frac{m_e m_a}{(m_e + m_a)^2} = \left(\frac{m_e}{m_a}\right)\left(1 + \frac{m_e}{m_a}\right)^{-2} \approx \frac{m_e}{m_a} = 2.73 \times 10^{-5} \quad (2.28)$$

电子从 1 eV 由感应角向电场加速到 20.28 eV，其平均能量约为 10 eV，每次与中性气体分子碰撞损失 $2.73 \times 10^{-4}$ eV，半个回旋周期大约碰撞 3 845 次，共损失能量约为

$$\Delta W_c = 1.05 (\mathrm{eV}) \quad (2.29)$$

电子在感应角向电场加速下，经过半个回旋周期的加速能量大约在 20 eV，其与中性分子碰撞具备电离分子的动能。经过感应角向电场加速后，初始电子

经过与中性气体分子弹性碰撞损失动能后仍然能够被电场加速到 20 eV,加速时间约为电子在背景 0.1 T 磁场中回旋周期的一半。电子在平均磁场 0.1 T 的回旋频率

$$f_{ce} = \frac{eB}{2\pi\, m_e} = 2.8 \times 10^9 (\text{Hz}) \qquad (2.30)$$

电子被感应角向电场加速的时间

$$t_a = \frac{1}{2 f_{ce}} = 1.79 \times 10^{-10} (\text{s}) \qquad (2.31)$$

感应电场的持续时间约为 10 ns,在电子回旋周期内可以 28 次将电子从 1 eV 加速到 20 eV,使身管内出现电离雪崩现象。一个初始电子受到角向电场加速达到 20 eV,碰撞中性气体分子产生电离,产生一个电离电子及原来的碰撞电子,即一次电离后气体中出现两个电子。这两个电子在 $3.6 \times 10^{-10}$ s 的时间里又被电场减速到 20 eV,碰撞产生 4 个电子,28 次的碰撞则产生 $2^{28}$ 个电子。统计结果显示,经过 10 ns 的感应角向电场的加速,身管内燃烧气体出现 2% 的电离。电离产生的等离子体电子密度约为身管燃气密度的 2%,电子平均温度约为 10 eV。电子在平均磁场 0.1 T 中的回旋半径约为 17 $\mu$m,而离子的回旋半径约为 2 mm,这些被磁场约束的等离子体将较大地改变身管内燃气的动力学过程,产生一些有利于提高性能的特征,如提高被发射物体的出膛初速度以及降低高温高压燃气对身管的烧蚀等。

## 2.2.2　磁约束等离子体鞘层特性分析

### 1. 电磁线圈电流的加载方式

由前述分析可知,若要提高被发射物体的初始发射速度,降低高温高压燃气对身管的热烧蚀,需要在高温高压燃气中产生 2% 的电离等离子体。400 MPa、4 000 K 的高温高压燃气中的电离成分几乎可以忽略不计,电离率不会超过 1/10 000,电子温度在 1 eV 以下,即使加载磁场也难以提高被发射物体的初速度和降低高温高压燃气对身管内壁的热烧蚀。为了提高高温高压燃气的电离率,采用陡峭脉冲前沿的加电方式,让电磁线圈上的电流形成陡峭的上升前沿,在 10 ns 的时间里从零上升到 1 000 A,导致线圈产生的磁场从零到 10 ns 的时间里上升到 0.2 T。线圈电流的变化曲线如图 2-24 所示。

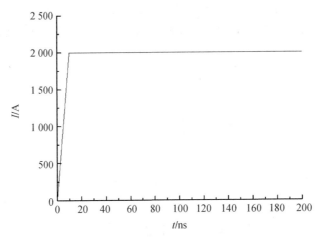

图 2-24　电磁线圈电流加载的时间变化曲线

电磁线圈上电流达到极大值 2 000 A 后维持 5 ms 的时间长度,电流下降到零。可以利用超级电容器,不断地对电感线圈进行充放电,实现每分钟 5～10 次的充放电周期循环。电磁线圈产生的磁场如图 2-25 所示。

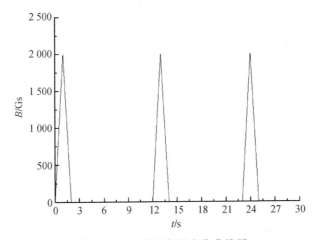

图 2-25　身管磁场的变化曲线图

电磁线圈产生的磁场在 10 ns 时间内从零上升到 0.2 T,随后在 0.2 T 的强磁场幅值平稳,保持约 5 ms,接着磁场下降到零并在零磁场状态,保持约 11.9 s。以这样的周期循环充电、放电,可以维持每分钟发射 5 发被发射物体的频率。

**2.磁约束等离子体鞘层**

随着时间快速上升的磁场在身管内产生感应电场,感应角向电场加速高温燃气中初始的电子形成雪崩电离效应,在燃气中产生 2% 的电离率。

在线圈产生的磁场达到 0.2 T,并维持 5 ms 的时间里,雪崩产生的等离子体电子被磁场约束。其电子回旋半径约为 $20 \sim 60\ \mu\text{m}$。在身管内壁附近 $40 \sim 120\ \mu\text{m}$ 的厚度形成磁约束等离子体鞘层。其中,电子的密度约为

$$n_e = 0.02\ n_o = 1.45 \times 10^{26}\ (\text{m}^{-3}) \tag{2.32}$$

鞘层内电子的平均温度约为 10 eV,磁约束等离子体鞘层内其总压力约为

$$P_t = n_e k\ T_e + \frac{B_o^2}{2\ \mu_o} + n_i k\ T_i + n_{tho} k\ T_o = P_o = 400 (\text{MPa}) \tag{2.33}$$

其中,磁压力

$$P_B = \frac{B_o^2}{2\ \mu_o} = 1.59 \times 10^4 (\text{Pa}) \ll P_o \tag{2.34}$$

电子的压力

$$P_e = n_e k\ T_e = 0.58\ P_o \tag{2.35}$$

离子的压力

$$P_i = n_i k\ T_i = 8 (\text{MPa}) \tag{2.36}$$

因此,在身管内壁 $40 \sim 120\ \mu\text{m}$ 厚度的磁约束等离子体鞘层内的中性燃气分子密度约为

$$n_{tho} = \frac{1}{k\ T_o} \left[ P_o - \left( n_e k\ T_e + \frac{B_o^2}{2\ \mu_o} + n_i k\ T_i \right) \right] = 0.4\ n_o \tag{2.37}$$

身管内磁约束等离子体鞘层的主要特征为:随时间快速变化的磁场在身管内产生角向感应电场,角向感应电场加速初始电子达到 20 eV,并与中性分子碰撞产生雪崩电离,使得在 $40 \sim 120\ \mu\text{m}$ 厚度内产生 2% 的气体电离。电离等离子体电子的密度约为原中性气体密度的 2%,电子的温度约为 10 eV。电子受到轴向磁场的约束,回旋半径约为 $20 \sim 60\ \mu\text{m}$。被磁场约束的电子在 $40 \sim 120\ \mu\text{m}$ 厚度的鞘层内形成类绝热屏蔽层,磁约束电子的热压力约为 232 MPa,占内层燃气总压力的 58%。由于磁约束电子在贴近身管内壁的 $40 \sim 120\ \mu\text{m}$ 厚度内存在,因此在磁约束等离子体鞘层内的中性气体密度大幅度下降,只有原密度的 40%。

### 3.磁约束等离子体鞘层的隔热效应

受到磁约束的电子向身管内壁扩散的质量流密度

$$\Gamma_{em} = -D_\perp\ \nabla n_e = \frac{k\ T_e}{m_e\ \nu_{en}} \frac{\nu_{en}^2}{\nu_{en}^2 + \omega_{ce}^2} \frac{n_e}{D_{th}} = \frac{k\ T_e}{m_e} \frac{\nu_{en}}{\nu_{en}^2 + \omega_{ce}^2} \frac{n_e}{D_{th}} \tag{2.38}$$

式中:$\nu_{en}$ 为电子与中性气体分子的碰撞频率;$\omega_{ce}$ 为电子在磁场中的回旋频率。

$$\nu_{en} = \frac{v_{eth}}{\lambda_{Fe}} \tag{2.39}$$

$$v_{eth} = \sqrt{\frac{8k\,T_e}{\pi\,m_e}} = 2.12 \times 10^6 \,(\text{m/s}) \tag{2.40}$$

$$\lambda_{Fe} = \frac{1}{\sigma_c\,n_{oth}} = 3.45 \times 10^{-8} \,(\text{m}) \tag{2.41}$$

式中：$v_{eth}$ 为磁约束等离子体鞘层中电子的热速度；$\lambda_{Fe}$ 为电子在鞘层内与中性燃气分子碰撞的平均自由程。

$$\nu_{en} = \frac{v_{eth}}{\lambda_{Fe}} = 6.14 \times 10^{13} \,(\text{Hz}) \tag{2.42}$$

$$\omega_{ce} = \frac{eB}{m_e} = 3.62 \times 10^{10} \,(\text{Hz}) \tag{2.43}$$

$$\Gamma_{em} = \frac{k\,T_e}{m_e}\,\frac{n_e}{D_{th}}\,\frac{\nu_{en}}{\nu_{en}^2 + \omega_{ce}^2} \approx \frac{k\,T_e}{m_e}\,\frac{n_e}{D_{th}}\,\frac{1}{\nu_{en}} = 3.46 \times 10^{28} \,(\text{m}^{-2} \cdot \text{s}^{-1}) \tag{2.44}$$

电子流密度所携带的热流密度约为

$$\Gamma_{eth} = \varepsilon_e\,\Gamma_{em} = 55.4 \,(\text{GW} \cdot \text{m}^{-2}) \tag{2.45}$$

鞘层内的中性燃气分子和离子的密度约为未电离时气体密度的 40%，中性分子和离子的温度仍然保持 4 000 K，因此鞘层内中性气体和离子传递给身管内壁的热流密度约为

$$\Gamma_{oth} = 0.4\,\Gamma_{th} = 82 (\text{GW} \cdot \text{m}^{-2}) \tag{2.46}$$

因此身管内发射药燃烧的高温高压燃气透过磁约束等离子体鞘层传递给身管内壁炮钢材料的总热流密度约为

$$\Gamma_t = \Gamma_{eth} + \Gamma_{oth} = 137.4 (\text{GW} \cdot \text{m}^{-2}) < 205 (\text{GW} \cdot \text{m}^{-2}) \tag{2.47}$$

分析式(2.47)可以明确地知道，磁约束等离子体鞘层的存在，导致身管内燃气向管壁炮钢材料传递的热流密度下降约 33%。燃气传递给管壁的热流密度下降，将带来一个重要的作用，炮钢内壁的温升温度也随之降低。炮钢温度的降低也相应提高炮钢抗烧蚀的能力，因而通过磁约束等离子体鞘层的应用，提高身管的抗烧蚀能力，降低身管的烧蚀，延长身管的寿命。如果身管材料的导热性能不变，被发射物体发射药燃气的高温高压性能不变，由于磁约束等离子体鞘层的应用，燃气向身管内壁传递的热流密度降低 33%，身管内壁炮钢材料的温度约降低约 30%。这是磁约束等离子体鞘层在身管的一项重要应用特点——降低发射药燃气对身管内壁材料的温升作用。

磁约束等离子体鞘层在身管内所起的作用就像一个厚约 120 μm 的隔热层，电子被轴向磁场约束在垂直磁场方向做回旋运动，从未导致电子垂直磁场的扩散流密度下降；而电子所形成的热压力排挤了中性燃气和离子的热压力，导致在鞘层内不受磁场约束的燃气分子和离子的密度降低 60%，从而造成燃气的总

热流密度降低 33%,因此身管内壁材料的温升降低 30% 左右。由于磁约束等离子体鞘层的存在,燃气分子对身管内壁的热烧蚀及热冲击损伤程度降低,提高了身管的寿命。假设在无磁约束等离子体鞘层条件下,身管的温升为

$$C \frac{\mathrm{d}T}{\mathrm{d}t} = \Gamma_{\mathrm{th}} - q \tag{2.48}$$

则存在磁约束等离子体鞘层时的身管温升为

$$C \frac{\mathrm{d}T_{\mathrm{th}}}{\mathrm{d}t} = \Gamma_{\mathrm{t}} - q \tag{2.49}$$

式中:$C$ 为身管内壁薄层的热容量;$T$ 为电子在磁场中的回旋频率;$\Gamma_{\mathrm{th}}$ 为无磁约束等离子体鞘层下高温高压燃气向身管壁传递的热流密度;$q$ 为身管内壁向外传导的热流密度;$\Gamma_{\mathrm{t}}$ 为磁约束等离子体鞘层存在时的传递到身管内壁的总热流密度。

利用式(2.48)和式(2.49),可得

$$C \frac{\mathrm{d}(T - T_{\mathrm{th}})}{\mathrm{d}t} = \Gamma_{\mathrm{th}} - \Gamma_{\mathrm{t}} 68 (\mathrm{GW \cdot m^{-2}}) \tag{2.50}$$

$$T - T_{\mathrm{th}} = \int_0^{5\mathrm{ms}} \frac{\Delta \Gamma}{C} \mathrm{d}t > 0 \tag{2.51}$$

从式(2.51)可知,由于磁约束等离子体鞘层的存在,发射药高温高压燃气向身管内壁的热流密度降低,因此身管内壁的温升比无磁约束等离子体鞘层时的温升小。由于身管内壁的温度降低,身管的抗冲击能力提高了,身管的热烧蚀减小了。

### 4.磁约束等离子体鞘层抑制动力学热流密度

身管内发射药的燃烧过程非常迅速,燃料在迅速燃烧过程中释放大量的热量并伴随着有些大分子通过氧化分解成小分子,使得燃气分子温度升高、分子数密度增加,形成爆炸过程。爆炸点处燃气分子急速膨胀,推动外层气体沿着身管轴向外运动。外部气体受到爆炸点气体的推动而出现压缩现象。当爆炸高温热气的推进速度 $v_0$ 大于外围气体中的声速 $v_{\mathrm{s}}$ 时,高温燃气的动压动能将有部分转化成外围低温气体的热能,有

$$v_{\mathrm{s}} = \sqrt{\frac{\gamma k T_{\mathrm{ex}}}{m_{\mathrm{ax}}}} = \sqrt{\frac{5 \times 1.38 \times 10^{-23} \times 1\,000}{3 \times 29 \times 1.67 \times 10^{-27}}} = 690 (\mathrm{m/s}) \tag{2.52}$$

这部分被转化成外围气体热能的能量降低了被发射物体发射药的发射效率,也就是说,发射药所含的化学能转化成发射被发射物体的动能比:

$$\zeta = \frac{0.5 M_{\mathrm{H}} V_{\mathrm{H}}^2}{E_{\mathrm{Ch}}} \tag{2.53}$$

式中：$M_H$ 为被发射物体的质量；$V_H$ 为战斗部的出膛初速度；$E_{Ch}$ 为发射药的化学内能。

化学能转化为被发射物体动能的效率提高可提高战斗部的出膛初速度 $v_h$。对于进一步提高被发射物体的出膛速度，有些研究采用低燃温发射药，但仍然不能解决急速膨胀气体的动压动能转化成外围气体的热能这一关键问题。由于燃气急速膨胀，其动力学膨胀速度大于外围气体中的声速，在急速膨胀气体与外围低速运动气体截面产生激波。激波的产生使得激波前沿的气体动压转化成激波后沿的高温热压力。而身管中磁约束等离子体鞘层的形成，可以大幅度降低身管内燃气的马赫数，降低激波强度，降低燃气动压转化成外围气体热压的比率，使得燃气动压更多地作用在被发射物体战斗部的推进上，从而提高被发射物体战斗部的出膛初速度。

等离子体鞘层阻止急速膨胀燃气动压转化成热压的主要物理原理是，由于电磁感应线圈产生的磁场随时间变化，在身管内形成感应角向电场，感应电场加速初始电子，在 $1.8\times10^{-10}$ s 的时间间隔内将电子加速到 20 eV 以上，加速后的电子碰撞燃气分子形成雪崩电离，产生约 2% 的等离子体。等离子体电子的平均温度约为 10 eV，厚度约为 120 $\mu$m，而离子的温度与燃气分子温度相当，约为 4 000 K，而离子的厚度约为 4 mm，但等离子体具有维持电中性的天然特点，造成部分电子向内扩散，而部分离子向外扩散。由于电子惯性质量远远小于离子的质量，造成电子向内的扩散速度大于离子向外扩散的速度，等离子体鞘层的厚度约为 2 mm。在燃气中存在约 1% 的等离子体，其密度扰动传播的速度不再是声速，而是在垂直磁场方向是磁声波速度，在平行磁场方向是离子声速。离子声速为

$$v_{is} = \sqrt{\frac{\gamma k T_o + \eta \gamma_e k T_e}{m_a}} \tag{2.54}$$

式中：$\eta = 0.01$ 是燃气的电离率；$\gamma_e = 3$ 是电子的绝热系数；$T_e$ 是电子温度，$k T_e = 10$ eV，因此身管内的离子声速

$$v_{is} = \sqrt{v_s^2 + \frac{0.03\times16\times10^{-19}}{3.34\times10^{-26}}} = 2\,091(\text{m/s}) \tag{2.55}$$

而身管内高压燃气的热速度只有 2 050 m/s，由于存在磁约束等离子体，密度扰动传播不仅有热压力，而且电荷的静电力也参与其中，使得密度扰动传播的速度比声速大。因此爆炸的动压传播的马赫数不再是 1.2 而是 0.98。因此不再会激发出激波，而不会造成激波加热，从而使得气体急速膨胀的动压主要作用到

战斗部上,发射药在身管轴向的动压推力比无磁约束等离子体鞘层时更大。在身管的径向,燃气密度扰动的传播速度是磁声波速度,其中阿尔芬速度约为

$$v_A = \sqrt{\frac{B^2}{\mu_0 \rho_p}} = 81 (\text{m/s}) \tag{2.56}$$

在身管径向,爆燃气体仍然会产生激波,这表现为,磁约束等离子体鞘层的出现,导致身管内平行轴向的动压大于身管径向的热压。其各向异性的特点起源于磁约束等离子体鞘层的存在,导致平行身管传播的动压无激波产生,燃气热化的效率比径向激波产生的热化效率要小。等离子体鞘层的这一特点应用在身管上,会使战斗部的出膛速度比无等离子体鞘层时更高。

磁约束等离子体鞘层内电子密度约为 $1.45 \times 10^{26}$ $\text{m}^{-3}$,电子的温度约为 10 eV,磁约束等离子体鞘层的厚度约为 120 $\mu$m。由于电子受到轴向磁场的约束,不能够横越磁场运动,但电子与中性燃气分子的碰撞造成电子在磁场中横越磁场扩散。电子横越磁场扩散的电子流密度约为 $3.46 \times 10^{28}$ $\text{m}^{-2}/\text{s}$,携带的电子热流密度约为 55 GW/m,而由于磁约束等离子体鞘层的存在,类似一层 120 $\mu$m 厚的隔热层,使得燃气的径向热流密度下降为 82 $\text{GW/m}^2$,总的热流密度约为 137 $\text{GW/m}^2$,比无磁约束等离子体鞘层时的热流密度($205\ \text{GW/m}^2$),降低约 33%。发射药总的化学能转化成被发射物体战斗部动能的效率提高约 10%。另外,由于磁约束等离子体鞘层的存在,燃气密度扰动传播速度提高到离子声速,爆燃气体膨胀的动压较少地通过激波热化气体,动压推力的效率也提高。因此磁约束等离子体鞘层起到了减弱高温高压燃气向身管的热流密度传递,同时等离子体鞘层使得沿身管方向的动压推力比无磁约束等离子体时的推力大。

# 2.3　磁约束等离子体鞘层特性数值模拟分析

下面利用 Comsol Multiphysics 软件对上述问题进行仿真模拟。

## 2.3.1　模型建立

计算域为 125 mm×200 mm 的轴对称圆柱结构(见图 2-26),其中 $r=0$ 处为轴心,管壁半径 43 mm,壁厚 13 mm,管长 125 mm,底部为固定边界,上部为开放边界。整个解域采用有限元网格划分,如图 2-27 所示。

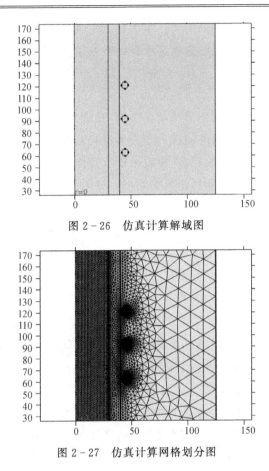

图 2-26　仿真计算解域图

图 2-27　仿真计算网格划分图

仿真模型三维图如图 2-28 所示。

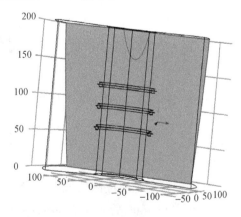

图 2-28　仿真模型三维图

等离子体气体采用氩气（Ar），氩气密度为 1.91 kg/m³，数密度为 2.86×10²⁵/m³，假设有 5% 电离，则等离子体数密度为 1.43×10²⁴/m³。氩气初始速度为 170 m/s，温度为 1 000 K，压强为 400 MPa。

磁场由三个围绕管壁的电流线圈产生，线圈半径为 45 mm，线圈功率固定为 1.1×10⁶ W，其产生的磁场强度大小约为 1 T。整个物理过程采用多物理场耦合模拟。等离子体热源区域如图 2 - 29 所示。

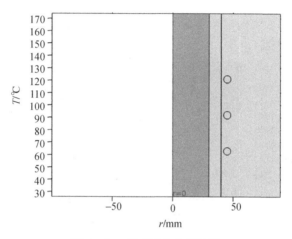

图 2 - 29　等离子体热源区域

相应方程如下：

（1）等离子体热源方程

$$\rho C_p \frac{\partial T}{\partial t} + \rho C_p \boldsymbol{u} \cdot \nabla T = \nabla \cdot (k \nabla T) + Q \tag{2.57}$$

（2）流体力学方程组

$$\nabla \cdot (\rho \boldsymbol{u}) = 0 \tag{2.58}$$

$$\nabla \cdot \left[ -p \boldsymbol{I} + \mu [\nabla \boldsymbol{u} + (\nabla \boldsymbol{u})^{\mathrm{T}}] - \frac{2}{3} \mu (\nabla \cdot \boldsymbol{u}) \boldsymbol{I} \right] + \boldsymbol{F} \tag{2.59}$$

（3）洛伦兹力方程

$$\boldsymbol{F} = \boldsymbol{J} \times \boldsymbol{B} \tag{2.60}$$

（4）流体中的热流输运方程

$$\rho C_p \frac{\partial T}{\partial t} + \rho C_p \boldsymbol{u} \cdot \nabla T + \nabla \cdot \boldsymbol{q} = Q + Q_p + Q_{vd} \tag{2.61}$$

$$\boldsymbol{q} = -k \nabla T \tag{2.62}$$

## 2.3.2　仿真结果分析

仿真计算时间为 0.08 s,比较初始时刻 0.01 s 与最终时刻 0.08 s(见图2-30、图2-31)可知等离子体与线圈磁场相互作用情况。

**1.线圈磁场最大为 1.2 T,出流密度为 1.91 kg/m³**

由于线圈电流功率固定,因此整个仿真磁场稳定,具体大小和位形如图2-31所示。可以看出,在管内磁场接近平行,轴心处磁场强度最小,约为 0.5 T,靠近线圈磁场最大,约为 1.2 T。

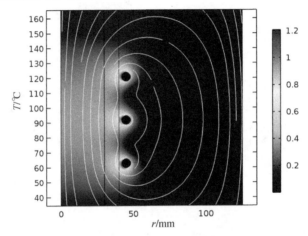

图 2-30　时间为 0.01 s 二维磁场分布图

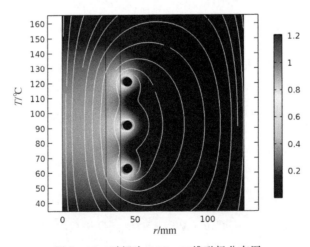

图 2-31　时间为 0.08 s 二维磁场分布图

其相应的三维图分别如图 2 - 32 和图 2 - 33 所示。

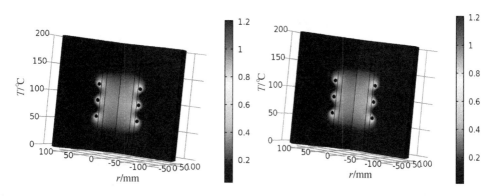

图 2 - 32　时间为 0.01 s 三维磁场分布图　　图 2 - 33　时间为 0.08 s 三维磁场分布图

（1）流体温度分析。图 2 - 34 和图 2 - 35 分别给出了时刻 $t = 0.01$ s 和 $t = 0.08$ s时的温度分布二维剖面图。由图可知,随着时间的演化,在磁场的防护作用下,等离子体在管壁处的温度由最高超过 800 K 减小到约 750 K,减幅超过 6.25%。

其物理机制为电子、离子受到磁场洛伦兹力的约束,等离子体粒子横越磁场传递的热流密度大幅下降,从而降低了高温高密等离子体在横向的传播。

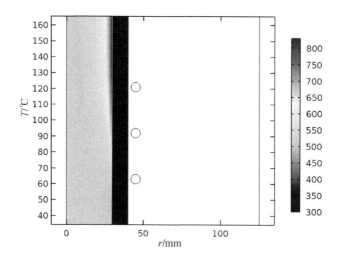

图 2 - 34　时间为 0.01 s 的温度分布二维剖面图

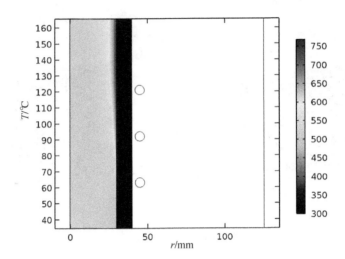

图 2-35　时间为 0.08 s 的温度分布二维剖面图

其相应的三维图由图 2-36 和图 2-37 给出。

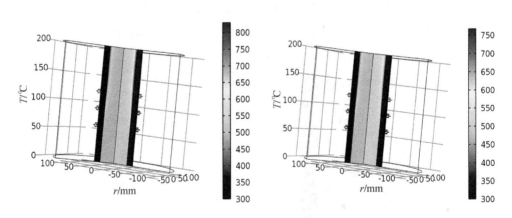

图 2-36　时间为 0.01 s 的三维图　　　　图 2-37　时间为 0.08 s 的三维图

　　(2)流体速度分析。图 2-38 和图 2-39 分别给出了时刻 $t = 0.01$ s 和 $t = 0.08$ s 时的速度分布二维剖面图。由图可知,随着时间的延长,在等离子体与磁场的相互作用下,等离子体在轴心处的最高速度由 $2 \times 10^4$ m/s 增加到超过 $2.5 \times 10^4$ m/s,增幅超过 $25\%$。

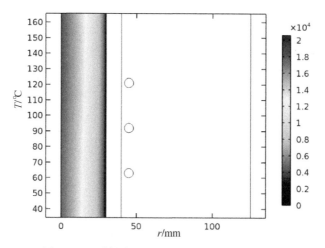

图 2 - 38　时间为 0.01 s 的速度分布二维剖面图

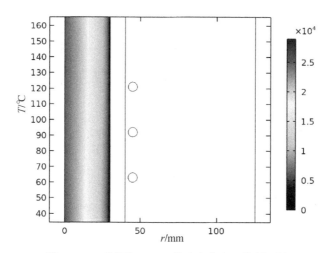

图 2 - 39　时间为 0.08 s 的速度分布二维剖面图

（3）压强变化分析。图 2 - 40 和图 2 - 41 分别给出了时刻 $t = 0.01$ s 和 $t = 0.08$ s时的压强分布二维剖面图。由图可知,随着时间的演化,压强变化并不明显。其原因可能是模型假设中的边界条件,导致流体压强主要由中性成分起主导作用,受磁场作用较小。

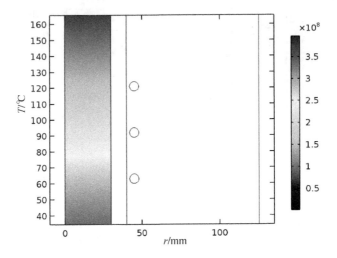

图 2-40 时间为 0.01 s 的压强分布二维剖面图

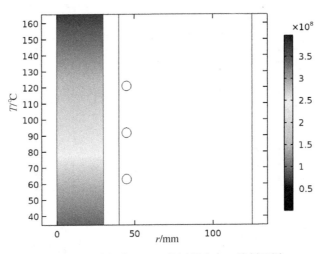

图 2-41 时间为 0.08 s 的压强分布二维剖面图

**2.线圈磁场最大为 0.5 T,出流密度为 1.91 kg/m³**

(1)流体温度分析。图 2-42 和图 2-43 分别给出时刻了 $t=0.01$ s 和 $t=0.08$ s时的温度分布二维剖面图。由图可知,随着时间的延长,在磁场的防护作用下,等离子体在管壁处的温度由最高超过 700 K 减小到约 650 K,减幅超过 6.25%。其物理机制为电子、离子受到磁场洛伦兹力的约束,等离子体粒子横越磁场传递的热流密度会大幅下降,从而降低高温、高密等离子体在横向的传播。

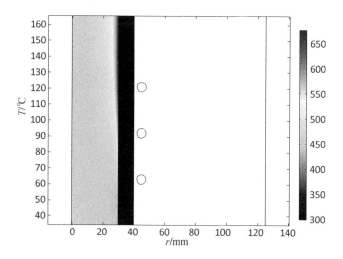

图 2-42　时间为 0.01 s 的温度分布二维剖面图

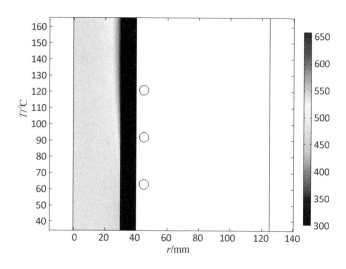

图 2-43　时间为 0.08 s 的温度分布二维剖面图

(2)流体速度分析。图 2-44 和图 2-45 分别给出了时刻 $t=0.01$ s 和 $t=0.08$ s 时的速度分布二维剖面图。由图可知,随着时间的延长,在等离子体与磁场的相互作用下,等离子体在轴心处的最高速度由 $2\times10^4$ m/s 增加到超过 $2.8\times10^4$ m/s,增幅超过 $25\%$。

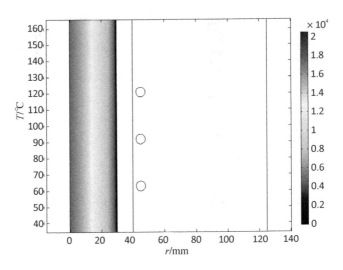

图 2 - 44　时间为 0.01 s 的速度分布二维剖面图

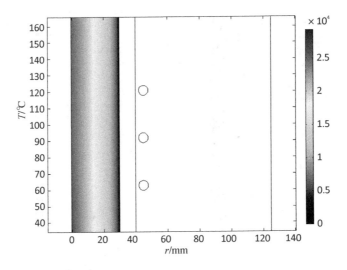

图 2 - 45　时间为 0.08 s 的速度分布二维剖面图

　(3)压强变化分析。图 2 - 46 和图 2 - 47 分别给出了时刻 $t = 0.01$ s 和
$t = 0.08$ s时的压强分布二维剖面图。由图可知,随着时间的延长,压强变化并不
明显。其原因可能是流体压强主要由中性成分起主导作用,受磁场作用较小。

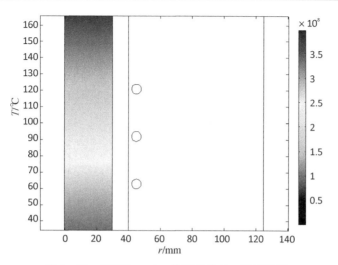

图 2-46　时间为 0.01 s 的压强分布二维剖面图

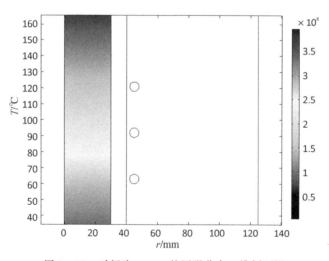

图 2-47　时间为 0.08 s 的压强分布二维剖面图

**3.线圈磁场最大为 1.2 T,出流密度为 1.0 kg/m³**

(1)流体温度分析。图 2-48 和图 2-49 分别给出了时刻 $t=0.01$ s 和 $t=0.08$ s时的温度分布二维剖面图。由图可知,随着时间的延长,在磁场的防护作用下,等离子体在管壁处的温度由最高超过 850 K 减小到约 780 K,减幅超过 6.25%。其物理机制为电子、离子受到磁场洛伦兹力的约束,等离子体粒子横越磁场传递的热流密度就会大幅下降,从而降低高温、高密等离子体在横向的传播。

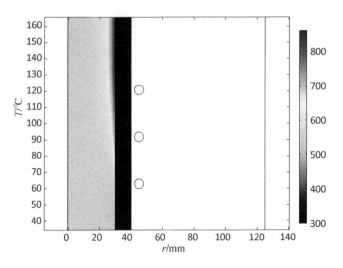

图 2 - 48　时间为 0.01 s 的温度分布二维剖面图

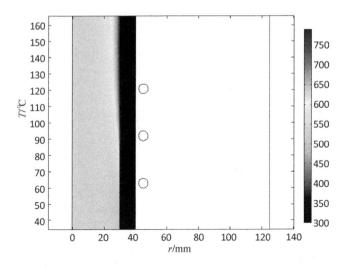

图 2 - 49　时间为 0.08 s 的温度分布二维剖面图

　　(2)流体速度分析。图 2 - 50 和图 2 - 51 分别给出了时刻 $t = 0.01$ s 和 $t = 0.08$ s时的速度分布二维剖面图。由图可知,随着时间的延长,在等离子体与磁场的相互作用下,等离子体在轴心处的最高速度由 $2.3 \times 10^4$ m/s 增加到超过 $2.9 \times 10^4$ m/s,增幅超过 $25\%$。

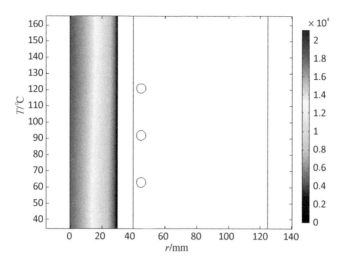

图 2 - 50　时间为 0.01 s 的速度分布二维剖面图

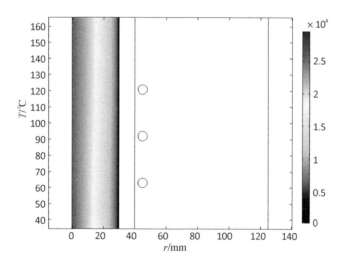

图 2 - 51　时间为 0.08 s 的速度分布二维剖面图

(3)压强变化分析。图 2 - 52 和图 2 - 53 分别给出了时刻 $t = 0.01$ s 和 $t = 0.08$ s时的压强分布二维剖面图。由图可知,随着时间的延长,压强变化并不明显。其原因可能是流体压强主要由中性成分起主导作用,受磁场作用较小。

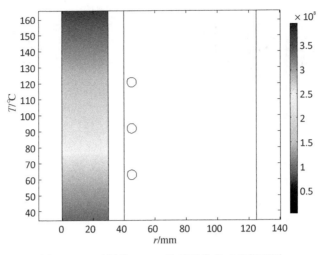

图 2-52　时间为 0.01 s 的压强分布二维剖面图

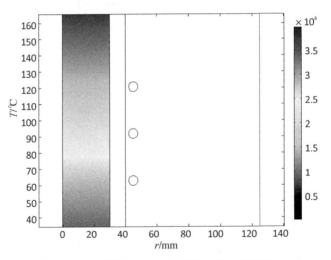

图 2-53　时间为 0.08 s 的压强分布二维剖面图

# 第3章　磁约束等离子体隔热效应

隔热效应是指降低火药气体向身管壁传递热量。等离子体是在高温或者特定激励下部分原子或分子被激发产生的正负离子组成的离子化物质,包括电子、正离子和中性粒子。火药燃烧时,部分高温燃气会发生电离形成等离子体。在火炮身管外施加磁场后,微观上带电粒子(电子、正离子)在洛伦兹力的作用下由杂乱无章的无规则运动转变为绕磁力线的回旋运动。如果把等离子体看成一种流体介质,其宏观上表现磁流体特性,而磁流体力学就是研究导电流体在电磁场中运动规律的一种宏观理论。当导电流体与磁场方向不一致时,电流与磁场相互作用将会对流体产生一个作用在其上的体积力(即洛伦兹力),进而影响流体流动、壁面和流体之间的传热以及其他的特性。

高速等离子体流通过磁场时将产生影响其运动的洛伦兹力,形成磁流体动力学(MHD)效应,这种效应可以改变气体的流动状态,进而影响其传热特性。火药气体在高温环境下会发生热电离形成等离子体,当对身管内等离子体施加沿轴线方向的平行磁场时,由于等离子体存在径向速度的分量,带电粒子的运动将变成绕磁力线的回旋运动,从而减弱等离子体在垂直于轴线方向上的热输运,降低等离子体横越磁场传递的热流密度。当对身管内等离子体施加垂直轴线方向的磁场时,微观上表现为等离子体中的带电离子受洛伦兹力作用,由杂乱无章的无规则热运动转变为绕磁力线旋转的局部有序运动。该运动降低了平行于磁场方向的粒子碰撞概率,从而减小了粒子间动能交换的效率。当阳离子的初速度和磁场方向的夹角等于0°或180°时,磁场对其没有作用,阳离子做平行于磁场方向的匀速运动;当夹角小于90°时,阳离子沿磁场方向做螺旋运动;当夹角等于90°时,阳离子绕磁力线做圆周运动;当夹角大于90°时,阳离子逆磁场方向做螺旋运动。电子和阳离子的运动方向相反。在火炮身管腔体约束和磁场约束的共同作用下,带电粒子按照运动速度(温度)的大小,在火炮身管横截面内分别沿磁场方向和垂直于磁场方向对称分布,宏观上表现为身管内膛多相流的湍流耗散强度受到明显抑制,存在由湍流向层流转捩的趋势,使传热效率降低。

# 3.1 常压下磁约束等离子体传热特性

等离子体是一种流体介质,宏观上表现为磁流体特性。当等离子体流动方向与磁场方向不一致时,电流与磁场相互作用将会对流体产生一个作用在其上的体积力(即洛伦兹力),进而影响流体流动、壁面和流体之间的传热等特性。

## 3.1.1 磁约束等离子体湍流耗散模型

湍流是流体的一种流动状态,随着流速的增加,流场中逐渐形成紊乱、不规则的湍流流场,流体微团之间的动量、热量传递速率远高于层流状态,因此湍流是导致传热能力增强的重要因素。自然界中的绝大多数流动都属于湍流,湍流强度的大小宏观上反映了流体微团之间的碰撞剧烈程度。

**1. 物理模型**

如图 3-1 所示,将武器身管简化为内径为 125 mm 的圆筒腔体结构,等离子体在入口处的初速为 $U$,分别沿垂直圆筒轴线($y$ 轴、$z$ 轴)方向施加均匀分布的垂直磁场 $B$。

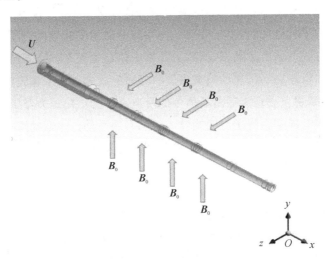

图 3-1 物理模型示意图

将火炮身管简化为圆筒腔体,并提出以下基本假设:

(1)等离子体属于导电气体,圆筒内气体的流动处于连续介质区,可以运用磁流体动力学方法进行研究。

(2)假定火药燃气电离形成的等离子体的电导率为常量。

(3)圆筒内等离子体的速度较大,流动处于湍流状态。

(4)高温下等离子体处于局部热平衡状态,满足理想气体状态方程。

(5)不考虑圆筒内等离子体流动过程中的化学反应。

### 2. 控制方程

为模拟磁场对湍流的影响,需要在湍流模型中考虑磁场的作用。采用修正的可实现湍流模型 $k$-$\varepsilon$ 湍流模型进行分析研究。

湍流动能方程($k$ 方程):

$$\rho \frac{\delta k}{\delta t} + \rho (U \cdot \nabla) = \nabla \cdot \left[ \left( \mu + \frac{\mu_t}{\sigma_k} \right) \nabla k \right] + G_k - \rho \varepsilon - \varepsilon_{em}^k \tag{3.1}$$

式中:$k$ 和 $\varepsilon$ 分别为湍动能和耗散率;$\mu$ 为混合物黏性;$\mu_t$ 为湍动黏度;$G_k$ 为由速度梯度引起的湍流动能;$\sigma_k$ 为基于 $k$ 的湍流普朗特系数,取 $\sigma_k = 1$;$\varepsilon_{em}^k$ 为反映电磁作用的湍动能项,$\varepsilon_{em}^k = C_1 \frac{\sigma}{\rho} B^2 k$,其中参数 $C_1 = 0.5$。

湍流能量耗散方程($\varepsilon$ 方程):

$$\rho \frac{\delta \varepsilon}{\delta t} + \rho (U \cdot \nabla) = \nabla \cdot \left[ \left( \mu + \frac{\mu_t}{\sigma_\varepsilon} \right) \nabla \varepsilon \right] + C_2 \frac{\varepsilon}{k} G_k - C_3 \rho \frac{\varepsilon^2}{k} - \varepsilon_{em}^\varepsilon \tag{3.2}$$

式中:$\sigma_\varepsilon$ 为基于 $\varepsilon$ 的湍流普朗特系数,取 $\sigma_\varepsilon = 1.3$;$C_2 = 1.5$;$C_3 = 1.9$;$\varepsilon_{em}^\varepsilon = C_4 \frac{\sigma}{\rho} B^2 \varepsilon$,其中参数 $C_4 = 1$。

### 3. 边界条件

设定圆筒入口处气体的初始速度 $U = 1\ 000$ m/s,温度 $T = 3\ 000$ K,电导率 $\sigma = 500$ S/m,考虑到材料的电磁屏蔽特性,壁面材料选用石英,磁导率为 $1.26 \times 10^{-6}$ H/m。出口处设为压力出口条件,$p = 101\ 325$ Pa。气体通过壁面向外的传热量由一维传热公式给出:

$$q = -\frac{\lambda_w (T - T_0)}{\delta} \tag{3.3}$$

式中:$\lambda_w$ 为壁面热导率;$T_0$ 设为常温 283.15 K;$\delta$ 为壁面厚度,取 $\delta = 40$ mm。

考虑到气体与壁面之间的摩擦影响,采用前处理软件抽取出导电气体流体域。建立流固耦合交界面,采用分块划分的思想对固体域和流体域进行结构网格的划分,如图3-2所示。

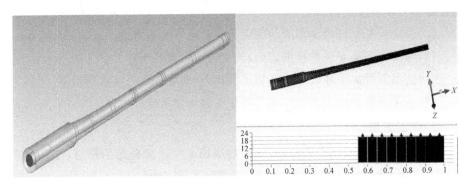

图3-2 流固耦合结构化网格划分

为了对计算网格进行无关性验证,选取出口截面处的最大速度和压力作为判断标准,分析了4种不同疏密程度的网格对仿真结果的影响。网格数量与计算结果见表3-1。

**表3-1 网格数量及误差值**

| 网格数 | 出口速度/(m·s⁻¹) | $\Delta_u$/(%) | 出口压力/Pa | $\Delta_p$/(%) |
|---|---|---|---|---|
| 109 227 | 1 773.24 | 3.69 | 1 989 795.91 | 4.36 |
| 279 331 | 1 806.09 | 1.81 | 2 045 918.36 | 1.50 |
| 413 394 | 1 833.81 | 0.27 | 2 066 326.53 | 0.49 |
| 690 014 | 1 838.77 | — | 2 076 530.61 | — |

从表3-1可以看出,当网格数量为413 394时,计算误差在1%以内,因此,采用网格数为413 394进行计算。

## 3.1.2 磁场方向对等离子体流动特性的影响

为研究不同方向磁场对等离子体流动特性的影响,分别沿圆筒结构 $z$ 轴和 $y$ 轴施加0.5 T强度的均匀垂直磁场,如图3-3所示。

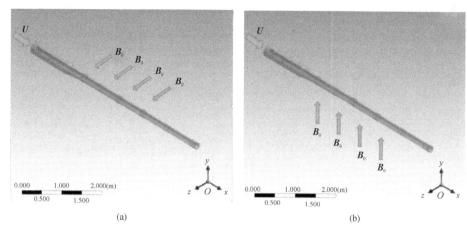

(a)　　　　　　　　　　　　　(b)

图 3-3　垂直磁场施加示意图

(a)沿 z 轴施加磁场；　(b)沿 y 轴施加磁场

由于等离子体具有导电性,当其在垂直磁场中运动时,会切割磁力线形成感应电流 $J$,感应电流与磁场相互作用在等离子体内部产生出与运动方向相反的洛伦兹体积力。图 3-4 所示为等离子体受力示意图,可以看出,感应电流的方向垂直于磁场和流速方向。

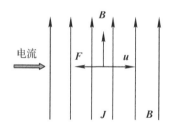

图 3-4　等离子体在垂直磁场作用下的受力示意图

图 3-5 所示为施加垂直磁场后出口截面上感应电流的矢量分布图。根据左手定则,等离子体会在垂直于磁场和流速方向上产生感应电流,并受圆筒形绝缘壁面的约束形成闭合回路。因此,在同一截面处,垂直磁场方向的感应电流较大,产生的洛伦兹力也较大,流动呈现各向异性。

图 3-6 表示不施加外部磁场和沿不同方向施加 0.5 T 磁场下圆筒出口截面处等离子体的速度分布。从图 3-6(a)可知,不施加磁场时,$yOz$ 截面处的速度是对称分布的,在出口中心处流速最大,为 1 845 m/s,且由内向外逐渐降低。外加垂直磁场后,等离子体内的感应电流和磁场相互作用会产生与流动方向相反的洛伦兹力。由感应电流的分布可知,垂直磁场方向的感应电流较大,流速受

到洛伦兹力的阻碍作用更强,因此沿磁场方向的流动速度大于垂直磁场方向的速度。

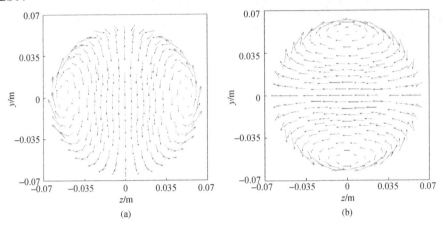

图 3-5 感应电流矢量图

(a)沿 $z$ 轴施加磁场; (b)沿 $y$ 轴施加磁场

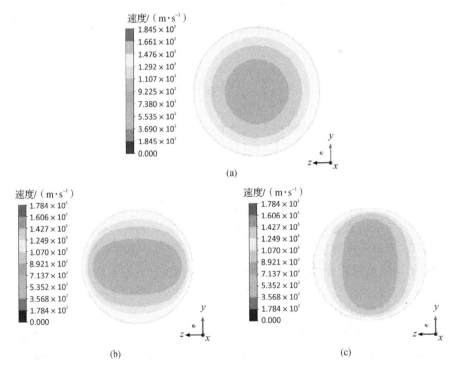

图 3-6 磁场作用下圆筒出口 $yOz$ 截面上的速度分布

(a)无外加磁场; (b)沿 $z$ 轴施加磁场; (c)沿 $y$ 轴施加磁场

　　图 3-7 所示为沿 $y$ 轴方向施加不同强度磁场时圆筒中心线上的速度分布。从图中可以看出,随着磁场的增强,中心线上的速度呈下降趋势,这是由于等离子体中的带电粒子受洛伦兹力的作用而做回旋运动,外加磁场对等离子体的流动起一定的阻滞作用。磁场强度加大后,等离子体所受的洛伦兹力增大,因而流速降低的程度也越大。

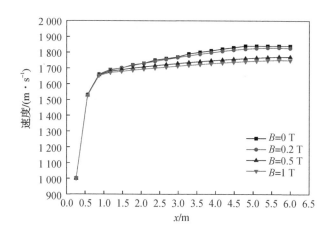

图 3-7　不同磁场强度下中心线上的流速曲线

　　当气体流速很大时,流场会呈现出湍流运动特性,湍流动能是表征流体内部能量传输的一个重要物理量。图 3-8 分别表示不施加外部磁场和沿不同方向施加 0.5 T 磁场时圆筒出口截面处等离子体的湍流动能分布。与速度的变化趋势相似,等离子体的湍流动能同样受到了磁场的抑制。从图中可知,不施加磁场时,$yOz$ 截面处的湍流动能是对称分布的,在近壁面边界层处最大。外加磁场后,出口截面的湍流动能出现各向异性特征,沿磁场方向的湍流动能要小于垂直磁场方向,这是因为磁场的存在改变了等离子体速度场的分布,而湍流动能又与速度梯度的变化紧密相关,速度变化梯度越大,湍流动能越强。因此,结合速度场的分布可知,在平行磁场方向速度变化较为缓慢,故湍流动能较小。

　　图 3-9 所示为沿 $z$ 轴方向施加不同强度磁场下圆筒出口截面处湍流动能分别沿 $z$ 轴和 $y$ 轴的分布曲线。从图中可以看出,磁场能够降低等离子体的湍流动能,随着磁场的增强,湍流动能减小的程度越大。与无磁场时相比较,施加

1 T 强度的磁场后,在圆筒壁面边界处湍流动能下降约 12％。比较图 3 - 9(a)
(b)可知,在磁场强度 $B＝0$ 时,湍流动能沿 $z$ 轴和 $y$ 轴方向变化一致,呈现匀速
上升趋势。当磁场增强时,沿 $z$ 轴方向(即顺磁场施加方向)湍流动能首先保持
在较低值的状态,而在接近圆筒壁面附近,由于流体在壁面交界区的速度梯度变
化较大,从而引起了该处湍流强度的突然增大。在 $y$ 轴方向,与沿磁场方向的
分布不同,等离子体湍流动能随着与壁面距离的缩小而稳步上升。

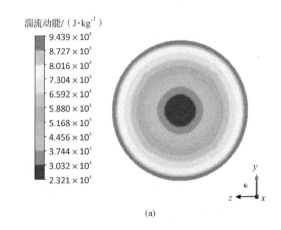

(a)

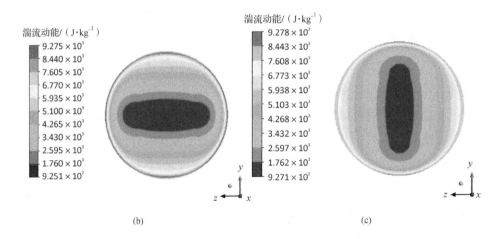

(b)                                     (c)

图 3 - 8　磁场作用下圆筒出口截面上的湍流动能分布

(a)无外加磁场；　(b)沿 $z$ 轴施加磁场；　(c)沿 $y$ 轴施加磁场

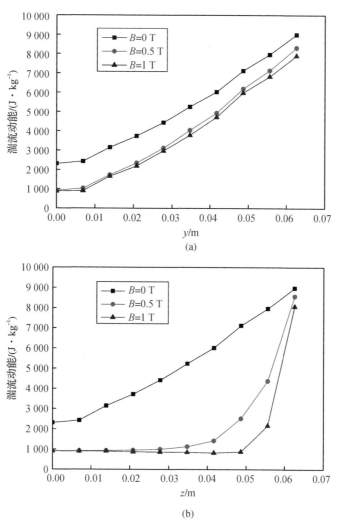

图 3-9　不同磁场作用下湍流动能分布曲线

(a)沿 $y$ 轴的湍流动能分布；　(b)沿 $z$ 轴的湍流动能分布

　　湍流黏度是流体内部黏滞性的一种表征,它影响气体流动界面上的速度与粒子间的摩擦力。从图 3-10 可以看出,无磁场情况下,出口截面中心处湍流黏度最高,最大值为 0.337 Pa·s。外加磁场后,微观上等离子体中的带电离子受洛伦兹力约束,由无规则的热运动转变为绕磁力线旋转的螺旋线运动。该运动降低了平行于磁场方向的粒子碰撞概率,宏观上表现为湍流耗散强度减弱。从图 3-10(b)(c)可以看出,等离子体的湍流黏度有所降低,最大值为 0.259 Pa·s。

由于沿磁场方向的湍流抑制效果要强于垂直磁场方向,流动分布出现各向异性特征,湍流黏度在两侧会出现局部较高的椭圆形区域。

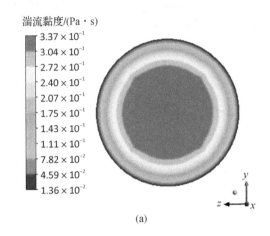

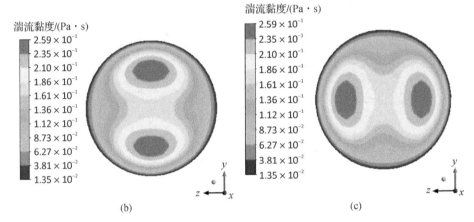

图 3-10 磁场作用下圆筒出口截面上的湍流黏度分布

(a)无外加磁场; (b)沿 $z$ 轴施加磁场; (c)沿 $y$ 轴施加磁场

图 3-11 所示为沿 $z$ 轴施加不同强度磁场时出口截面上湍流黏度沿 $y$ 轴的分布。由图可知,在 0~0.5 T 磁场范围内,等离子体湍流黏度随着磁场强度的增加而减小。但当磁场强度达到 1 T 时,由于磁场强度过高,由电磁感应产生的焦耳热使得分子间的热运动加剧,湍流黏度有所回升。因此,磁场对等离子体湍流黏度的抑制效果具有"饱和效应",磁场强度存在一个最优值,应根据具体参数进行优化选择。

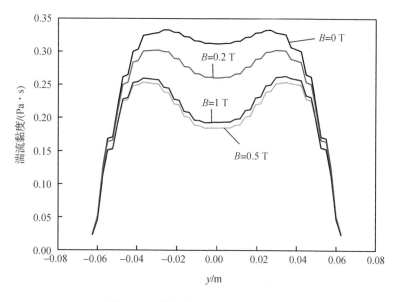

图 3-11　沿 $y$ 轴的湍流黏度分布图

为进一步分析垂直磁场对等离子体流动特性的影响,同时在 $y$、$z$ 轴上施加大小为 0.5 T 的磁场,其流速和湍流分布如图 3-12~图 3-14 所示。

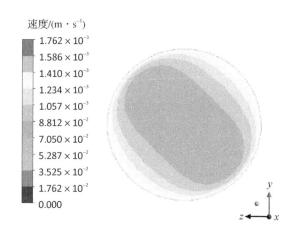

图 3-12　出口截面速度分布图

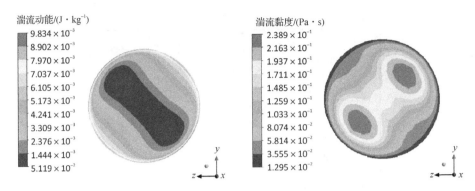

图 3-13  湍流动能分布图          图 3-14  湍流黏度分布图

从图 3-13、图 3-14 可以看出,当在 $y$、$z$ 轴同时施加垂直磁场时,其效果相当于在身管外施加一个斜磁场。将其结果与只在 $z$ 轴方向施加 1 T 磁场的湍流动能进行比较,在 $y$、$z$ 轴同时施加 0.5 T 大小磁场时,其湍流黏度最大值为 0.239 Pa·s,而在 $z$ 轴方向单独施加 1 T 大小磁场时,其湍流黏度最大值为 0.267 Pa·s。由此可知,沿 $y$、$z$ 轴同时施加磁场其湍流黏度抑制效果要高于单独施加一个方向的磁场。综上所述,在一定磁场范围内,与流动方向相垂直的磁场可以有效降低等离子体的湍流动能和湍流黏度,并且流动分布出现各向异性特征,沿磁场方向的湍流动能和湍流黏度要明显低于垂直磁场方向。

### 3.1.3  磁场方向对等离子体传热特性的影响

湍流是导致传热能力增强的重要因素,等离子体对圆筒内壁的传热量与其湍流分布有关。图 3-15 为不加磁场情况下圆筒结构内壁面温度分布图。

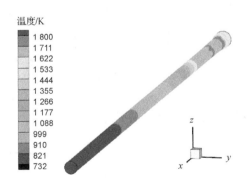

图 3-15  不加磁场内壁面温度分布图

从图 3-15 可以看出,在圆筒入口处壁面温度较高,最大值为 1 800 K。沿着等离子体的流动方向,壁面温度逐渐下降,在出口处最低壁面温度为 732 K。无磁场情况下,气体的流动状态在 $yOz$ 截面上是对称分布的,沿着气体流动方向壁面温度在 $y$ 轴和 $z$ 轴数值相等。

图 3-16 所示为沿 $z$ 轴施加不同大小磁场时,壁面摩擦因数 $C_f$ 在 $x$ 轴取值为 2~5 m 范围内的变化曲线。从图中可看出,加磁场后壁面摩擦因数出现明显的下降,且下降幅度随磁场强度的增大而增大。这是因为磁场强度增大将进一步提高洛伦兹力,一定程度地抑制湍流,从而引起剪切应力下降,最终导致壁面摩擦因数减小。当沿 $z$ 轴施加磁场强度 $B=1$ T 时,平均摩擦因数 $C_f$ 下降了约 10%。

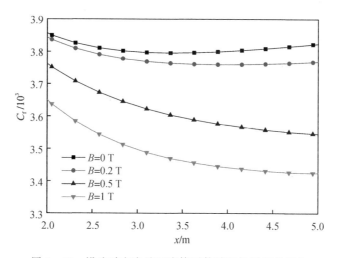

图 3-16　沿流动方向壁面摩擦因数随磁场强度的变化

图 3-17 所示为不同磁场强度对壁面热流密度 $Q$ 的影响。从图中可看出:随着磁场强度的增大,等离子体向壁面传递的热流密度出现明显的下降。经分析认为主要有两方面的原因:一方面是磁场的存在会抑制等离子体的湍流强度,致使近壁面边界层处的湍流动能下降,导致其与壁面间的传热系数减小;另一方面,在磁化条件下等离子体与壁面间的剪切应力下降、摩擦因数减小。由于等离子体的传热能力以及摩擦损耗都有所降低,最终导致其向壁面传热的热流密度减小。

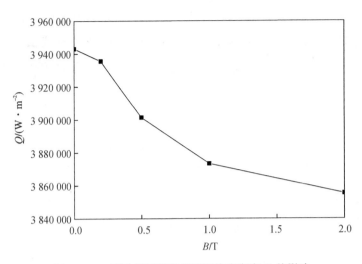

图 3 - 17　不同磁场强度对壁面热流密度 $Q$ 的影响

　　图 3 - 18 为沿 $z$ 轴垂直圆筒方向施加 2 T 大小磁场下圆筒内壁面温度分布图。从图中可以看出,在入口处壁面温度较高,最大值为 1 830 K。沿着等离子体的流动方向,壁面温度逐渐下降,在出口处最低壁面温度为 565 K。由于沿磁场方向湍流动能小于垂直磁场方向,而湍流动能的下降导致流体微团之间的动量、热量传递速率也相应降低,因此,在同一截面处,$z$ 轴方向的壁面温度要略低于 $y$ 轴方向的壁面温度。

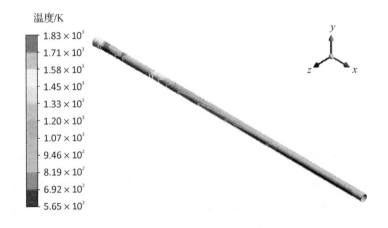

图 3 - 18　沿 $z$ 轴方向施加 2 T 磁场内壁面温度分布图

在磁化等离子体中,由于磁场只影响带电粒子的横向运动,等离子体在磁场中会呈现各向异性,所以平行磁场方向的流场分布与垂直磁场方向的流场分布不同,相应地也就有平行温度与垂直温度。在其他边界条件不变的情况下,沿 $z$ 轴垂直圆筒轴线方向施加 2 T 均匀磁场。图 3-19 为圆筒内壁面在 $x$ 轴取值为 2～5 m 范围内平行磁场方向和垂直磁场方向的温度变化曲线。由于平行磁场方向的湍流动能小于垂直磁场方向,而湍流动能的下降导致流体微团之间的动量、热量传递速率也相应降低,因此,在同一截面处,平行磁场方向的壁面温度要明显小于垂直磁场方向的壁面温度。

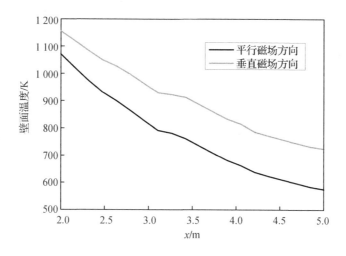

图 3-19　圆筒内壁面温度变化曲线

图 3-20 为沿圆筒 $z$ 轴方向施加不同大小磁场时,平行磁场方向圆筒内壁面在 $x$ 轴取值为 2～5 m 范围内的温度变化曲线。由图可知,在一定磁场强度作用下,圆筒内壁面的温度呈下降趋势,随着磁场的增加,隔热效果越明显。这是由于磁场减小了流体的湍流强度,其传热能力也相应削弱,在应用 2 T 磁场时,壁面温度最低值为 575 K,相比于无磁场情况下减小 20% 以上。但在磁场强度达到 3 T 时,由于磁场强度过高,由电磁感应产生的焦耳热大于其隔热效果,壁面的温度有所回升,达到 676 K。因此,磁场的隔热效果具有"窗口效应",表明磁场强度的取值不可过大,应根据具体参数进行优化选择。

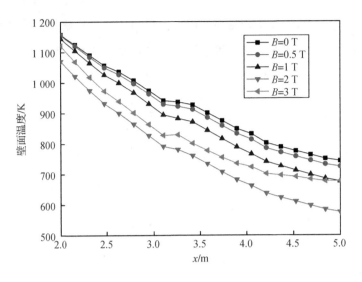

图 3-20　不同磁场强度下圆筒内壁温度曲线

## 3.1.4　磁约束等离子体热传导各向异性试验验证

由 3.1.3 节的仿真分析可知,与等离子体流动方向相垂直的磁场可以改变其流场结构,有效降低等离子体传热能力,且平行磁场方向的壁面温度要小于垂直磁场方向的壁面温度。为试验验证垂直磁场作用下等离子体在圆筒中的热传导各向异性,本节设计并研制了常压下磁化等离子体传热特性试验系统。

### 1. 试验系统的设计

试验系统主要包括高温燃气发生器、等离子体反应器、磁场产生装置、测温装置和试验台(见图 3-21)。系统的工作原理是:气流由高温燃气发生器加热后进入圆筒形等离子体反应器中,通过介质阻挡放电形成高温电离气体。在等离子体反应器外侧加装电磁铁以产生垂直磁场,因电离气体具有一定的电导率,当其在垂直磁场内运动时会切割磁力线产生磁流体动力学(MHD)效应,从而改变其传热特性。本试验即通过红外测温仪对等离子体反应器外壁的温度进行测量从而分析磁场作用下等离子体的热传导各向异性。

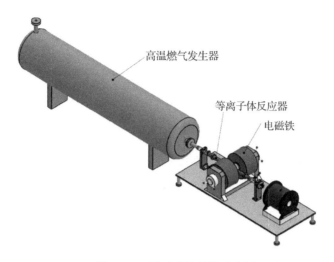

图 3 - 21　试验系统结构示意图

(1)等离子体反应器。磁化等离子体传热特性试验研究的关键在于等离子体的产生,考虑到要在高温燃气和大气压、大体积空间环境内进行电离,受到流速和空间尺度的影响,普通的电离方案很难产生足够体积的等离子体。介质阻挡放电是有绝缘介质插入放电空间的一种气体放电,它有一个电极被介质所覆盖,阻挡介质与另一电极之间的空气间隙被高频高压电场所激励产生非平衡态气体放电。这种放电等离子体的优点在于能形成较大体积的等离子体放电区,且放电现象稳定均匀,是较常采用的电离高温气体方法。

等离子体反应器采用同轴线管式结构,绝缘介质采用刚玉管,尺寸为 $\Phi 30 \times 1\,000$ mm;内电极选用钨丝,固定于反应器的中心,作为高压电极;外电极选用致密钢丝网,紧紧环绕于介电管的外壁,作为接地电极。当采用高频电源时,外加电压周期性的变化使得电子运动的速度和方向发生变化,这样电子与气体原子碰撞次数大大增加,其电离能力也大幅提高。南京苏曼公司生产的 CTE - 2000K 型等离子体电源常用来作为试验设备,如图 3 - 22 所示,该型电源是一种适用于实验室环境的介质阻挡放电等离子体电源,具有稳定性高、可控性强等优点。

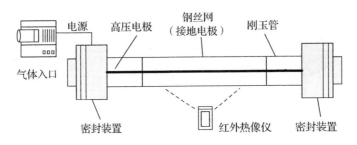

图 3-22  介质阻挡等离子体产生装置示意图

(2)高温燃气发生器。在试验中为了模拟高温燃气流,进行了高温燃气发生器的设计,高温燃气发生器可为等离子体反应器提供气体输入条件,包括气体流速和初始温度。

为了能够时刻监测气体温度,将高温燃气发生器划分为两大部分,分别是本体和控制系统。本体包括发热原件、保温棉、导流板进、出气口等,发热原件采用耐高温电阻合金丝。控制部分包括控制电路和对温度进行测量的热电偶,可根据设定温度和测量温度对气体进行相应的加热或保温处理。图 3-23 为高温燃气发生器的温度程控面板及出口处的热电偶示意图。

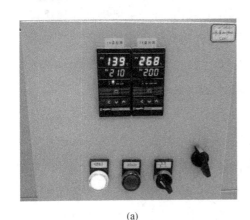

(a)                                      (b)

图 3-23  高温燃气发生器温度控制系统
(a)温度程控面板;  (b)热电偶

(3)磁场产生装置。磁场产生装置也是系统的一个关键组成部分,考虑到磁场的均匀性,采用电磁铁给等离子体试验段施加垂直磁场,通过三维高斯计测量磁场的强度及分布,电磁铁的加载位置如图 3-24 所示。

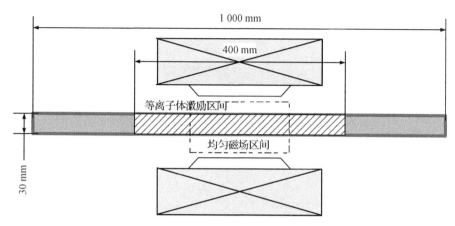

图 3 - 24　电磁铁施加示意图

电磁铁是由线包、轭铁、极柱和极头等组成的闭合磁路。当给线包加载电流时,线包内能形成稳定的轴向磁场,极柱在外部线包磁场的作用下,其内部排列不规则的铁磁性金属原子重新规则排列,共同指向一个方向,从而极大地增强了N-S极气隙间的磁场强度。当改变控制电流大小时,极头间气隙中形成的磁场强度也将随之改变。由于磁场中需要通过高温气体,所以电磁铁需采用耐高温材料制成。试验采用北京博兰顿电磁有限公司的 WD-100 型电磁铁,电磁铁如图 3-25 所示。

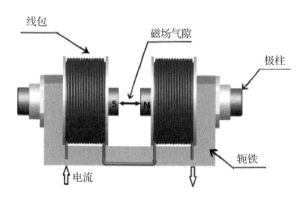

图 3 - 25　WD - 100 型电磁铁结构图

为确定电磁铁在各工作电流下的磁场强度以及磁场在空间的分布,采用三维高斯计对电磁铁产生的磁场进行测量。高斯计包括显示器和霍尔探头两个部分,如图 3 - 26 所示。

(a)

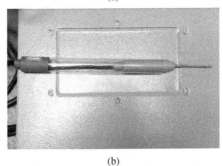

(b)

图 3-26　三维高斯计实物图

(a)高斯计显示器；　(b)霍尔探头

当磁场气隙即极头距离调节为 50 mm 时,采用高斯计测量电磁铁中心处的磁场强度随电流的变化关系,结果如图 3-27 所示。从图中可以看出,随着输出电流的增加,磁场强度逐渐升高,当工作电流为 8 A 时,测得的电磁铁中心的磁场强度约为 0.5 T。

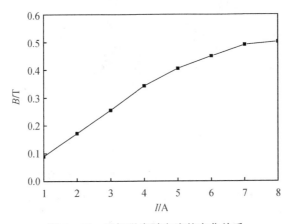

图 3-27　磁场强度随电流的变化关系

　　为确定 N‐S 极气隙间磁场强度的均匀度,当电流大小为 8 A,极头间距为 50 mm 时,测得磁场强度在极头两端最大,为 0.511 T,在中心处为 0.502 T。由此可知,磁场的均匀度在 2% 以内,满足均匀磁场的要求。

　　经过试验台架的组装,最终磁化等离子体传热特性试验系统如图 3‐28 所示。

图 3‐28　试验系统实物图

　　通过调节高温燃气发生器,在等离子体反应器入口处气体温度为 150 ℃、流速 10 L/min 的条件下,采用电磁铁在等离子体试验段施加不同强度的垂直磁场。为确保温度测量的准确度,采用接触式热电偶传感器和非接触式红外热成像仪分别测量刚玉管外壁的温度。测试仪器如图 3‐29 所示。

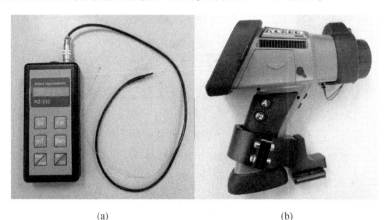

(a)　　　　　　　　　　　　　　(b)

图 3‐29　测温仪器实物图

(a)热电偶;　(b)红外热像仪

图 3-30 所示为采用红外热像仪测量的刚玉管在磁场强度为 0.5 T 时外壁温度的实时显示图像。其中方框内为温度分析区域。

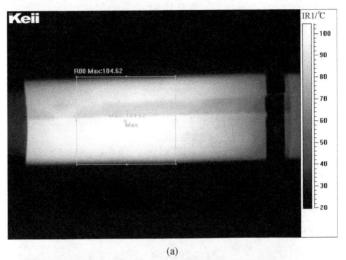

(a)

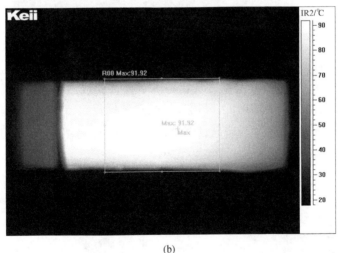

(b)

图 3-30　刚玉管外壁温度分布图

(a)平行磁场方向的壁面温度；　(b)垂直磁场方向的壁面温度

图 3-31 给出了试验系统工作 100 s 内刚玉管外壁的最高温度变化曲线，从图中可以看出添加磁场后，外壁的温度相比于无磁场情况下略低。而且平行磁场施加方向的壁面温度最高为 90.9 ℃，而与磁场施加方向相垂直的壁面温度较高，最大值为 101.8 ℃。这是由于等离子体中的带电粒子在平行磁力线方向的运动与无磁场情况下没有区别，但在垂直磁场方向，由于粒子受洛伦兹力的作用

而绕磁力线作回旋运动,回旋粒子空间分布或温度分布的不均匀使得系统内部产生粒子或能量的定向扩散,从而导致各向异性的出现,平行磁场方向的温度分布与垂直磁场方向的温度分布不同,试验结果与仿真结果变化趋势一致。

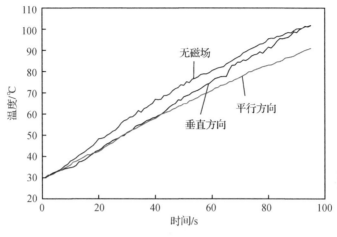

图 3-31　壁面温度变化曲线

为进一步分析磁场强度对等离子体传热特性的影响,选择不同的磁场工况进行温度测量,将电磁铁的工作电流分别调节为 0 A、2 A、4 A、8 A,此时电磁铁对应的中心磁场强度分别为 0 T、0.171 T、0.342 T、0.502 T。表 3-2 给出了不同磁场强度下采用热电偶测量的刚玉管在平行于磁场施加方向中心处的管壁温度。

表 3-2　不同磁场强度和时间下管壁的温度

| 时间/s | 管壁温度/℃ | | | |
| --- | --- | --- | --- | --- |
| | $B=0$ T | $B=0.171$ T | $B=0.342$ T | $B=0.502$ T |
| 0 | 30.0 | 30.0 | 30.0 | 30.0 |
| 20 | 48.3 | 46.9 | 43.9 | 42.3 |
| 40 | 67.0 | 63.5 | 58.4 | 57.9 |
| 60 | 80.5 | 75.6 | 73.6 | 71.1 |
| 80 | 95.4 | 91.5 | 86.9 | 83.0 |

由表 3-2 可以看出,在不同磁场强度下,壁面温度随着电磁铁磁场强度的增大而减小,这与前文的数值模拟规律相符,表明与导电气体流动方向相垂直的磁场可以改变其流场结构,有效降低其传热能力。

# 3.2 高压下磁约束等离子体的 传热特性仿真研究

大威力火炮身管热效应引起的烧蚀已成为降低火炮弹道性能、导致身管报废的重要因素。武器身管内膛表面热烧蚀问题,尤其是高膛压火炮的热烧蚀严重影响并制约了现代火炮技术的发展。鉴于火药气体在高温环境下会发生热电离形成等离子体,下面提出一种应用磁场控制高温电离气体减少火炮身管内膛表面烧蚀的方法。

## 3.2.1 磁约束等离子体瞬态动力学模型

火炮发射是一个瞬态过程,通常弹丸在身管内的运动时间为毫秒级。建模时不考虑弹丸头部外形和身管截面积的变化,只保留身管的主体外形和弹底结构分别构建燃烧室和身管网格模型,采用网格组装技术将燃烧室网格嵌入身管网格中,其中燃烧室设置为动网格边界。基于热电离模型的仿真分析将火药燃烧产生的高温电离气体作为入口条件代入模型进行迭代计算,其中流动入口位于 $yOz$ 面上的燃烧室底部,弹丸运动方向为 $x$ 轴正方向,如图 3-32 所示。

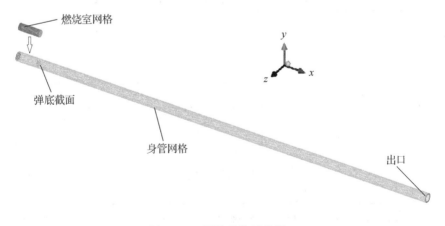

图 3-32 网格组装示意图

**1.弹后空间压力变化**

为了分析高压下外加磁场对等离子体流动传热特性的影响,选取不同初始条件下弹后空间的流场和温度场进行对比。采用内径为 30 mm、长度为 2 m 的圆筒结构来模拟 30 mm 口径炮身管外形,管身材料采用非铁磁性材料,相对磁导率为 1。其中燃烧室容积为 0.12 dm³,弹丸质量为 0.6 kg,装药量为 40 g,火药力为 900 J/g,加入电离种子碳酸钾 5 g,为了模拟弹丸的挤进过程,设置弹丸的挤进压力为 20 MPa。

图 3 - 33 为发射过程中弹底压力随时间的变化曲线。从图中可以看出,在初始时刻,由于挤进压力的存在,弹丸并未立刻运动,当弹底压力大于 20 MPa 后,弹丸才开始在压力作用下加速运动。在火药燃烧初始阶段,火药气体的增加使得膛内压力迅速上升。在时间 $t = 4$ ms 时,压力达到最大值 79.5 MPa。在弹丸运动到一定速度后,由于弹后空间体积增长较大,压力逐渐下降。

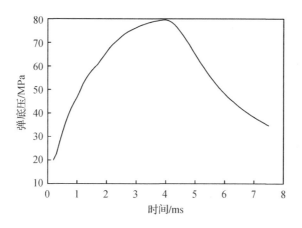

图 3 - 33  弹底压力变化曲线

图 3 - 34 所示为发射过程中各个时刻弹后空间气体速度分布,由于火药气体的持续生成,弹丸开始运动以致弹后空间不断地增加,在 $t = 4$ ms 时刻,弹丸已运动到身管中间段,此时气体速度较大,在弹丸底部最大值为 264 m/s。随着时间的增加,弹丸在火药气体的作用下不断加速,弹后空间的距离也继续拉长,在 $t = 7$ ms 时刻,弹丸已接近身管出口段,最大速度为 459 m/s。

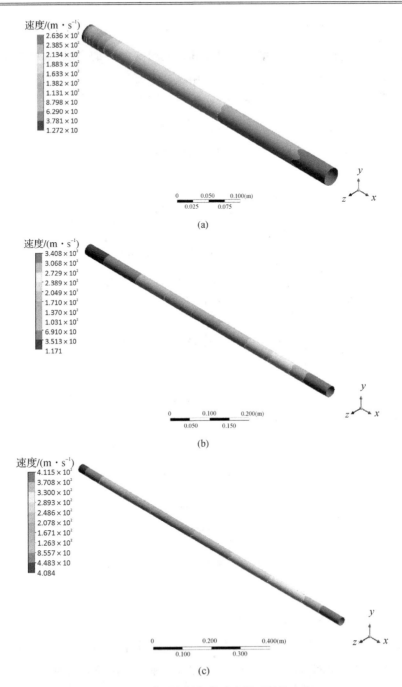

图 3-34　弹后空间气体速度随时间的变化

(a)$t = 4$ ms；　(b)$t = 5$ ms；　(c)$t = 6$ ms

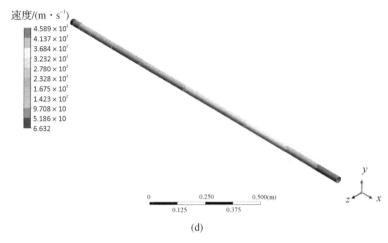

续图 3 - 34　弹后空间气体速度随时间变化

(d)$t = 7$ ms

图 3 - 35 所示为不加磁场下弹丸出炮口瞬间膛内气体流速分布。从图中可知，由于弹丸的运动在膛内形成了气流，在弹丸底部流动速度最高、膛底速度最低，速度最大值约为 492 m/s。

图 3 - 35　弹丸出炮口瞬间膛内气体速度分布

弹丸在火药气体的作用下不断加速，也就不断打破膛内压力平衡状态，在每一瞬间都会形成不同的膛内压力分布。取火药燃烧瞬间为起始时刻，图 3 - 36 为发射过程中各个时刻弹后空间壁面压力变化云图。在 $t = 1$ ms 时刻，弹丸初步开始运动，弹后空间较小，管壁的压力分布较为均匀，在身管底部压力最大为 47.7 MPa。在 $t = 3$ ms 时刻，由于火药气体的持续生成，这时壁面压力较大，在身管底部最大值为 87.5 MPa，而前段压力为 76.3 MPa。随着时间的增加，火药燃烧结束而弹丸运动距离不断增大,导致弹后空间压力的降低。在 $t = 7$ ms 时刻,弹丸已运动到身管尾段,由于气体流速最大处在弹丸底部,因此弹底处压力最小,而膛底处气体流速最低,压力相对较高。

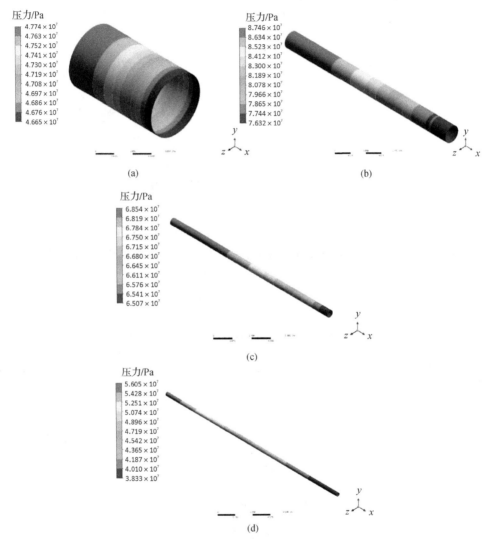

图 3-36 弹后空间壁面压力随时间的变化

(a)$t = 1$ ms; (b)$t = 3$ ms; (c)$t = 5$ ms; (d)$t = 7$ ms

## 2.弹后空间温度变化

在内弹道时期,火药燃烧产生的能量一部分会转化动能,推动弹丸向前运动;一部分能量会转化为热能,通过对流传热的方式传递给身管,使得火炮身管的温度在短时间内急剧升高。图 3-37 为发射过程中弹后空间气体温度分布图,从图中可以看出,火药燃气的最高温度约为 1 900 K,且随着时间的增加,气体随着弹丸运动逐渐向炮口位置扩散。

温度/K

| 1 900 |
| 1 700 |
| 1 500 |
| 1 300 |
| 1 100 |
| 900 |
| 700 |
| 500 |
| 300 |

4 ms
5 ms
6 ms
7 ms

图 3-37　不同时刻弹后空间气体温度分布

火炮发射时高温火药气体对内膛表面的瞬时作用,可以将内膛表层加热到非常高的温度。图 3-38 所示为在无磁场情况下,弹丸出炮口瞬间身管内壁面的温度分布,由图可知,在身管底部壁面温度较高,最大值为 1 614 K。沿着火药气体的流动方向,壁面温度逐渐降低,在出口处壁面温度最低,为 1 168 K。

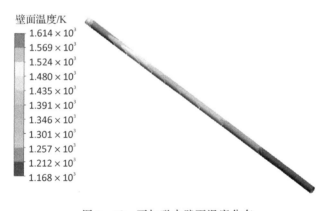

壁面温度/K

$1.614 \times 10^3$
$1.569 \times 10^3$
$1.524 \times 10^3$
$1.480 \times 10^3$
$1.435 \times 10^3$
$1.391 \times 10^3$
$1.346 \times 10^3$
$1.301 \times 10^3$
$1.257 \times 10^3$
$1.212 \times 10^3$
$1.168 \times 10^3$

图 3-38　不加磁内壁面温度分布

## 3.2.2　不同磁场强度下的等离子体流动传热仿真

火药气体在身管中处于超高速流动状态,气体之间的碰撞必然导致不规则的湍流流场。为了研究高压下外加磁场对等离子体流动特性的影响,图 3-39 显示了沿身管轴线方向施加不同强度平行磁场时等离子体湍流动能分布。湍流动能的大小宏观上反映了流体微团之间的碰撞剧烈程度,它与速度梯度的变化紧密相关,由于在炮口处速度变化梯度较大,因此该处湍流动能最强。比较图 3－39(a)～(c)可知,磁场能够降低等离子体的湍流动能,随着磁场的增强,湍流动能减小的程度增大。与无磁场时相比,施加 0.2 T 强度的磁场后,最大湍流动能从 721.6 J/kg 下降为 698.2 J/kg。

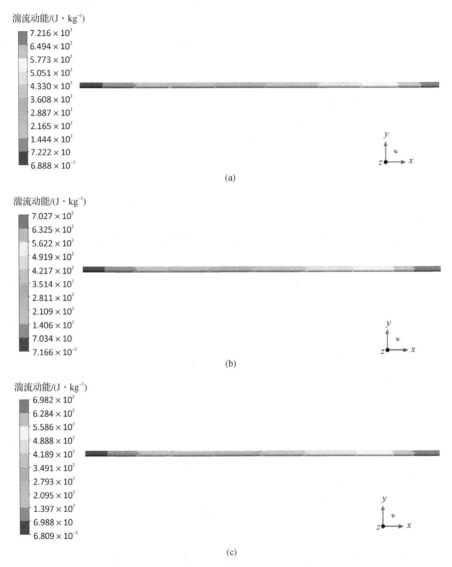

图 3－39　不同磁场强度作用下的湍流动能分布
(a)无磁场作用下的湍流动能分布；　(b)$B=0.1$ T 时的湍流动能分布；　(c)$B=0.2$ T 时的湍流动能分布

　　当流体运动时,流动界面上的速度和分子间的摩擦力是不一样的,这些都受湍流黏度的影响。图 3-40 所示为沿身管轴线方向施加不同强度平行磁场时的等离子体湍流黏度分布图。从图中可以看出,无磁场情况下,湍流黏度最大值为0.348 Pa·s。外加磁场后,微观上等离子体中的带电粒子受洛伦兹力约束,在垂直于磁力线方向,等离子体由杂乱无章的无规则运动转变为绕磁力线的局部有序运动。该运动使粒子间相互碰撞的剧烈程度降低,从而减小了分子间的内摩擦。从图 3-40(b)(c)可以看出,施加平行磁场后等离子体的湍流黏度有所降低。

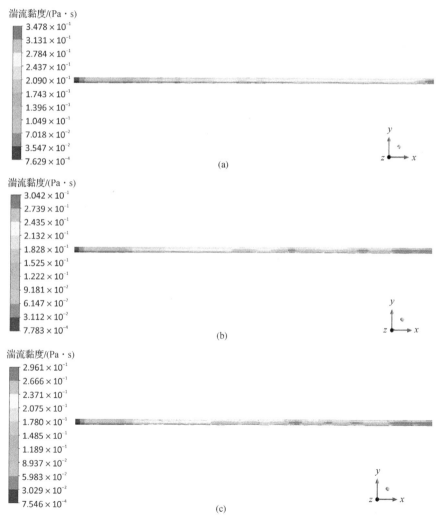

图 3-40　不同磁场强度作用下的湍流黏度分布

(a)无磁场作用下的湍流黏度分布;　(b)$B=0.1$ T 时的湍流黏度分布;　(c)$B=0.2$ T 时的湍流黏度分布

　　为了直观显示内壁面的温度变化情况,取身管内壁面的平均温度进行分析,图 3-41 所示为无磁场情况下,内壁面平均温度随时间变化曲线。从图中可知,在初始时刻,内壁面温度为常温 300 K,随着时间的增长,高温火药气体不断向壁面传热导致内壁面温度上升,在 $t = 6$ ms 时,内壁面平均温度达到 1 415 K。

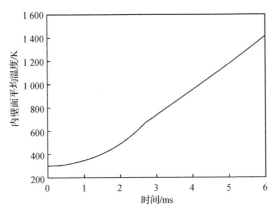

图 3-41　内壁面平均温度随时间变化曲线

　　保持其它参数不变,图 3-42 所示为沿弹丸运动方向施加 0.2 T 强度平行磁场下壁面平均温度变化曲线。对比图 3-41 可知,与无磁场情况相同,在初始时刻,壁面温度为常温 300 K。随着时间的增加,高温火药气体不断向壁面传热导致壁面温度上升,因为磁场对高温气体产生的等离子体具有磁化和约束作用。在径向磁化的等离子体中,带电粒子受到洛伦兹力的约束,高温气体横越磁场传递的热流密度会有所下降,从而降低身管内壁面的温度。在 $t = 6$ ms 时,内壁面平均温度为 1 312 K。相比于无磁场情况下的最高温度降低了 103 K。

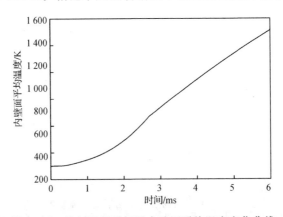

图 3-42　施加平行磁场后内壁面平均温度变化曲线

### 3.2.3 不同壁面材料对磁约束等离子体传热特性的影响

磁导率为表征磁介质磁性的物理量,物质的绝对磁导率和真空磁导率比值称为相对磁导率。非铁磁性物质的磁导率近似等于真空磁导率,即相对磁导率为 1,而铁磁性物质的磁导率远高于真空磁导率,如铸铁为 200～400。火炮身管通常由铁磁性材料制成,由于导磁材料的磁导率比身管内部空气的磁导率大得多,即空气的磁阻比导磁材料的磁阻大,使得磁力线大部分从导磁材料通过,而进入空腔内部的磁通量较少,从而形成磁场屏蔽效应。金属身管在外激励磁场频率较大时,管壁能隔绝外激励磁场强度的 30%,由此可知,较高的导磁率会导致磁场难以穿透管壁进入腔内,削弱磁场对内部等离子体的作用力,因此磁场穿透难题亟待解决。

为研究磁场作用下不同磁导率材料身管对等离子体传热特性的影响,保持材料的其它属性不变,只改变身管的磁导率进行仿真分析。图 3-43 所示为将相对磁导率为 500 的铁磁性身管在施加 0.2 T 强度平行磁场下的内壁面平均温度变化曲线。从图 3-43 可以看出,在 $t = 6$ ms 时,内壁面平均温度为 1 334 K,相比于非铁磁性材料,内壁面温度有所上升。

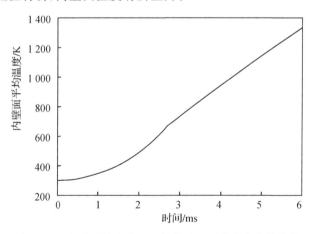

图 3-43 相对磁导率为 500 的内壁面平均温度变化曲线

为进一步研究磁导率对内壁面温度的影响规律,图 3-44 显示了采用不同磁导率时内壁面的最高平均温度。从图中可看出,随着壁面相对磁导率的增大,壁面温度逐渐增加。这表明铁磁性材料会使外加磁场经过身管壁时被一定程度地衰减,从而降低其隔热效果。

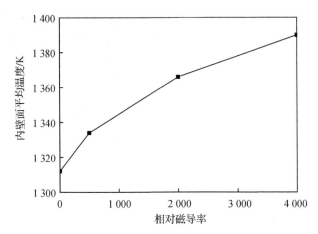

图 3 - 44　不同磁导率对内壁面平均温度的影响

碳纤维是一种非铁磁性材料,与传统的金属结构材料相比具有密度低、强度高和化学稳定性好等优点。目前,碳纤维在航天和军工等很多高科技领域都有广泛应用,具有良好的力学性能,使得复合材料在保持原有力学特性的基础上可以大幅度降低质量。美国贝尼特实验室相继使用碳纤维复合材料开发了 105 mm加农炮身管和 120 mm 滑膛炮身管。英国将高模量碳纤维缠绕在钢制内衬上,获得了强度和刚度同时比拟原身管的轻质身管,减重达 40%。国内对复合材料身管也开展了诸多探索性研究。因此,针对铁磁性材料磁导率较高的问题,在管身材料方面,可以采用高强度碳纤维复合材料代替金属材料。通过碳纤维缠绕的方式,在确保身管强度要求的同时又具备良好的透磁性。

## 3.2.4　不同电导率对磁约束等离子体传热特性的影响

等离子体的隔热作用不仅与磁场强度有关,还与其电导率大小相关。由欧姆定律可知,在磁场作用下,等离子体所受到的洛伦兹力可表示为

$$F = J \times B = \sigma [E \times B - (B \times B)u + (u \times B)B]$$　　　(3.4)

从式(3.4)中可以看出除电磁场外,等离子体的电导率也是影响其作用力的重要因素。为研究电导率对等离子体隔热效果的影响,沿身管轴向施加 0.2 T平行磁场的情况下设置等离子体的电导率为 $0 \sim 1\,000$ S/m,身管内壁在 $x$ 轴上的温度变化曲线如图 3 - 45 所示。当电导率 $\sigma$ 低于 100 S/m 时,流体在磁场作用下得到的感应电流密度较小,磁流体所受的洛伦兹力也相应减小,湍流抑制作用较弱。因此,温度变化曲线与电导率为 0 的曲线基本重合。当电导率继续增加达到 500 S/m 时,产生的感应电流密度增大,可以看出温度曲线发生了较为

明显的变化,身管内壁温度得到了有效的降低,且随着电导率的继续上升,隔热效果逐渐提高。

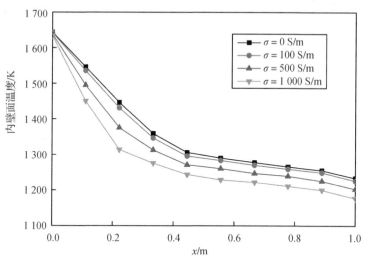

图 3 - 45　不同电导率下身管内壁面温度曲线

由此可知,在应用相同大小的磁场强度时,增加等离子体的电导率可以进一步减少高温气体向壁面的传热量,达到降低壁面温度的目的。电导率的增大相当于提高气体中带电粒子的密度,即增大气体的电离度,由于气体热电离技术的局限性,等离子体的电导率通常较低,因此,今后可以采用放电电离或等离子体注入的方式以提高电导率进行研究。

## 3.3　高压下磁约束等离子体的传热特性试验验证

为试验模拟火炮发射时形成的高温高压环境,对仿真分析结果提供试验数据支撑,搭建高压下磁约束等离子体隔热特性试验系统,用以验证火药燃烧时产生的等离子体在磁场作用下的隔热效应。系统采用 T700S - 12K 碳纤维材料研制模拟身管,通过红外测温仪和热电偶传感器获得火炮发射时身管的外壁温度动态变化过程,分析不同试验条件下磁约束等离子体的传热特性。

### 3.3.1　试验系统总体结构设计

磁约束等离子体隔热特性试验系统由试验架体、燃烧室、过渡架、碳纤维身管和磁场加载装置等组成,实验装置总体方案如图 3 - 46 所示。

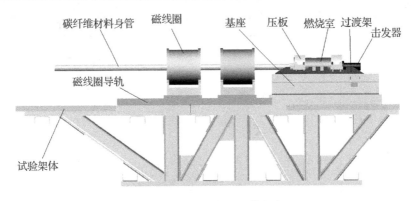

图 3 - 46　试验装置总体方案

　　试验架体是整个试验装置的基础,由台架和基座组成。台架主要承载试验时产生的冲击力;基座固定在试验台架上,基座上设计了滑动导轨槽及缓冲器限制器,导轨槽可以使运动部分沿轴线方向运动。

　　磁场加载装置主要由螺线管、电磁铁、恒流源、霍尔探头、高斯计等组成,如图 3 - 47 所示。该系统可以产生恒定的磁场并测试磁感应强度的大小。通过调节恒流源输出电流的大小调节磁场的强度。

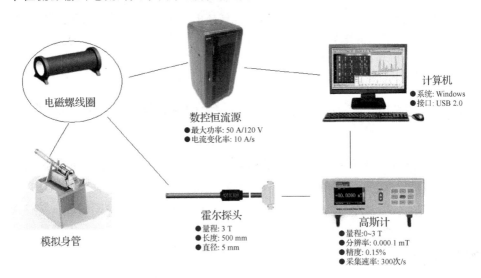

图 3 - 47　磁场加载及测量系统

　　螺线管由电磁线圈经过多重卷绕而成,卷绕内部可以是空心的,或者套入一个金属芯增加磁通,本试验由于需要将身管套入螺线管内部,因此螺线管内部设计为空心结构。当有电流通过导线时,螺线管内部会产生均匀的轴线方向磁场,如图 3-48 所示。

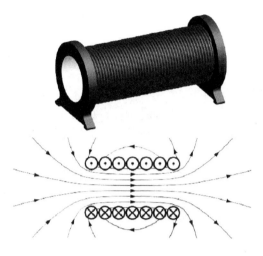

图 3-48　螺线管线圈结构简图

　　螺线管的功能是向身管施加均匀的轴向磁场,为了研究径向磁场对身管内等离子体传热特性的影响,还需采用电磁铁装置以产生垂直磁场。本节基于 Ansys Maxwell 软件对电磁铁进行磁场有限元分析,电磁铁的结构尺寸如图 3-49 所示,其中电磁铁长 460 mm,高 450 mm,极柱直径均为 100 mm,极面直径为 80 mm,极距为 80 mm。

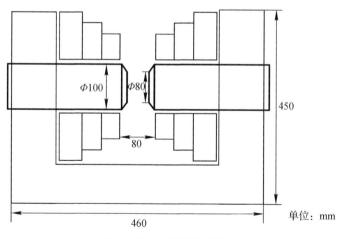

图 3-49　电磁铁结构尺寸

图 3-50 为北京博兰顿磁电有限公司研发的 F2035 型程控功率电流源,其电流分辨率可达到 0.1 mA,适用于驱动本试验中的空心螺线管和电磁铁装置。

图 3-50 恒流电源实物图

根据以上试验系统的设计与分析,搭建的试验系统实物如图 3-51 所示,其中螺线管磁场方向平行于身管轴线,而电磁铁产生的磁场垂直与身管轴线。

(a)

(b)

图 3-51 试验装置实物图

(a)施加螺线管磁场; (b)施加电磁铁磁场

### 3.3.2　测试系统组成

#### 1. 膛底压力测量装置

在燃烧室的垂直侧面安装 Ksitler6215 作为压力测试系统前端传感器。压力测量系统构成示意图如图 3 - 52 所示。

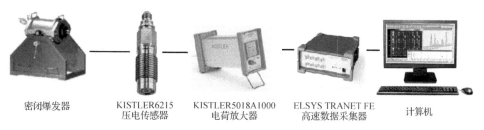

密闭爆发器　　　KISTLER6215　　KISTLER5018A1000　　ELSYS TRANET FE　　计算机
　　　　　　　压电传感器　　　电荷放大器　　　　高速数据采集器

图 3 - 52　压力测量系统示意图

实验时,压电传感器前端受到火药燃气的压力,将压力转换为电信号,经由电缆将电信号传输到电荷放大器进行放大电信号与数据采集,最终将数据传送到计算机。

#### 2. 温度测量系统

由于高压下碳纤维身管内壁面温度的测量难以实现,温度测量系统的主要目标是监测身管外表面温度变化规律。测温仪器包括红外测温系统和热电偶,其中红外测温仪用来监测试验身管的整体温度分布,热电偶用来测试被磁场装置遮挡部分的身管温度,两种仪器使用前相互进行标定。红外测温系统主要由红外测温仪、计算机和辅助设备等组成,系统构成如图 3 - 53 所示。

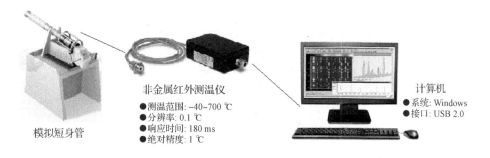

非金属红外测温仪
- 测温范围: −40~700 ℃
- 分辨率: 0.1 ℃
- 响应时间: 180 ms
- 绝对精度: 1 ℃

模拟短身管

计算机
- 系统: Windows
- 接口: USB 2.0

图 3 - 53　红外测温系统构成图

将热电偶粘贴在磁场施加区域的身管外表面,并用隔热材料固定,接入温度调理电路和瞬态波形记录仪。身管上粘贴热电偶的位置如图 3 - 54 所示。

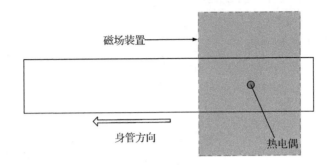

图 3 - 54　热电偶粘贴示意图

本测试系统所用的热电偶适用于瞬态或快速温度测量,内置冷端补偿电路,测温精度高。技术指标如下:

热电偶量程:≤500 ℃;

采样频率:100 kHz;

存储时间:100 s。

### 3.3.3　测试结果分析

图 3 - 55 为采用红外测温仪显示的火炮发射后身管温度分布图,其中装药量为 30 g,添加电离种子碳酸钾 3 g,环境温度 39 ℃,磁场未通电,$B=0$ T。

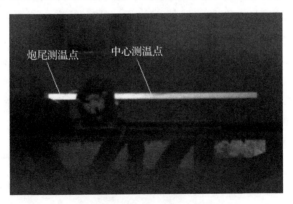

图 3 - 55　红外测温仪温度监控显示图($B=0$ T)

分别取炮尾和炮口处两点进行温度分析,通过对加磁处热电偶信号进行滤波,得到相应的温度曲线如图 3 - 56 所示。

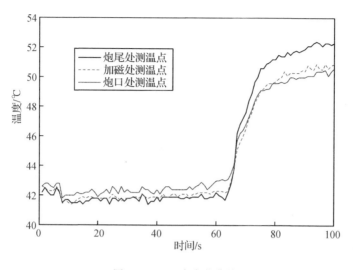

图 3 - 56 温度变化曲线

从图 3 - 56 可以看出,火炮射击前,由于受太阳光的照射,身管温度较环境温度要高,且炮口处温度要略高于炮尾。在横坐标时间为 60 s 时,火炮击发,身管温度在短时间内迅速上升,且不施加磁场情况下:炮尾处温度>加磁处温度>炮口处温度。

图 3 - 57 为施加垂直磁场时火炮发射后身管温度分布图,其中装药量为 30 g,添加电离种子碳酸钾 3 g,环境温度 38 ℃,磁场通电电流为 8.5 A,$B=0.6$ T。

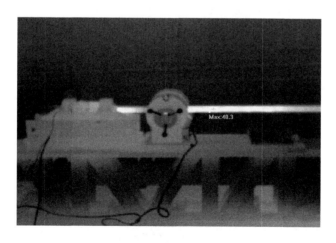

图 3 - 57 红外测温仪温度监控显示图

从图 3－58 可以看出,火炮射击前,身管温度约为 38 ℃。在横坐标时间为 23 s 时,火炮击发,身管温度在短时间内迅速上升,且炮尾处温度＞炮口处温度＞加磁处温度,其中炮尾处温度上升趋势最明显,在 $t＝50$ s 以后,温度趋于稳定,最大值为 50 ℃,相比于射击前的温度上升幅度为 12 ℃;加磁处的温度最大值为 46 ℃,上升幅度为 8 ℃,说明磁场可以抑制加磁区域的温度传递。

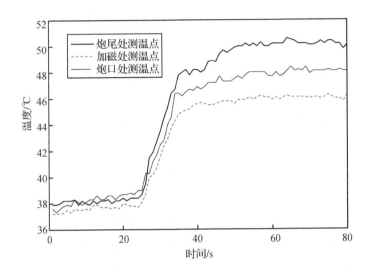

图 3－58　电磁铁作用下温度变化曲线

图 3－59 所示为施加螺线管磁场时火炮发射后身管温度分布图,其中装药量为 30 g,添加电离种子碳酸钾 3 g,环境温度 28 ℃,磁场通电电流为 10 A,$B＝0.1$ T。

图 3－59　红外测温仪温度监控显示图

图 3－60 所示为施加螺线管磁场后测试点的温度分布曲线,从图中可以看

出,火炮射击前,身管温度整体处于均匀分布,约为28 ℃上下浮动。在横坐标时间 $t=60$ s时,火炮击发,身管温度在短时间内迅速上升,其中炮尾处温度上升最高,在 $t=80$ s以后,温度趋于稳定,最大值为35.6 ℃;且炮尾处温度>炮口处温度>加磁处温度,加磁处的温度最大值为32 ℃,射击后外壁的温差只上升了4 ℃,结果表明磁场作用下可以降低加磁区域的温度传递。

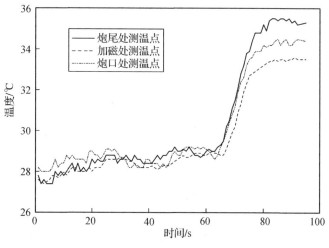

图 3-60　螺线管作用下温度变化曲线

表3-3给出了不同试验条件下测量的5组身管温度和压力数据。为了消除环境温度及火药燃烧残余量等不确定误差,取同一发弹丸射击后身管的炮尾处、加磁处和炮口处温度进行比较。从表中可以看出不加磁场时,加磁处温度要高于炮口处,而施加平行或垂直磁场后,加磁处的温度要低于炮口处温度。且由于垂直磁场强度较大,磁场的隔热效果更加明显,这与前期仿真分析的结果相一致,进一步验证了磁控热防护概念的可行性。

表 3-3　测试数据总表

| 初始条件 | | | 温度最大值/℃ | | |
|---|---|---|---|---|---|
| 环境温度/℃ | 磁场 | 装药量/g | 炮尾处 | 加磁处 | 炮口处 |
| 39 | 无 | 30 | 52.3 | 50.9 | 50.4 |
| 28 | 平行磁场 $B=0.1$ T | 30 | 35.6 | 33.5 | 34.5 |
| 28 | 平行磁场 $B=0.1$ T | 30 | 38.2 | 35.7 | 36.6 |
| 38 | 垂直磁场 $B=0.6$ T | 30 | 50.4 | 46.1 | 48.1 |
| 38 | 垂直磁场 $B=0.6$ T | 30 | 50.7 | 46.3 | 48.7 |

# 第4章 磁约束等离子体减压效应

等离子体作为具有集体运动规律的导电气体,与磁场相互作用产生的洛伦兹力可以改变等离子体的动力学特性,从而改变压力分布。火药气体在高温环境下会发生电离形成等离子体,燃气具有较好的导电性,基于磁场可以改变等离子体的压力分布,将身管简化为圆筒结构,数值模拟了圆筒内磁场控制下的等离子体流动,分析了磁控等离子体的压力分布规律及其影响因素。

对于磁场作用下的等离子体流动,一般认为磁场起抑制湍流、减小耗散的作用。目前,有关磁控等离子体管道动力学特性方面的研究大多集中于降低摩擦阻力、减小对流传热、控制流动分离等方面,而对于管道内等离子体流场压力的变化,以及不同磁场位形对其影响程度,国内外的相关研究相对较少,磁场作用下的湍流效应及减压机理还不是非常清楚。基于此,首先考虑了不同磁场位形、磁场强度对减压效应的影响,在常规身管的基础上进行简化,构建了圆筒模型,分析了速度、洛伦兹体积力、湍流强度、湍流黏度、压力等随磁场的变化规律。

由欧姆定律可知,在磁场作用下,高速流动的等离子体所受洛伦兹力,除受电磁场的影响外,等离子体的电导率及流动速度也是影响其动力学特性的重要因素,较大的速度和电导率可以减小磁控等离子体对磁场的依赖。目前,国内外对管道流动中磁控等离子体动力学特性的研究大多假设电导率均匀恒定,然而实际等离子体的电导率与等离子体的形成有关,受温度和气体组分的影响,等离子体的电导率并不是是均匀分布的,包括化学、放电等多种方式产生的等离子体电性差异较大,在数值模拟中如果考虑这些因素将大大增加数值模拟的难度,针对这个问题,国内外的一些研究中采用试验曲线拟合的方法建立电导率模型,代替复杂的化学反应式计算。项目组主要考虑气体入口速度和电导率变化对磁控等离子体动力学特性的影响,采用试验曲线拟合的方式建立气体电导率模型,考虑不同气体电导率的变化规律,对不同气体速度及电导率下的等离子体流动进行数值模拟。

为了研究磁控等离子体在圆筒内流动时的压力变化规律,设计了一种结构简单、易装卸、经济性强的磁控等离子体动力学特性试验系统。由于高速流动的磁控等离子体对试验设备和测量技术的要求非常高,且一些重要参数的稳定性难以保障,依据相似性原理,磁控等离子体动力学特性试验研究的关键在于等离子体的产生、气体速度的控制和磁场的施加。试验的设计思路是在保证稳定产生等离子体的前提下,控制磁场的强度和气体的进气流量,达到稳定测量气流压力变化的目的。基于此,试验采用技术成熟稳定性高的介质阻挡放电方式产生等离子体,通过气体加热装置控制气流的温度,由电磁铁产生垂直方向的磁场,螺线管线圈产生平行方向的磁场。

火炮发射时,高温高压火药气体表现为中性流体特征,身管所受压力由电子、带电离子以及中性气体作用产生,呈现出各向同性特征,即径向压力和轴向压力相等。对身管施加磁场后,火药气体中的电子、带电离子受洛伦兹力作用,形成带电离子漂移区和非电中性区域,火药气体表现出明显的磁流体特征,即带电粒子对身管的压力转变为磁压力。磁流体中的带电粒子的运动受到外加磁场约束作用,具有很强的方向性,使火药燃气压力呈现各向异性特征。微观上,当外加平行磁场时,漂移区带电粒子无规则运动转变为绕磁力线的回旋运动,并在磁压力作用下向身管中心轴线方向收缩,导致身管内膛表面边界层等离子体密度降低,减小边界层带电粒子对管壁的碰撞概率,最终降低了火药燃气对内膛表面的径向压力。宏观上,根据理想气体状态方程可知,一定条件下温度越低压力越小。因为磁约束等离子体的隔热效应导致近壁面边界层温度降低,从而使身管壁面压力减小。

# 4.1　磁控等离子体动力学模型的构建与验证

## 4.1.1　磁控等离子体动力学模型

对于运动特性不同的等离子体存在不同的建模方式,目前常用的等离子体描述方法主要有单粒子轨道描述法、统计描述法、粒子描述法和磁流体描述法。其中磁流体描述法着重于等离子体的宏观行为,把等离子体看成是导电流体,用经典流体动力学和电动力学相耦合的方法,从宏观上描述等离子体和磁场的相互作用,因而可以从电磁学方程和流体力学方程中求解得到等离子体的压力、温度、速度等宏观量。相较于流体力学,磁流体力学突出特点在于流体的电磁特性,包括由于导电流体运动引起的感应电流、改变流体运动的洛伦兹体积力,以及电流引起的改变原有电磁场的感应磁场等,本章即采用该方法建立磁控等离子体流动的数值模型。

磁流体动力学的基本方程组由流体动力学方程组、麦克斯韦方程组，以及两者之间通过欧姆定律、洛伦兹力和法拉第电磁感应定律建立的关系组成，其中流场由 N-S 方程组描述，电磁场由麦克斯韦方程组和欧姆定律描述。

### 1. 电磁学方程

空间中的电磁场变化规律由麦克斯韦方程组描述：

全电流定律：

$$\nabla \times \boldsymbol{H} = \boldsymbol{J} + \frac{\partial \boldsymbol{D}}{\partial t} \tag{4.1}$$

电磁感应定律：

$$\nabla \times \boldsymbol{E} = -\frac{\partial \boldsymbol{B}}{\partial t} \tag{4.2}$$

磁通连续定律：

$$\nabla \cdot \boldsymbol{B} = 0 \tag{4.3}$$

高斯定理：

$$\nabla \cdot \boldsymbol{D} = q \tag{4.4}$$

补充以下 3 个本构方程：

$$\boldsymbol{D} = \varepsilon \boldsymbol{E} \tag{4.5}$$

$$\boldsymbol{B} = \mu \boldsymbol{H} \tag{4.6}$$

欧姆定律：

$$\boldsymbol{J} = \sigma \boldsymbol{E}^* = \sigma(\boldsymbol{E} + \boldsymbol{U} \times \boldsymbol{B}) \tag{4.7}$$

其中：$\boldsymbol{H}$ 为磁场强度矢量，A/m；$\boldsymbol{D}$ 为电位移矢量，C/m²，$\boldsymbol{J}$ 为电流密度矢量，A/m²，$\boldsymbol{E}$ 为电场强度矢量，V/m；$\boldsymbol{B}$ 为磁感应强度矢量，T；$q$ 为电荷密度，C/m³；$\varepsilon$ 为真空介电参数，F/m；$\mu$ 为磁导率，H/m；$\sigma$ 为电导率，S/m。

### 2. 流体动力学方程

(1)质量方程。流体在流动过程中需要满足质量守恒方程：

$$\frac{\partial \rho}{\partial t} + \nabla \cdot (\rho \boldsymbol{U}) = 0 \tag{4.8}$$

其中：$\rho$ 为密度，kg/m³；$\boldsymbol{U}$ 为速度矢量，m/s。式(4.8)也称作连续性方程。

(2)动量方程。动量守恒方程为

$$\frac{\partial \rho u}{\partial t} + \mathrm{div}(\rho u \boldsymbol{U}) = -\frac{\partial p}{\partial x} + \frac{\partial \tau_{xx}}{\partial x} + \frac{\partial \tau_{yx}}{\partial y} + \frac{\partial \tau_{zx}}{\partial z} + f_x \tag{4.9}$$

$$\frac{\partial \rho u}{\partial t} + \mathrm{div}(\rho v \boldsymbol{U}) = -\frac{\partial p}{\partial y} + \frac{\partial \tau_{xy}}{\partial x} + \frac{\partial \tau_{yy}}{\partial y} + \frac{\partial \tau_{zy}}{\partial z} + f_y \tag{4.10}$$

$$\frac{\partial \rho u}{\partial t} + \mathrm{div}(\rho w \boldsymbol{U}) = -\frac{\partial p}{\partial z} + \frac{\partial \tau_{xz}}{\partial x} + \frac{\partial \tau_{yz}}{\partial y} + \frac{\partial \tau_{zz}}{\partial z} + f_z \tag{4.11}$$

式中：$p$ 为流体微元体上的压力；$\tau_{ij}$ 为作用在微元体表面的黏性应力分量；$f_x$、$f_y$、$f_z$ 为微元体上的体力；$u$、$v$、$w$ 为速度矢量 $\boldsymbol{U}$ 在 $x$、$y$、$z$ 方向上的分量。考虑黏性应力 $\tau$ 与流体的变形率，可得

$$\rho \left[ \frac{\mathrm{d}\boldsymbol{U}}{\mathrm{d}t} + (\boldsymbol{U} \cdot \nabla)\boldsymbol{U} \right] = -\nabla P + \rho\mu\,\nabla^2 \boldsymbol{U} + \boldsymbol{f} \tag{4.12}$$

式（4.12）也称为 Navier - Stokes 方程。

（3）能量方程。能量守恒定律是流体系统在有热交换时必须满足的基本定律，考虑以温度 $T$ 为变量的能量守恒方程：

$$\frac{\partial(\rho T)}{\partial t} + \mathrm{div}(\rho \boldsymbol{V} T) = \mathrm{div}\left(\frac{k}{c_p}\mathrm{grad}T\right) + S_T \tag{4.13}$$

**3. 磁场与流场的耦合**

（1）磁输运方程。获得电流的方法主要有两种：感应磁场方法和电磁势方法。本章主要应用感应磁场法求解感应电流，根据导电流体在磁场中运动的欧姆定理，感应电流为 $\boldsymbol{J} = \sigma \boldsymbol{E}^* = \sigma(\boldsymbol{E} + \boldsymbol{U} \times \boldsymbol{B})$，将欧姆定律代入式 $\nabla \times \boldsymbol{H} = \boldsymbol{J} + \frac{\partial \boldsymbol{D}}{\partial t}$ 得

$$\frac{1}{\sigma\mu}(\nabla \times \boldsymbol{B}) = (\boldsymbol{E} + \boldsymbol{U} \times \boldsymbol{B}) \tag{4.14}$$

对式（4.14）取旋度，得

$$\frac{1}{\mu\sigma}\nabla \times (\nabla \times \boldsymbol{B}) = \nabla \times (\boldsymbol{E} + \boldsymbol{U} \times \boldsymbol{B}) \tag{4.15}$$

利用磁场散度为零 $\nabla \cdot \boldsymbol{B} = \boldsymbol{0}$ 和连续性方程条件，将式（4.15）改写为标量输运方程：

$$\frac{\partial}{\partial t}\boldsymbol{B} + (\boldsymbol{U} \cdot \nabla)\boldsymbol{B} = \frac{1}{\mu\sigma}\nabla^2 \boldsymbol{B} + (\boldsymbol{B} \cdot \nabla)\boldsymbol{U} \tag{4.16}$$

由求解得到的磁场 $\boldsymbol{B}$，电流密度可用安培定理计算：

$$\boldsymbol{J} = \frac{1}{\mu}\nabla \times \boldsymbol{B} \tag{4.17}$$

在上述方程中，$\boldsymbol{B}$ 由外加磁场 $\boldsymbol{B}_0$ 和由导电流体运动所产生的感应磁场 $\boldsymbol{b}$ 组

成,即 $\boldsymbol{B}=\boldsymbol{B}_0+\boldsymbol{b}$ 。由于将外加磁场作为已知条件,因而需要计算的是磁流体流动时产生的感应磁场 $\boldsymbol{b}$ 。从麦克斯韦方程组可知外加磁场满足以下关系式:

$$\nabla^2 \boldsymbol{B}_0 - \mu\sigma \frac{\partial \boldsymbol{B}_0}{\partial t} = 0 \tag{4.18}$$

由此,式(4.16)可改写为

$$\frac{\partial \boldsymbol{b}}{\partial t} + (\boldsymbol{U} \cdot \nabla)\boldsymbol{b} = \frac{1}{\mu\sigma} \nabla^2 \boldsymbol{b} + (\boldsymbol{B}_0 + \boldsymbol{b}) \cdot \nabla)\boldsymbol{U} - (\boldsymbol{U} \cdot \nabla)\boldsymbol{B}_0 \tag{4.19}$$

电流密度为

$$\boldsymbol{J} = \frac{1}{\mu} \nabla \times (\boldsymbol{B}_0 + \boldsymbol{b}) \tag{4.20}$$

由电流密度可以得到洛伦兹力的表达式:

$$\boldsymbol{F} = \boldsymbol{J} \times (\boldsymbol{B}_0 + \boldsymbol{b}) = -\nabla\left(\frac{\boldsymbol{B}^2}{2\mu}\right) + (\boldsymbol{B} \cdot \nabla)\frac{\boldsymbol{B}}{\mu} \tag{4.21}$$

其中梯度项 $-\nabla(\frac{\boldsymbol{B}^2}{2\mu})$ 表示了磁压力,有旋项 $(\boldsymbol{B} \cdot \nabla)\frac{\boldsymbol{B}}{\mu}$ 表示在流体中引起运动的力。

考虑磁场对流体流动的影响,在磁流体力学中,微元体上的体力 $f$ 由磁场作用产生,洛伦兹力是磁场与等离子体内感应出的电流作用所产生的体积力。因而动量守恒方程变为

$$\rho\left[\frac{\mathrm{d}\boldsymbol{U}}{\mathrm{d}t} + (\boldsymbol{U} \cdot \nabla)\boldsymbol{U}\right] = -\nabla P + \rho\mu \nabla^2\boldsymbol{U} + \boldsymbol{J} \times \boldsymbol{B} \tag{4.22}$$

**4. 湍流方程**

湍流是一种高度复杂的非线性流动,无法用解析的方式精确描述,需要对流体假设从而形成湍流模型。本书磁控等离子体流动并非高雷诺数湍流,为了计算更准确,采用重整化群(Renormalization - group,RNG) $k-\varepsilon$ 两方程湍流模型。RNG $k-\varepsilon$ 模型的特点是具有很强的通用性,该方法建立的湍流模型中采用重整化群分析方法精确推导的解析公式和可调节的参数,与标准 $k-\varepsilon$ 模型相比较,在 $\varepsilon$ 方程中附加条件,使得计算精度得到很大的提高。

为模拟磁场对湍流的影响,需要在湍流模型中考虑进磁场的影响,湍流方程可以表示成以下形式:

$$\frac{\partial(\rho k)}{\partial t} + \rho(\boldsymbol{U} \cdot \nabla)k = \nabla(\alpha_k \mu_{\mathrm{eff}} \nabla k) + G_k - \rho\varepsilon - \varepsilon_{\mathrm{em}}^k \tag{4.23}$$

$$\rho\frac{\partial(\varepsilon)}{\partial t} + \rho(\boldsymbol{U} \cdot \nabla)\varepsilon = \nabla(\alpha_\varepsilon \mu_{\mathrm{eff}} \nabla\varepsilon) + c_{1\varepsilon}^* \frac{\varepsilon}{k}G_k - c_{2\varepsilon}\rho\frac{\varepsilon}{k} - \varepsilon_{\mathrm{em}}^\varepsilon \tag{4.24}$$

其中

$$\mu_{\text{eff}} = \mu + \mu_t$$

$$\mu_t = \rho c_\mu \frac{k^2}{\varepsilon}$$

$$c_\mu = 0.084\ 5\ , \quad \alpha_k = \alpha_\varepsilon = 1.393$$

$$c_{1\varepsilon}^* = c_{1\varepsilon} - \frac{\eta(1 - \eta/\eta_0)}{1 + \beta \eta^3}$$

$$c_{1\varepsilon} = 1.42, \quad c_{2\varepsilon} = 1.68$$

$$\eta_0 = 4.377, \quad \beta = 0.012$$

$$\eta = 4.38$$

$G_k$ 表示由速度梯度引起的湍流动能。考虑磁场对湍流动能 $k$ 和湍流耗散 $\varepsilon$ 的影响，由 $\varepsilon_{\text{em}}^\varepsilon = J' \times B = \sigma(\nabla\varphi + U \times B) \times B \approx c\sigma k B^2$ 可知，反映电磁作用的两项 $\varepsilon_{\text{em}}^k$ 和 $\varepsilon_{\text{em}}^\varepsilon$ 可分别表示成 $c_3 \sigma B_0^2 k$ 和 $c_4 \sigma B_0^2 \varepsilon$。其中参数 $c_3$ 和 $c_4$ 的值分别 0.5 和 1.0。

将湍流的影响代入能量方程中，磁场中的能量方程可以写成

$$\rho c_p \frac{\partial T}{\partial t} + \rho c_p (U \cdot \nabla) T = \nabla \cdot \left[ \left( \frac{\mu}{Pr} + \frac{\mu_t}{\sigma_\tau} \right) \nabla T \right] + \frac{1}{\sigma} J \cdot J \tag{4.25}$$

式中：$c_p$ 为流体的等压热容；$T$ 为热力学温度；$Pr_t$ 为湍流普朗特数，值取 1；$\frac{1}{\sigma} J \cdot J$ 是热源项，表示焦耳热速率；$\mu_t$ 是湍流黏性，kg/(m·s)，值取为 0.09。

通过洛伦兹力，建立起了磁场对流场的影响，磁场对湍流的作用通过湍流黏性体现在能量方程中，而流场对磁场的影响则通过等离子体在磁场中运动的欧姆定律建立。由此得到了能够描述等离子体动力学特性的磁流体动力学方程组。

比较上述的磁流体基本控制方程，可以发现它们均反映了单位时间单位体积内物理量的守恒性质，因此可以建立各个基本控制方程通用的输运方程，便于用相同程序对控制方程进行求解和分析，输运方程可用表示如下：

$$\underbrace{\frac{\partial(\rho\varphi)}{\partial t}}_{\text{瞬态项}} + \underbrace{\text{div}(\rho U \varphi)}_{\text{对流项}} = \underbrace{\text{div}(\Gamma \text{grad}\varphi)}_{\text{扩散项}} + \underbrace{S}_{\text{源项}} \tag{4.26}$$

其中：$\varphi$ 为输运变量，可以表示 $u$、$v$、$w$、$t$、$B$ 等变量；$\Gamma$ 为广义扩散系数；$S$ 为广义源项。

上述推导的对于各控制方程的变量、对流项、扩散系数以及源项等见表

4-1。表中的输运方程可以通过添加自定义标量函数（UDS）、调用标量输运方程求解器等方式，在 FLUENT 软件中进行计算。

**表 4-1　基于 RNG $k-\varepsilon$ 模型的磁流体控制方程**

| 输运方程 | 变量 $\varphi$ | 扩散系数 $\Gamma$ | 源项 $S$ |
|---|---|---|---|
| 动量方程 | $\boldsymbol{U}$ | $\mu_{\text{eff}}=\mu+\mu_t$ | $-\nabla\boldsymbol{P}+\rho\,\mu_{\text{eff}}\,\nabla^2\boldsymbol{U}+\boldsymbol{J}\times\boldsymbol{B}$ |
| 能量方程 | $\boldsymbol{T}$ | $\dfrac{\mu}{Pr}+\dfrac{\mu_t}{\sigma_\tau}$ | $\dfrac{J_x^2+J_y^2+J_z^2}{\sigma}$ |
| 湍流能 | $k$ | $\alpha_k\,\mu_{\text{eff}}$ | $G_k-\rho\varepsilon-\varepsilon_{\text{em}}^k$ |
| 耗散率 | $\varepsilon$ | $\alpha_\varepsilon\,\mu_{\text{eff}}$ | $c_{1\varepsilon}^*\dfrac{\varepsilon}{k}G_k-c_{2\varepsilon}\rho\,\dfrac{\varepsilon}{k}-\varepsilon_{\text{em}}^\varepsilon$ |
| 磁输运方程 | $\boldsymbol{b}$ | $\dfrac{1}{\mu\sigma}$ | $[(\boldsymbol{B}_0+\boldsymbol{b})\cdot\nabla]\boldsymbol{U}-(\boldsymbol{U}\cdot\nabla)\boldsymbol{B}_0$ |

**5. 边界条件**

对于圆筒内高速流动的气体，计算域边界可以分为壁面边界、入口边界和出口边界。此外，在本章的磁场条件下还需考虑电磁边界条件。

（1）壁面边界条件。本章的壁面条件为流场中固体与流体交界壁面处的条件，满足经典的无滑移条件，因此壁面处流体速度为

$$u=0, \quad v=0, \quad w=0$$

等离子体通过壁面向外传递热量，温度边界采用一维热流量传热公式：

$$Q=\lambda_w(T-T_0)/\delta \tag{4.27}$$

式中：$\lambda_w$ 为壁面热导率；$T_0$ 为环境温度；$T$ 为壁面温度，由计算得到；$\delta$ 为壁面厚度。

（2）入口边界条件。由于本章针对的是高速导电流体在磁场中的流动问题，因此对于入口边界上采用速度入口条件。计算过程中，采用内场相邻单元值零阶外插的方法计算边界上的所有变量值。

（3）出口边界条件。计算中设置出口为压力出口条件，有利于解决出口回流的计算。需要给定的出口回流条件有出口静压、回流总温、湍流参量等。出口上的表压力与绝对压力关系如下：

$$p_{\text{absolute}}=p_{\text{gauge}}+p_{\text{operating}} \tag{4.28}$$

表压力的大小是入口边界上的总压，并且对于可压缩流动的流体总压为

$$p_{\text{total}}=p_{\text{staic}}\left(1+\frac{k-1}{2}Ma^2\right)^{k/(k+1)} \tag{4.29}$$

（4）电磁边界条件。对于磁输运方程式（4.19），其在边界上的感应磁场需要

满足

$$\boldsymbol{b}\,|_{\text{boundary}} = (b_{\text{n}}, b_{\text{t1}}, b_{\text{t2}})^{\text{T}} = \boldsymbol{b}_0 \tag{4.30}$$

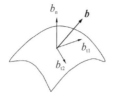

图 4 - 1　感应磁场矢量图

壁面的电导率是影响电磁场边界条件的重要因素。若壁面材质为绝缘材质,则在壁面边界处的法向电流密度 $J_{\text{n}} = 0$,由安培定理可推导出:

$$\begin{aligned} \boldsymbol{n} \cdot \boldsymbol{b} &= \boldsymbol{0} \\ \boldsymbol{n} \times \boldsymbol{b} &= \boldsymbol{0} \end{aligned} \tag{4.31}$$

若壁面材质为导电材质,则在壁面边界处的切向电流密度 $J_{\text{t}} = 0$。假设壁面的电导率为 $\sigma_{\text{w}}$,壁面处的电磁边界条件为

$$\frac{1}{\mu\sigma}\frac{\partial b}{\partial n} = \frac{1}{\mu_{\text{w}}\sigma_{\text{w}}}\frac{\partial \boldsymbol{b}_{\text{w}}}{\partial n} \tag{4.32}$$

当壁面材质是非铁磁性,即 $\mu_{\text{w}} = \mu$,则式(4.32)可表示为

$$\frac{\partial \boldsymbol{b}}{\partial n} = \frac{\sigma}{\sigma_{\text{w}}}\frac{1}{t_{\text{w}}}\boldsymbol{b} \tag{4.33}$$

在使用磁输运方程对磁控等离子体在圆筒内的流动进行数值计算时,由于电磁场的存在会导致流场的收敛难度增大,为保证感应磁场等式和湍流流场的收敛,在数值模拟过程中时间步长必须设置得非常小。在无磁场时,时间步长应满足

$$\delta_{\text{t}} \leqslant \frac{Re}{2(\Delta x^{-2} + \Delta y^{-2} + \Delta z^{-2})} \tag{4.34}$$

而在有应用磁场时,时间步长应满足下式:

$$\delta_{\text{t}} \leqslant \frac{Re}{2(\Delta x^{-2} + \Delta y^{-2} + \Delta z^{-2}) + \frac{1}{4}ReN} \tag{4.35}$$

比较式(4.34)与式(4.35)可知,磁流体流动的数值模拟时间步长受雷诺数的影响,要比一般流体流动的数值模拟时间步长小很多,对计算时间和计算机的容量要求相对要高一些。因此本章在使用计算机程序进行数值模拟时,采用耦合、显式求解格式,控制方程的空间离散采用有限体积方法,扩散项用中心差分

格式离散,对流项采用二阶迎风格式离散,时间推进采用局部时间步长加速收敛的方法来加快流场计算的收敛速度,计算过程中适当地改变计算的中间步长,以加快得到最终解。

## 4.1.2 磁流体动力学模型的验证

### 1.湍流效应的验证

无外加电磁场的管道流动研究对象可以用经典 N-S 方程来对它进行数值模拟,这种情况可以理解为外加电磁场为零的 MHD 流动。本节首先通过对包含流体与边界层相互作用的超声速管道流动进行数值模拟,验证等离子体的磁流体动力学模型在计算湍流方面的性能。无电磁场的管道流动可以用经典的流体动力学来对它进行数值模拟,对于所考虑的等截面圆管流动,管道内部由于黏性边界层的发展类似于一个实际横截面积逐渐变小的收缩管道,来流在管道中将会减速增压。来流由于受到入口处边界层的阻碍作用,会形成复杂的湍流结构,通过对这种复杂流场结构的数值模拟,能够反映模型的性能。

为验证本章建立的磁流体动力学模型在高速流动条件下数值计算的正确性与精确度,运用添加了电磁源项的 N-S 方程组和湍流方程对相同的管道模型进行了计算,壁面设置为绝热无滑移条件,磁场初始条件设置为零。计算过程中的相关参数见表 4-2,求解得到管道内的马赫数如图 4-2 所示。通过对比图 4-2 和图 4-3 可知,数值模拟结果能够反映复杂流场的湍流结构,说明本章所建立的模型基本满足磁流体在管道内高速流动的计算要求。

### 表 4-2  等截面圆管流动计算参数

| 密度/(kg·m⁻³) | 总压/Pa | 静温/K | 管道特征长度/mm | $Ma$ |
|---|---|---|---|---|
| 1.225 | 206200 | 295 | 16.875 | 1.61 |

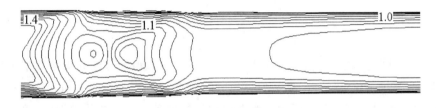

图 4-2  本章计算结果

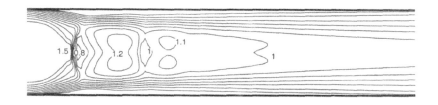

图 4－3　文献计算结果

**2. 磁流体动力学效应的验证**

　　本算例的主要目的是对有外加磁场时的磁流体动力学模型进行验证。哈特曼流动是验证磁流体动力学效应的经典算例,研究在横向磁场作用下两平行平板间充分发展的导电流体流动。这种类型的流动是磁流体管流流动中最简单的一种流动,描述了磁流体流动控制的典型现象和原理,因此可作为模型与计算程序的典型验证算例。本节的物理模型为二维管道,如图 4－4 所示。通过数值模拟在一定磁场和电导率时的流场结构以及在垂直于来流截面上的速度型分布,反映磁场对流动的影响。对该流动的模拟要求模型能准确描述洛伦兹体积力、流体总压和黏性应力的相互作用。

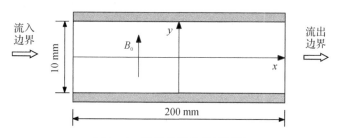

图 4－4　哈特曼流动的示意图

　　本节运用建立的带电磁源项的湍流模型模拟湍流流动,并与相关文献结果进行比较,对磁流体动力学模型进行验证。两平板之间的等离子体流动,当施加横向磁场时,流动被减速,需要更大的压力梯度来维持相同的质量流量。设平板之间的距离 $2h$,$y$ 方向均匀分布磁场 $B_0$,整个流场的电导率为 $\sigma$,$x$ 方向存在压力梯度 $\partial p / \partial x = -\rho G$,其中 $G$ 是驱动流体运动的单位质量力,在磁场的作用下,其与黏性和电磁阻力作用平衡。

　　哈特曼流动在低磁雷诺数情况下,流动速度的 $x$ 向分量可以表示为

$$\frac{u(y)}{u_{\max}} = 1 - \frac{\cos\left(Ha - \dfrac{y}{h}\right)}{\cos(Ha)} \tag{4.36}$$

其中最大速度为

$$u_{\max} = \frac{\rho G}{\sigma B_0^2} \tag{4.37}$$

哈特曼数为

$$Ha = B_0 h \sqrt{\frac{\sigma}{\mu}} \tag{4.38}$$

初始边界条件为：来流总温为 293.15 K，密度 $\rho = 1.225$ kg/m³，电导率为 $\sigma = 800$ S/m，管口半高 $h = 5$ mm，管道长度 $L = 20 \times 2h = 200$ m，压力梯度 $\partial p/\partial x = -42.336$ Pa/m。结合已知条件，当 $B = 0.9$ T 时，$Ha = 30$（见表4-3），黏性系数 $\mu = 1.8 \times 10^{-5}$，雷诺数 $Re = 10\,004.17$，磁雷诺数 $Rm = 1.51 \times 10^{-4}$，来流马赫数 $Ma = 0.086$。计算网格如图 4-5 所示。

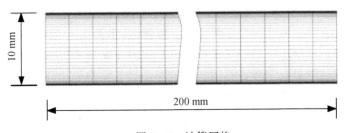

图 4-5　计算网格

表 4-3　磁场与哈特曼数的对应关系

| 磁　场 | 0 | 0.15 | 0.3 | 0.9 |
|---|---|---|---|---|
| 哈特曼数 | 0 | 5 | 10 | 30 |

图 4-6 给出了不同磁场条件下对应流场中速度型分布图。速度用无磁场作用下流动的最大速度进行无量纲化处理，图中显示的是的数值模拟结果和解析解的比较。从图中可以看出，数值解与解析解符合得很好，模型很好地模拟了磁流体动力学效应对管道流动的影响。

当 $T = 0$ 时，速度分布曲线类似于抛物形，符合对数律层的速度分布特点，当磁场增加时，速度逐渐被拉伸，中心最大速度下降，边界层速度提高，速度逐渐趋于扁平，当磁场大于 0.3 T 时，流体速度在两平板间的很大区域内保持为一定值。这是由于流场中导电流体与外加磁场作用产生了感应电流，而感应电流在磁场中运动产生的洛伦兹体积力与中心区域流体的流动反向，阻碍了中心区域流体的流动。在边界底层，黏性力在动量、热量及质量交换中起决定性作用，流动速度小，因而洛伦兹力体积力小，速度梯度大，形成了特殊的边界层。

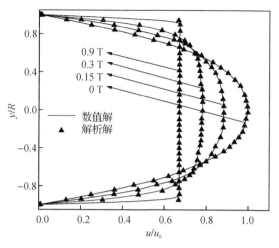

图 4-6　不同磁场条件下来流速度型的计算结果

图 4-7 为不同磁场强度情况下沿 $y$ 轴方向洛伦兹体积力的计算结果,随着磁场强度的增加,洛伦兹体积力逐渐增大,当磁场强度大于 0.15 T 时,洛伦兹体积力的最大值逐渐由中心区域向边界延展,洛伦兹力与压力梯度作用达到平衡。而靠近壁面的两侧洛伦兹体积力梯度增大,这是由于边界区域的黏性力影响较大。中心区域洛伦兹体积力的增大,阻碍了中间部分流体的流动,导致中间部分的流动速度降低,同时由于流体需满足连续性条件,因此壁面附近的速度增加。

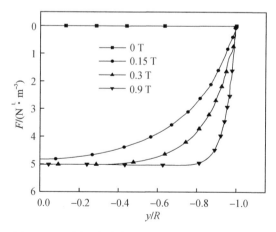

图 4-7　不同磁场条件下流场洛伦兹力计算结果

图 4-8 给出了计算所得到的湍流动能分布和文献[82]计算得到的湍流动能分布。从图中可以看出,在内壁面附近湍流动能得到最大值,在中心处得到最

小值,并且湍流动能随着磁场强度的增大而减小,说明磁场的作用抑制了等离子体的湍流。对比计算得到的湍流动能分布与文献中的计算结果,可以看出两者的趋势基本一致,说明本章建立的等离子体动力学模型能够反映出磁场对流动的减速作用以及对边界层的影响。

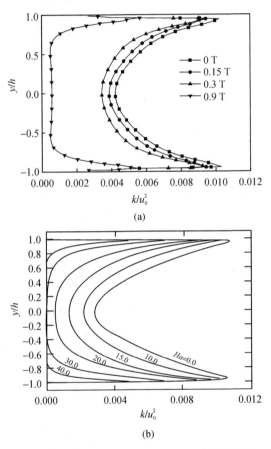

图 4-8  不同磁场条件下湍流动能的计算结果

(a)本章计算结果;  (b)文献计算结果

### 3. 气体电导率模型

电导率是表征等离子体导电特性的重要参数,导电气体的电导率越大,说明其导电性能越好,也说明其电离程度越高。与金属的电导率不同,气体的电导率是带电粒子的密度及其迁移率的函数。计算气体的电导率,除了要掌握气体中电子、离子、中心粒子的摩尔质量百分数外,还要掌握电子与各个组分之间的动量和能量关系。由于离子和中心粒子的质量较大,速度比电子小很多,因此电子的状态,对气体电导率的计算起决定性的作用。气体的电导率方程为

$$\sigma_e = \frac{n_e e^2}{m_e} \frac{1}{n_0 c_e \sum\limits_{i=1}^{n} x_i Q_i} \tag{4.39}$$

式中：$\sum\limits_{i=1}^{n} x_i Q_i$ 为电子和气体中 $n$ 种组分的碰撞频率的总和；$x_i$ 为第 $i$ 种气体成分摩尔百分数,$Q_i$ 为第 $i$ 种气体成分与电子的碰撞截面；$c_e$ 为电子的平均热运动速度。

从式(4-39)中可以看出,电导率的计算主要考虑以下两方面内容：

(1)气体中自由电子的密度 $n_e$；

(2)电子和其他粒子的总碰撞横截面。

几种常见物质电子与中性重粒子平均碰撞横截面的近似表达式见表 4-4。

**表 4-4　几种常见物质电子与中性重粒子平均碰撞横截面的近似表达式**

| 物　　质 | $Q_{e\text{-}n}(T) \times 10^{-16} (cm^3)$ | 物　　质 | $Q_{e\text{-}n}(T) \times 10^{-16} (cm^3)$ |
|---|---|---|---|
| $N_2$ | 6.9 | $H_2O$ | $(48{\sim}63)\dfrac{T-2\,000}{1\,000}+63$ |
| $H_2$ | $(12{\sim}11)\dfrac{T-2\,000}{1\,000}+11$ | Cs | 900 |
| CO | $(9.5{\sim}8.6)\dfrac{T-2\,000}{1\,000}+8.6$ | K | 250 |
| $CO_2$ | $(20{\sim}30)\dfrac{T-2\,000}{1\,000}+30$ | — | — |

在高温气体中,电子的碰撞共有三种：电子与中性粒子碰撞、电子与离子碰撞、电子与电子碰撞。其中电子与离子碰撞称为库仑碰撞,通常温度 4 000 K 以下时不考虑电子与电子的碰撞。以 $\sigma_{e\text{-}n}$ 表示考虑电子与中性粒子碰撞横截面的电导率；$\sigma_{e\text{-}I}$ 表示考虑电子与离子碰撞横截面的电导率,则根据叠加法,气体实际电导率为

$$\sigma_0 = \left( \frac{1}{\sigma_{e\text{-}n}} + \frac{1}{\sigma_{e\text{-}I}} \right)^{-1} \tag{4.40}$$

其中：$\sigma_{e\text{-}n}$ 又称为弱电离气体的电导率；$\sigma_{e\text{-}I}$ 为完全电离气体的电导率。弱电离气体电导率 $\sigma_{e\text{-}n}$ 的计算公式为

$$\sigma_{e\text{-}n} = 3.85 \times 10^{-8} n_e \Big/ \left( \sqrt{T} \sum_{i=1}^{n} x_i Q_i \right) \tag{4.41}$$

完全电离气体的电导率 $\sigma_{e\text{-}I}$ 计算公式为

$$\sigma_{e\text{-}I} = \frac{2 (2kT)^{3/2}}{\pi^{3/2} m_e^{1/2} z e^2 c^2 \ln\Lambda} = \frac{1}{6.53 \times 10^3} \frac{T^{3/2}}{\ln\Lambda} \tag{4.42}$$

式中：$k$ 为玻尔兹曼常数；$m_e$ 为电子质量；$z$ 为离子电荷；$\ln\Lambda$ 为库仑对数，有

$$\ln\Lambda = \ln(1.24 \times 10^7 \ T^{3/2} / n_e^{1/2}) \tag{4.43}$$

电子密度则利用 Saha 方程进行计算[91]：

$$\frac{n_e n_i}{n_a} = \frac{(2\pi m_e kT)^{3/2}}{h^3} \frac{2 g_i}{g_a} \exp\left(-\frac{e \varepsilon_i}{kT}\right) \tag{4.44}$$

式中：$n_e$，$n_i$，$n_a$ 分别为电子、离子和电离前的原子密度；$h$ 为普朗克常数；$\varepsilon_i$ 为物质的电离电位；$e$ 为电子电荷；$g_i$ 为离子基态统计权重；$g_a$ 为中性原子基态统计权重。

由气体电导率方程可知，电导率由等离子体的电子密度决定，单一气体条件下，气体的电离程度受温度的影响，因此电导率是温度的函数。考虑到气体的化学组分计算十分复杂，在许多应用中只需要计算不同气体电导率随温度的变化，可以借助已有的试验结果进行曲线拟合求解本章采用文献[92]给出的试验数据进行拟合，选取 $O_2$、$N_2$ 和 $CO_2$ 三种气体，采用分段三次样条差值拟合曲线。图 4-9 显示了不同气体的电导率拟合曲线与试验值的对比，拟合曲线与试验点一致。

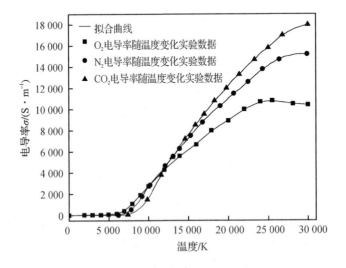

图 4-9　不同气体组分电导率与温度的关系曲线

# 4.2　数值仿真与结果分析

## 4.2.1　物理模型及边界条件

考虑身管结构特点,简化不必要的部件和壁面结构,选取出口直径为 30 mm 圆筒结构作为计算模型,如图 4 - 10 所示。流动入口位于 $yOz$ 平面上,流动方向为 $x$ 正方向,最外层是固体壁面,内层是高温导电流体。外层固体壁面选取钢材料,由于壁面具有导电性,会在一定程度上影响导电流体与壁面之间的相互作用,同时导电流体的流动与固体表面存在相互耦合作用,因此求解区域包括外层固体壁面和内层流体区域。

图 4 - 10　圆筒模型

**1. 网格无关性验证**

利用 solid works 作为基础平台建立圆筒模型,并将其导入 fluent ICEM CFD 进行网格划分。由于对磁流体湍流问题进行数值模拟时,需要兼顾精确和高效,网格很稀疏,计算成本降低了,但是计算精度无法得到保证。相反地,网格很细密,即使在不考虑计算成本的前提下,计算精度也不是最佳值,因为通常情况下,网格划分地越细,离散误差越小,但是与此同时,离散点数量的增加又会导致舍入误差增大,所以网格数量并不是越多越好。因此在计算域网格划分中,要保证边界层内都有一定的网格数量,同时越靠近内壁边界网格越密,中心区域相对稀疏。

在划分网格时,进行了多种不同网格疏密程度的模拟,通过比较不同疏密程度下得出的不同计算结果,进而判断出网格疏密程度对结果的影响。这里选取出口截面的速度和压力作为判断标准,对模型进行了 4 种不同疏密程度的划分,并且进行数值模拟得到数值结果。表 4-5 为 4 种不同疏密程度的计算网格参数,以及 4 种不同网格划分时出口位置压力值数值模拟结果对比。

表 4-5　不同网格数出口截面中心速度和压力

| 网格数 | 出口速度/$(m \cdot s^{-1})$ | $\Delta_u$/(%) | 出口压力/Pa | $\Delta_p$/(%) |
| --- | --- | --- | --- | --- |
| 109 227 | 1 773.24 | 3.69 | 1 989 795.91 | 4.36 |
| 279 331 | 1 806.09 | 1.81 | 2 045 918.36 | 1.50 |
| 413 394 | 1 833.81 | 0.27 | 2 066 326.53 | 0.49 |
| 690 014 | 1 838.77 | — | 2 076 530.61 | — |

表 4-5 中,变化幅度 $\Delta$ 为当前网格与较多网格结果之差的绝对值除以当前网格结果的百分比,在 4 种不同网格划分情况下,数值模拟结果比较接近,可以认为计算结果对网格依赖性较弱。因此,选定本次模拟选择网格数为 413 394。

图 4-11(a)(b)分别为计算区域的入口截面和圆筒横向上的局部网格分布,计算采用六面体结构化网格。在近壁面处、等离子体与壁面的交界处以及流体中心区进行网格加密。为了避免在圆筒横截面上出现中心奇点,在圆筒内部分区划分网格。

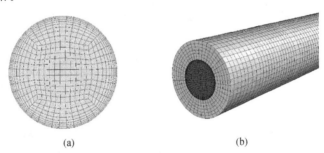

(a)　　　　　　　　　　　(b)

图 4-11　局部网格

(a)入口截面上的局部网格分布;　(b)圆筒横向上的局部网格分布

## 2. 边界条件设置

由于磁流体计算模型涉及复杂的电磁过程,因此在计算中为了简化问题对模型进行以下几个假设:

(1)从流体模型分析可知,在本章研究条件下圆筒内的流体介质是高温导电流体,是需要考虑摩擦效应的黏性可压缩流体。因此假定流体为连续介质,使用理想气体状态方程,且可以运用磁流体动力学模型进行研究。

(2)等离子体的电导率主要是受到温度的影响,主要考虑磁场对流场的影响,为了简化计算,忽略电导率在流动过程中的变化,因此假设流体的电导率均匀恒定,即在不同工况下,电导率均为常数。

（3）不考虑等离子体的产生过程和流动过程中的化学反应,在整个流动过程中等离子体性能稳定。

（4）数值模拟过程中横向磁场均匀,不考虑实际线圈结构对磁场的影响。

基于以上假设,计算域入口采用速度入口,初始值为 1 000 m/s,出口采用压力出口,初始压力为 1(1 atm＝101 325 Pa),流体密度为 1.225 kg/m³,初始温度为 3 000 K。磁场是沿 z 轴正方向的均匀磁场。等离子体可以通过调节电子束、电极或介质阻挡放电的电功率,提高或降低等离子体的电子密度,保证气体获得足够高的导电率,因此假设气体为完全气体,整个流场的电导率采用固定值处理,电导率为 1 000 S/m。

计算采用显式求解格式,并加载能量方程。通过用户自定义函数（UDF, User Defined Function）将建立的磁流体动力学模型导入 fluent 软件中,选择 RNG $k$-$\varepsilon$ 模型模拟湍流流动,编写自定义标量输运方程（uds）求解电磁源项。动量方程、湍流方程和湍流动能耗散率均采用二阶迎风差分格式,压力差采用标准离散差分格式,压力速度耦合采用 SIMPLE 算法,计算流程如图 4-12 所示。由于导入了磁流体动力学方程组,为保证磁输运方程和湍流方程的收敛,需要在每个时间步长进行 UDF 的调用和计算,因此时间步长必须设置得非常小,非定常计算的时间步长取 $t=5\times10^{-6}$ s。

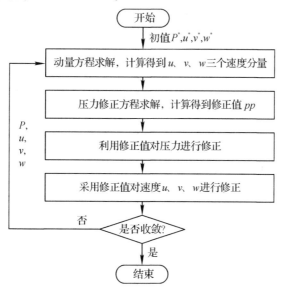

图 4-12　SIMPLE 压力-速度耦合算法流程

## 4.2.2 磁场强度的影响

主要考虑磁场强度单因素的影响。如图 4-13 所示,磁场沿 $z$ 轴方向,垂直圆筒轴线 $x$ 轴,大小分别取 0.1 T、0.5 T、1 T,任意磁场条件下初始气流速度和温度保持不变。

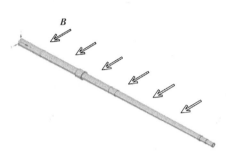

图 4-13　磁场施加方向

图 4-14(a)(b)所示为磁场强度取 1 T 时,出口截面上感应电流的矢量图和无量纲($j_y/\sigma B_0 u$)等值线图(图(b)只给出 1/4 圆截面)。由流体截面的电流矢量图可以得知,当磁场为 $z$ 方向,等离子体沿着 $x$ 方向的流动将切割磁力线,用右手定则可知主流区域内感应电流的方向为 $-y$ 方向,由于圆筒壁面为导电壁面,所以感应电流在导电流体和壁面之间中做以横向中心线为对称轴的循环流动。

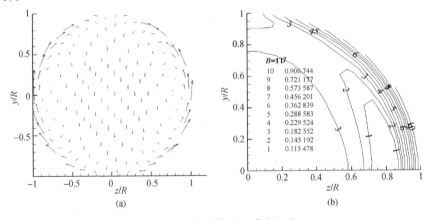

(a)

(b)

图 4-14　出口截面上感应电流

(a)矢量图;　(b)等值线分布图

由欧姆定律可知,等离子体在磁场中运动时将产生感应电流,感应电流与磁场相互作用产生洛伦兹体积力。如图 4 - 14(a)所示,等离子体感应出的电流通过导电流体形成了闭合回路。圆截面上的感应电流基本和外加磁场的方向($z$方向)垂直,并与外加磁场相互作用,在等离子体内产生出和流动方向相反的洛伦兹体积力 $F_x$。由于感应电流在 $z$ 轴和 $y$ 轴壁面附近的分布不同,洛伦兹体积力在上述位置大小也不相同,靠近 $y$ 轴边界层的电流方向与磁场平行,因此在 $y$ 轴壁面上不会产生洛伦兹体积力作用。而在 $z$ 轴壁面上,由于感应电流的方向为 $y$ 正方向,则根据左手定则可知,洛伦兹体积力 $F_x$ 的方向为 $x$ 正方向,即与流动方向相同。由此造成了在平行磁场方向和垂直磁场方向上,速度、湍流强度、湍流黏度、温度以及压力分布的不同。

出口截面上的洛伦兹体积力 $F_x$ 在不同磁场作用下沿 $z$、$y$ 轴的分布如图 4 - 15(a)(b) 所示。由于磁场是沿 $z$ 方向的均匀磁场,因此感应电流不能与磁场作用产生 $z$ 方向的洛伦兹体积力 $Fz$。产生洛伦兹体积力的贡献者是 $y$ 轴方向的感应电流,所以洛伦兹体积力 $Fx$ 的分布与感应电流的分布类似。图中负号表示洛伦兹体积力与流动方向相反,从图中可以看出,随着磁场的增强,导电流体所受洛伦兹体积力也越大。$z$ 轴方向上的单位体积洛伦兹体积力 $F_x$ 变化要大于在 $y$ 轴方向上洛伦兹体积力的变化。这是因为沿着 $y$ 轴,等离子体中感应电流的方向和磁场的方向是垂直的,因此产生了较大的洛伦兹体积力,而沿着 $z$ 轴,等离子体中感应电流的方向发生了正负变化,$0.2T$ 磁场条件下,$z/R = 0.85$ 附近的感应电流几乎为零。比较图 4 - 15(a)(b) 可以看出,$z$ 轴方向的洛伦兹体积力,在壁面附近随着磁场的增大,洛伦兹体积力逐渐与流动方向相同,这是因为在边界层附近的电流方向为 $y$ 轴正方向,因此电磁感应生成的洛伦兹体积力为 $x$ 正方向,由此加快了流体在边界层附近的流速。

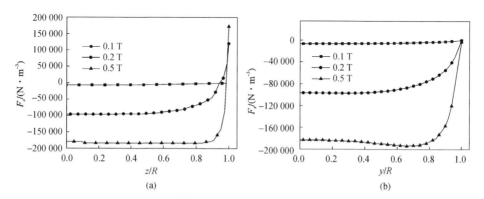

图 4 - 15　不同磁场强度下出口截面上洛伦兹体积力 $F_x$ 沿 $z$、$y$ 轴的分布

(a)洛伦兹体积力 $F_x$ 沿 $z$ 轴的变化;　(b)洛伦兹体积力 $F_x$ 沿 $y$ 轴的变化

图 4-16(a)(b)为不同磁场强度作用下出口截面上速度 $u$ 在 $z$、$y$ 轴上的分布。从图中可以看出,由于磁场的作用,速度在 $y$ 轴和 $z$ 轴上呈现不同的分布特点,等离子体在磁场的作用下产生的洛伦兹体积力对轴向流动产生了扰动,从而影响了速度在 $z$、$y$ 轴上的分布。在平行磁场方向上的 $z$ 轴上,随着磁场强度的增大,速度分布不再满足对数律区的速度分布,洛伦兹体积力使速度曲线有被压平的趋势。而在垂直磁场方向的 $y$ 轴上,强磁场作用下的气流速度要小于弱磁场作用时的速度。在出口中心处,速度的降低幅度最大。对比出口截面上 $z$ 轴和 $y$ 轴的速度分布,可知 $z$ 轴壁面附近速度与 $y$ 轴壁面附近的速度出现了相反的变化趋势,这是因为在边界层附近的洛伦兹体积力与流动方向相同,洛伦兹体积力促进此区域流体的流动,增大了此区域流体速度梯度,随着磁场强度的增加这种情况更加明显。0.5 T 磁场条件下 $z$ 轴壁面附近流体速度增加了 14.4%,$y$ 轴壁面流速则减小了 7.7%。

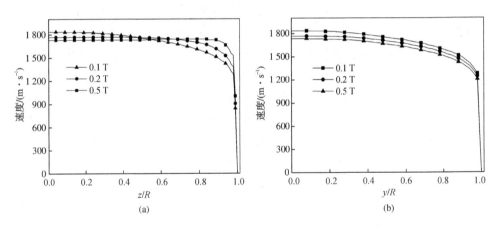

图 4-16  不同磁场作用下出口截面上速度在 $z$、$y$ 轴上的分布

(a)速度 $u$ 沿 $z$ 轴的变化;  (b)速度 $u$ 沿 $y$ 轴的变化

图 4-17 给出了圆筒中线轴线上速度的变化,由于考虑了入口段圆筒截面缩小的特征,因此速度在入口段上有突变。从图中可以看出,出口处中心速度随着磁场的增大而减小,这是因为随着磁场的增加,洛伦兹力逐渐增大,对来流的减速作用更加明显。0.5 T 磁场条件下相对于无磁场时,中心出口速度降低了7.9%。

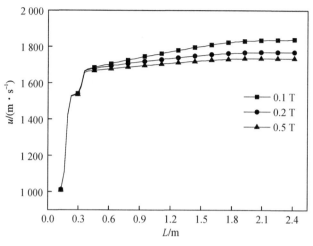

图 4 - 17　圆筒中心线上速度的变化

等离子体在磁场中运动感应出的洛伦兹体积力抑制了等离子体的湍流脉动,不同强度磁场作用时出口截面上流体湍流黏度的分布如图 4 - 18 所示。湍流黏度在出口截面上的分布类似抛物线分布,这是由于圆截面上的感应电流在壁面附近的变化幅度较大,导致此处的湍流黏度大幅减小,即磁场抑制了湍流,造成湍流黏度的降低,且磁场强度越强,等离子体湍流黏度越小,较小的湍流黏度表明强磁场能够在一定程度上抑制等离子体的传热能力。相比于无磁场时,0.5 T 磁场作用下湍流黏度峰值沿 z 轴大约降低了 64.6%。而在 y 轴,相同磁场作用下等离子体湍流强度峰值下降程度相对较小,约为 25.3%。

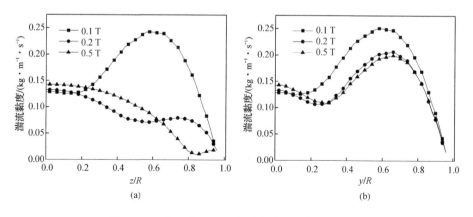

图 4 - 18　出口截面上湍流黏度在 z、y 轴上的分布
(a)湍流黏度沿 z 轴的变化;　(b)湍流黏度沿 y 轴的变化

　　高速流动的等离子体在圆筒内除轴向的主流运动外,还存在着流体微团向其他方向的无规则运动,因此湍流是等离子体在圆筒内流动的主要形式,且湍流的强弱可以通过湍流强度来衡量。图 4 - 19(a)(b)分别给出了出口截面上等离子体湍流强度在 $z$ 轴和 $y$ 轴的分布。从两幅图可以看出,磁场在不同方向不同程度地抑制了等离子体的湍流强度。

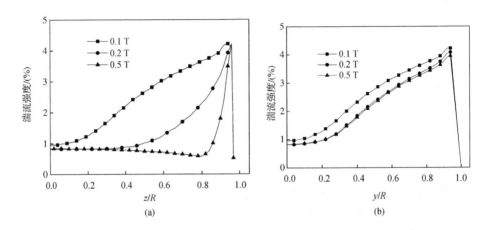

图 4 - 19　不同磁场作用下出口截面上湍流强度在 $y$、$z$ 轴上的分布

(a)沿 $z$ 轴的变化；　(b)沿 $y$ 轴的变化

　　图 4 - 19(a)是湍流强度沿 $z$ 轴的分布,由图可知,随着磁场强度的增加,湍流强度减小,并且减小的程度也越来越大,说明磁场在该方向上能够较好地抑制导电流体的湍流强度。在垂直磁场的 $y$ 方向,出口截面上的湍流强度随着磁场强度的增加而减小,但减小的幅度不大,这是由于速度在 $y$ 轴上的分布比较平缓。相比于无磁场时,0.5 T 的磁场作用下 $z$ 轴等离子体湍流强度峰值下降约 19.8%。而在 $y$ 轴,相同磁场作用下等离子体湍流强度峰值下降约 6.8%。总体上磁场对整个出口截面处的湍流强度都有抑制作用。

　　图 4 - 20(a)(b)分别为不同磁场强度作用下圆筒出口截面上的压力等值线图。未加磁场时,出口截面上的压力与 $x$、$y$ 轴无关,沿直径各个方向的变化都是相同的,压力在出口截面上呈轴对称分布,且数值由内向外逐渐减小,主流中心处压力最大,近壁面边界层处最小;加磁场后,出口截面上的压力分布出现了区域性的特征,压力等值线在垂直磁场方向上被"压缩",顺磁场方向被"拉伸"。

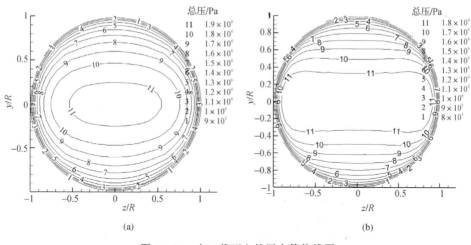

图 4 - 20　出口截面上的压力等值线图

(a)0.2 T；　(b)0.5 T

图 4 - 21(a)(b)所示为不同磁场作用下,出口截面上的总压分布。从图中可以看出,总压在 $z$、$y$ 轴上的变化不同,与速度形类似,由于沿 $z$ 轴方向的洛伦兹体积力在壁面附近增加,因此 $z$ 轴的壁面上总压增加,沿 $y$ 轴方向,壁面压力随着磁场的增大而减小。从数值上看,在壁面附近,顺磁场方向的压力普遍要大于垂直磁场方向的压力,且随着磁场的增大,最大压力区域由中心沿磁场方向壁面方向延伸。这是因为磁场的存在改变了等离子体速度场的分布,而压力又与速度梯度大小相关,由此可知速度的变化影响了压力的分布。随着磁场强度的增加,出口截面中心处的总压减小,0.5 T 磁场条件下,顺磁场的 $z$ 轴方向壁面的压力增加大约 23.8%,沿 $y$ 轴方向,壁面压力大约降低 10.6%。

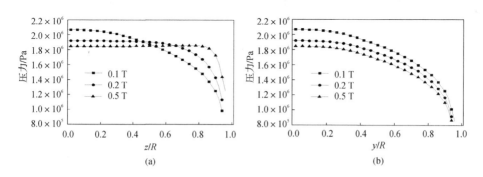

图 4 - 21　不同磁场作用下出口截面上压力在 $z$、$y$ 轴上的分布

(a)压力 $z$ 轴的变化；　(b)压力沿 $y$ 轴的变化

图 4-22、图 4-23 给出了圆筒入口段的计算结果和有关文献计算的高超声速进气道入口段总压分布云图,磁场垂直于圆筒轴线。从图可以看出,有、无磁场时的压力计算结果有较大的差异。

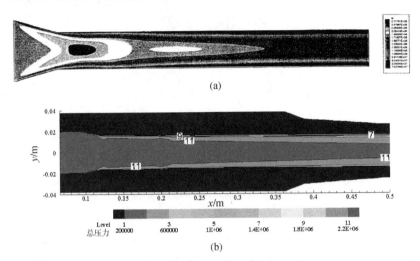

(a)

(b)

图 4-22　无磁场条件下的入口总压云图

(a) 文献结果;　(b) 计算结果

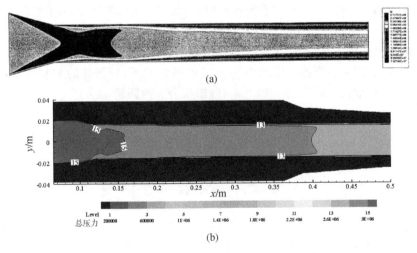

(a)

(b)

图 4-23　有磁场条件下的入口总压云图

(a) 文献结果;　(b) 本章计算结果

图 4-24 为出口截面上的压力变化。从图中可以看出,磁场的作用使得压力在顺磁场方向和垂直磁场方向上出现了各向异性。同没有磁场的流动相比,

磁场中流体的中心压力有所降低,总体上压力向边界层扩展。在磁场存在下,出口截面上的流体动压力减弱。比较模型计算结果和文献[84]中的计算结果,可以看出两者的趋势基本相同,不同的是文献是在高压强磁场条件下得到的结果,本计算则是在常压及相对较低的磁场条件下进行的,由此造成了数值上的差异。

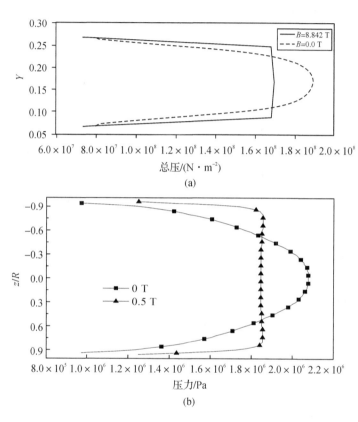

图 4 - 24　出口总压分布

(a) 文献结果;　(b) 本章计算结果

　　图 4 - 25 为圆筒轴线上的总压变化曲线,磁场的作用使得圆筒入口处等离子体的总压上升,而出口处的总压下降,且幅度随着磁场强度的增加而增大。产生这一现象的原因可能是:磁场与等离子体的相互作用降低了气体与壁面的平均摩擦因数,减小了气体与壁面的摩擦损耗;洛伦兹力体积力的拖拽作用,使流体压力梯度增大;磁场抑制了等离子体的湍流强度与湍流黏性,减弱了湍流耗散,降低了热量损耗。相比与无磁场条件下,出口中心压力大约降低 11.7%。

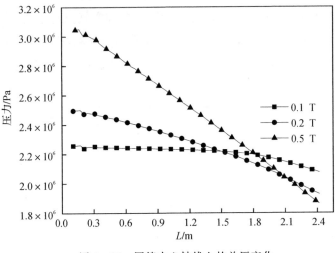

图 4 - 25    圆筒中心轴线上的总压变化

表 4 - 6 列出了不同磁场强度对圆筒内壁面压力和出口中心速度的影响。从表中可以看出,磁场在 0.1～0.5 T 之间增加时,圆筒出口中心压力相对无磁场作用时降低了 0.4%～11.7%,速度减小了 0.6%～7.9%。$y$ 轴壁面压力降低了 0.3%～10.6%,$z$ 轴壁面压力增加了 0.7%～23.8%。这说明利用磁场作用下的等离子体可以达到控制气流局部压力的效果。

**表 4 - 6    磁场强度对出口截面速度和压力的影响**

| 磁场大小 —— T | 速度/(%) | 中心压力/(%) | $z$ 轴壁面压力/(%) | $y$ 轴壁面压力/(%) |
|---|---|---|---|---|
| 0.1 | −0.6 | −0.4 | 0.7 | −0.3 |
| 0.2 | −4.3 | −7.5 | 13.7 | −5.9 |
| 0.5 | −7.9 | −11.7 | 23.8 | −10.6 |

### 4.2.3　磁场方向的影响

上述的计算结果表明等离子体流动受磁场大小的影响显著,同时磁场方向的改变也会对等离子体流动性产生影响。考虑磁场在方向的变化,如图 4 - 26

所示,磁场的施加角度在 $xOz$ 平面内变化,$\theta$ 取值区间为 $[0,90°]$。上节中 $z$ 轴方向的磁场可认为是 $\theta$ 取 $90°$ 时的特殊情况,计算的初始和边界条件与上节相同。

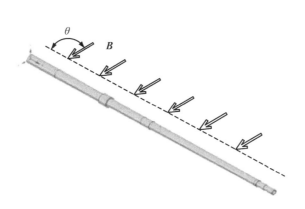

图 4 - 26　磁场角度示意图

图 4 - 27 所示为不同磁场角度下出口段 $xOz$ 截面上的压力等值线图。从图中可以看出,磁场角度的变化对圆筒内的气流总压的产生了影响,随着磁场角度的增加,压力等值线向来流方向移动的距离明显增加。结合上节中 $90°$ 磁场 $x$ 轴线总压的变化可知,磁场阻碍了导电流体切割磁感线的运动,因而随着 $\theta$ 的增加,$z$ 轴上的压力等值线逐渐被"拉平",高压区域逐渐向壁面扩展。

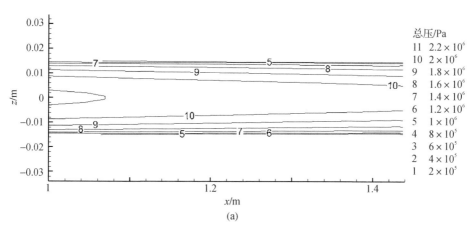

图 4 - 27　磁场角度对出口段压力的影响

(a)$\theta = 0$

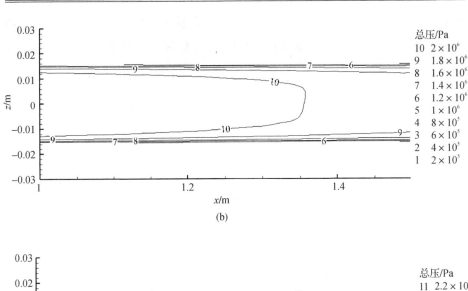

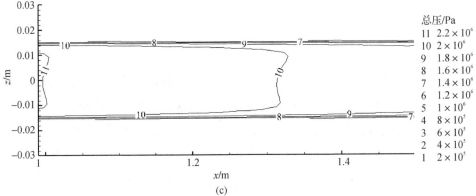

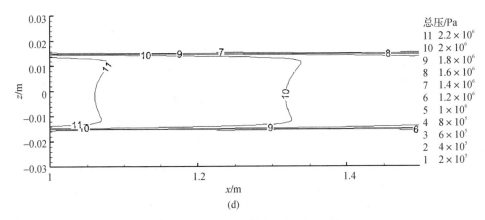

续图 4 - 27　磁场角度对出口段压力的影响

(b) $\theta = 30°$；　(c) $\theta = 45°$；　(d) $\theta = 60°$

不同磁场角度下,入口段 $xOz$ 截面上的压力分布如图 4-28 所示。从图中可以看出,与出口段的压力分布不同,由于磁场存在一定的角度,导致入口段的压力等值线出现了"倾斜"的现象,即 $z$ 轴和 $-z$ 轴壁面压力不同,上壁面的压力明显小于下壁面。这是由于导电气体只有切割磁力线时才会受到磁场的作用,当磁场垂直于速度时,洛伦兹体积力完全表现为阻力,当磁场不垂直于速度时,洛伦兹体积力的一个分量将使流动方向发生偏转,而另一个分量仍为阻力,因此磁场角度越大,对流动的阻碍作用也就越大,也就导致了不同角度磁场时压力等值线的倾斜程度不同。结合 90°磁场时的速度变化和压力变化可知,随着磁场角度减小,高压等值线逐渐向远离壁面的方向移动,由于不同角度磁场可以认为是 0°磁场与 90°磁场的矢量叠加,而 90°磁场对流动主要起阻碍作用。因此下面着重考虑 $\theta$ 取 0 时,即平行磁场时圆筒内部流场压力的变化。

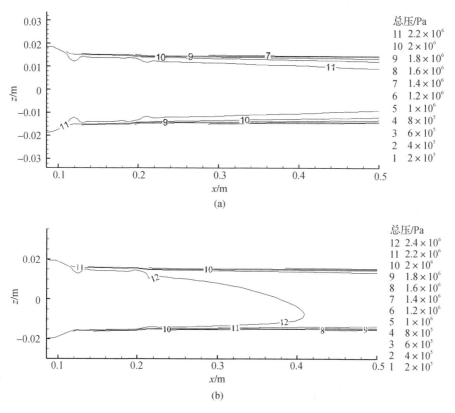

图 4-28　磁场角度对入口段压力的影响

(a)$\theta=0$；　(b) $\theta=30°$

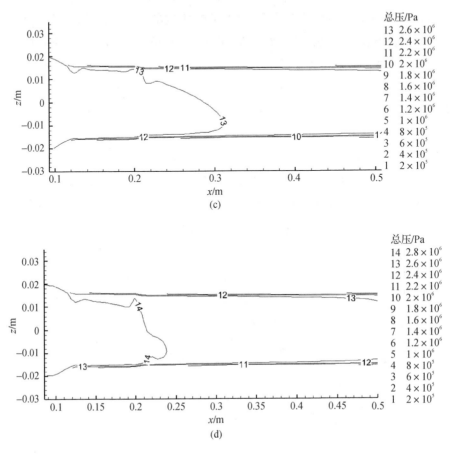

续图 4-28　磁场角度对入口段压力的影响

(c) $\theta = 45°$；　(d) $\theta = 60°$

　　图 4-29 为 $\theta$ 取 0、磁场强度为 0.5 T 时,出口截面上感应电流的矢量图和无量纲等值线图。从图中可以看出,当磁场为 $x$ 方向的均匀磁场,产生的感应电流沿逆时针旋转。与 $z$ 轴方向的 90°磁场不同,电流不再是轴对称分布,因而截面上的洛伦兹体积力在 $z$ 轴和 $y$ 轴上的变化趋势相同。由于磁场为平行圆筒轴线的均匀磁场,因此感应电流不再与磁场作用产生 $x$ 方向的洛伦兹体积力 $F_x$ ,由欧姆定律可知,感应电流切割磁力线产生的作用力必须垂直于感应电流和磁力线,因而由左手定则可知,此处的作用力为法向洛伦兹体积力,如图4-30所示。

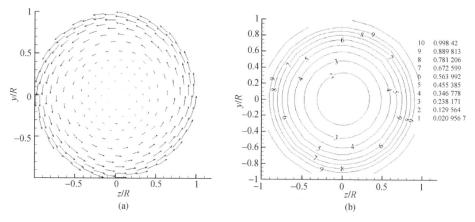

图 4 - 29  $\theta = 0$ 时出口截面上感应电流

(a)矢量图;  (b)等值线分布图

图 4 - 30 为 0.5 T 平行轴线的磁场条件下,出口截面上洛伦兹体积力的矢量图和等值线图。从图 4 - 30(a)中矢量方向可以看出,法向洛伦兹体积力指向了圆心,即磁场的作用使得等离子体在流动的过程中产生了指向内部的收缩力,相比于 $\theta$ 为 90° 时的洛伦兹力 $F_x$,法向洛伦兹力对沿 $x$ 轴方向的流动没有影响。

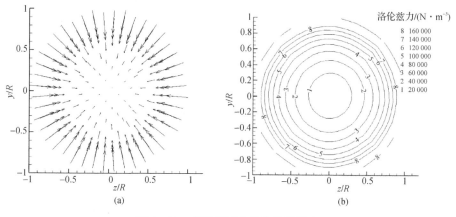

图 4 - 30  出口截面上洛伦兹体积力

(a)矢量图;  (b)等值线分布图

在出口截面上,法向洛伦兹体积力 $F$ 在不同磁场作用下沿 $z$ 轴方向的分布如图 4 - 31 所示。可以看出,随着磁场的增强,感应电流强度逐渐增大,截面内部的洛伦兹体积力逐渐增大。截面中心处的感应电流几乎为零,因此在该点洛伦兹体积力几乎为零,而在磁场壁面附近感应电流取最大值,法向洛伦兹体积力亦达到最大值。壁面附近洛伦兹力体积力的增幅较快,这也反映了此处的感应电流密度较大。同 $F_x$ 随磁场的变化类似,洛伦兹体积力的增大与磁场强度的增加呈非线性关系。

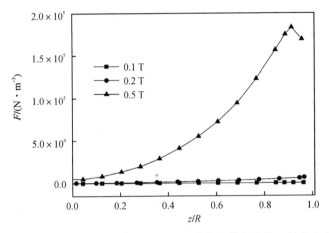

图 4-31 不同磁场作用下出口截面上洛伦兹体积力沿 $z$ 轴的变化

图 4-32 所示为不同磁场强度下,出口截面上的总压分布。由于洛伦兹体积力的所产生的收缩作用,导致壁面压力减小。由图可知,平行磁场在不降低轴向出口压力的同时整体上减小了气体对壁面的径向压力,但相比于 $\theta$ 取 90°时的垂直磁场,平行圆筒轴线的 0°磁场对壁面压力的影响并不显著,这是因为相比于来轴向的流动速度,切割平行轴线磁场的流体速度相对要小很多,因而要获得较大的洛伦兹体积力,对磁场强度的要求更高。0.2 T 磁场时,壁面压力降低大约 2.4%,0.5 T 磁场时,壁面压力大约降低 15.4%。

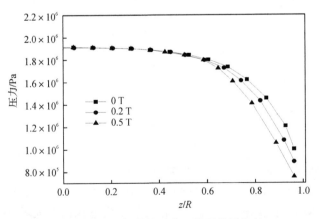

图 4-32 平行磁场下出口截面总压分布

表 4-7 列出了不同磁场角度对圆筒内壁面和出口中心压力的影响。从表中可以看出,相对于无磁场条件,当磁场为 0.5 T,角度在 0～60°之间增加时,圆筒出口中心压力相对无磁场作用时降低了 0～9.9%,$y$ 轴壁面压力降低了 6.1%～15.4%,$z$ 轴壁面压力先减小后增大,在 -15.4%～18.6% 之间变化。特别是平行圆筒轴线的磁场,使 $z$、$y$ 壁面径向压力的都下降了,说明其整体的减压效果要优于垂直磁场及斜磁场。

**表 4-7　0.5 T 磁场强度时 $\theta$ 对出口截面压力的影响**

| 磁场角度/(°) | 中心压力/(%) | $z$ 壁面压力/(%) | $y$ 壁面压力/(%) |
|---|---|---|---|
| 0 | 0 | -15.4 | -15.4 |
| 30 | -5.4 | 8.8 | -6.1 |
| 45 | -7.6 | 13.6 | -8.4 |
| 60 | -9.9 | 18.6 | -10.2 |

## 4.2.4　气体电导率的影响

为了说明电导率的影响,在数值模拟过程中,将入口温度设为 $10^4$ K。图 4-33 为 0.5 T 磁场条件下圆筒出口截面上的气体温度沿 $z$、$y$ 轴的变化。为了更加直观地说明温度变化情况,采用无量纲温度 $\alpha=(T-T_\infty)/(T_0-T_\infty)$ 来反映流体温度的变化,其中,$T_0$ 为出口截面中心温度,$T$ 为出口截面上的气体温度,$T_\infty$ 为环境温度。从图中可以看出,在磁场的作用下,靠近壁面处的气体温度低于中心的温度,在 $z$ 轴上,采用 $O_2$ 的电导率拟合曲线时等离子体温度下降的幅度较大,这是因为此时的 $O_2$ 的电离能较低,相同温度条件下的电导率相对较高,而较高的电导率致使壁面温度下降幅度增大,这也说明了磁场与等离子体的相互作用抑制了热量向壁面的传导。比较图 4-33(a)(b)可知,在相同磁场下,等离子体的温度在平行于磁场方向和垂直于磁场方向的变化不同,沿 $z$ 轴气体温度的变化要小于沿 $y$ 轴。

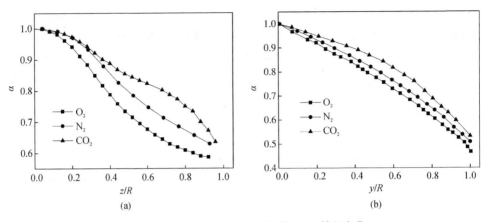

图 4-33　出口截面上温度分别沿 $z$、$y$ 轴的变化

(a)沿 $z$ 轴的变化；　(b)沿 $y$ 轴的变化

不同气体条件下出口截面上的电导率分布如图 4-34 所示,图 4-34(a)为采用 $CO_2$ 拟合曲线时的出口截面电导率分布,图 4-34(b)为采用 $N_2$ 拟合曲线时的结果。考虑气体的电导率模型后,电导率不再是常数,而是随区域温度不断变化的。出口截面中心气体温度最高,而壁面由于采用了等温壁面条件,相对温度较低,因此电导率由中心向壁面递减。$CO_2$ 所需的电离能较高,电离程度较低,因而相同条件下的电导率相对较小,而 $O_2$ 和 $N_2$ 离解所需的温度要求较低,电导率相对较高。相同条件下 $CO_2$ 在出口截面上的电导率大约为 600 S/m,$N_2$ 大约为 1 200 S/m,$O_2$ 大约为 1 500 S/m。

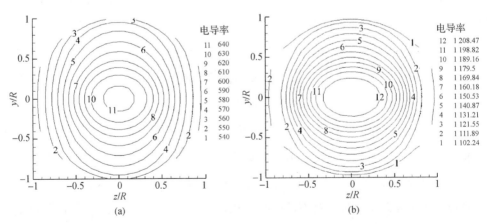

图 4-34　出口截面上电导率等值线图

(a)$CO_2$ 拟合曲线计算结果；　(b)$N_2$ 拟合曲线计算结果

　　图 4－35 显示不同电导率下出口截面上的洛伦兹体积力 $F_x$ 沿 $z$、$y$ 轴方向的分布。考虑高温气体的电导率模型后,随着电导率的增大,洛伦兹体积力逐渐增大。对比图 4－15 可知,考虑不同气体的电导率变化后,壁面处洛伦兹力体积力的变化幅度增大,壁面附近的数值下降更快。图 4－35(b)中,洛伦兹体积力在数值上有先增大后减小的过程,这是由于不同气体的温度沿壁面的变化趋势以及不同气体的离解程度不同,导致洛伦兹体积力沿壁面方向不再是单调减小。由于磁控等离子体可以抑制气体的对流传热,而较大的电导率能提高磁控等离子体隔绝传热的效果,但区域温度的降低又会导致电导率的下降,因此这两者相互影响又相互制约。考虑气体实际电导率后,洛伦兹体积力的这种差别主要是由这两种因素共同作用的结果。

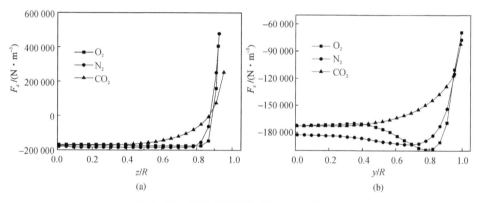

图 4－35　洛伦兹体积力沿 $z$、$y$ 轴的变化

(a)沿 $z$ 轴的变化;　(b)沿 $y$ 轴的变化

　　圆筒轴线上的速度随电导率的变化如图 4－36 所示,从图中可以看出,随着气体电导率的提高,圆筒中心速度下降,$O_2$ 电导率条件下中心出口速度相比 $CO_2$ 大约降低 2.6%。表明电导率的增大提高了磁场对气体的阻碍作用。同时也可以明显的看到 $O_2$ 和 $N_2$ 电导率条件下的速度曲线几乎是相同的,说明此时继续增加电导率,对磁场作用效果的提升并不显著。

　　图 4－37(a)(b)分别为不同电导率拟合曲线条件下,圆筒出口截面上速度沿 $y$ 轴、$z$ 轴的分布。从图中可知,在磁场不变的情况下,随着气体电导率的增大,等离子体速度逐渐下降。这是因为电导率越大,等离子体内部产生的感应电流密度也就越大,导致抑制流速的洛伦兹体积力也得到提高,减缓了流动速度。图 4－37(b)所示为不同气体条件下,轴中心线上速度 $u$ 沿 $y$ 轴的分布,对比 $N_2$ 和 $O_2$ 的影响,可以看出,虽然来流方向的流速随电导率的增大而逐渐下降,但当电导率达到 $10^3$ 量级时,继续增加气体的电导率,流速下降幅度变得十分有限,

$O_2$出口中心的速度相较于$N_2$大约降低$2.2\%$。

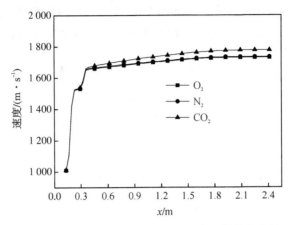

图 4-36   不同电导率条件下速度沿中心轴线的变化

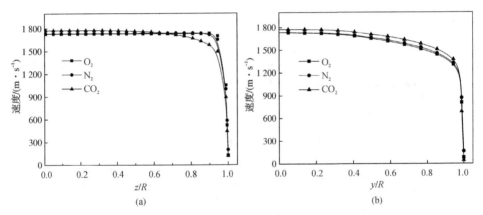

图 4-37   速度随气体电导率的变化

(a)出口截面上速度沿 $y$ 轴的分布;   (b)出口截面上速度沿 $z$ 轴的分布

不同气体条件下出口截面上流体湍流黏度的分布如图 4-38 所示。对比图中 $CO_2$ 与 $O_2$ 条件下的湍流黏度变化,可知电导率的提高可以增强磁场降低湍流黏度的作用效果。

图 4-39(a)(b)分别为在不同电导率条件下,圆筒出口截面上湍流强度沿 $z$、$y$ 轴的数值分布。从图中可以看出,在磁场不变的情况下,等离子体的湍流强度随电导率的增大而逐渐下降。这是因为在磁场作用下,等离子体内还存在着焦耳耗散,其表达式为

$$Q = \frac{\boldsymbol{J} \cdot \boldsymbol{J}}{\sigma} = \sigma \left[ (\boldsymbol{E} + \boldsymbol{U} \times \boldsymbol{B}) \cdot (\boldsymbol{E} + \boldsymbol{U} \times \boldsymbol{B}) \right] \tag{4.45}$$

电导率增大不仅会增加洛伦兹力,还会增加湍流耗散,最终导致湍流强度减小。

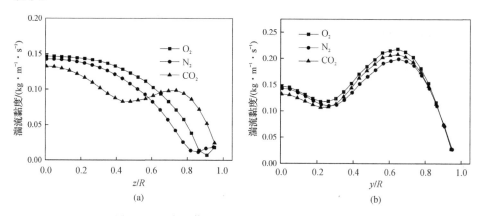

图 4-38　出口截面上湍流黏度在 $z$、$y$ 轴上的分布

(a)湍流黏度沿 $z$ 轴的变化;　(b)湍流黏度沿 $y$ 轴的变化

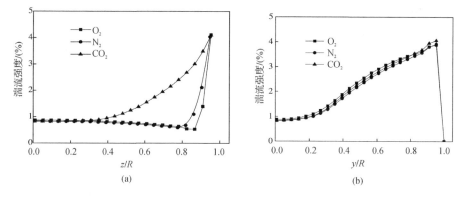

图 4-39　出口截面上湍流强度在 $z$ 轴、$y$ 轴上的分布

(a)沿 $z$ 轴的分布;　(b)沿 $y$ 轴的分布

图 4-40 给出了不同电导率下出口截面上的压力分布。图 4-40(a)是压力沿 $z$ 轴的变化,对比恒定电导率时的压力分布,$CO_2$ 拟合曲线时在 $z$ 轴上压力的拉伸现象相对不明显,对比无磁场条件,0.5 T 磁场下 $CO_2$ 电导率条件下 $z$ 轴壁面压力增大了 12.7%,$y$ 轴壁面降低大约 5.4%,相对而言变化幅度小。对比 $O_2$ 和 $N_2$ 条件下电导率条件下的压力变化,$O_2$ 在 $z$ 轴壁面压力增加了大约 7.4%,$y$ 壁面压力降低大约 2.2%。结合图 4-33 温度的变化可知,增加等离子体的电导率可以进一步提高磁控等离子体的减压效果。同时比较不同气体电导率时的压力变化,可知,与速度的变化类似,当电导率达到一定的量级时,继续提高电导

率,压力没有大幅度的变化。

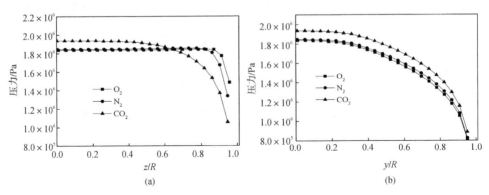

图 4 - 40　不同电导率条件下出口截面上的总压变化
(a)沿 $z$ 轴的变化；　(b)沿 $y$ 轴的变化

　　图 4 - 41 为恒定 0.5 T 磁场下,轴向中心线上的总压随不同组分不同电导率的变化,从图中可以看出,相比于磁场的作用,不同气体电导率对圆筒中心轴线上的压力影响较小,$O_2$ 条件下壁面压力相对无磁场条件降低了 12.5%,$CO_2$ 大约降低了 9.7%,$N_2$ 大约降低了 12.1%,造成这种差别的主要原因可能是 $CO_2$ 的电导率相对较低。由欧姆定律可知,电导率是电磁源项的直接相关项,电导率会导致磁场作用效果的增强。这也说明电导率同磁场一样,是磁控等离子体流动控制的决定性因素。表 4 - 8 列出了 0.5 T 磁场强度时气体导电率对出口截面压力的影响。

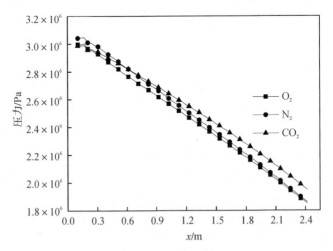

图 4 - 41　中心轴线上总压随电导率的变化

表 4 - 8　0.5 T 磁场强度时气体导电率对出口截面压力的影响

| 电导率/(S·m⁻¹) | 出口压力/(%) | $z$ 壁面压力/(%) | $y$ 壁面压力/(%) |
| --- | --- | --- | --- |
| 1 500 | −12.5 | 25.6 | −14.8 |
| 1 200 | −12.1 | 23.8 | −14.4 |
| 600 | −9.7 | 12.7 | −5.4 |

## 4.2.5　气体入口速度的影响

本节考虑气体入口速度的影响。初始入口速度设置为 100 m/s、500 m/s、1 000 m/s,初始磁场条件为 0.5 T,电导率恒定为 1 000 S/m。为对比分析不同速度条件下的流动及压力变化,速度、压力、湍流等均采用出口截面中心的数值进行无量纲化。

图 4 - 42 所示为三种不同初速条件下出口截面速度沿 $z$、$y$ 轴方向的变化,从图中可以看出,当磁场相同时,增加气体的来流速度对出口截面上 $z$ 轴的速度型影响比较小,几乎看不到变化。但对 $y$ 轴的速度型影响相对比较大,当入口初速从 100 m/s 增加到 1 000 m/s 时,$y$ 轴壁面无量纲压力相对下降了约 14.6%。比较图 4 - 42(a)(b),可以看出在相同磁场强度和相入口速度时,$z$ 轴的壁面附近的气体速度要大于 $y$ 轴,其中在来流速度最大,即入口速度为 1 000 m/s 时,$z$、$y$ 两壁面处的速度差大约为 18.3%。

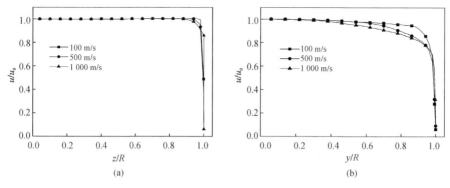

图 4 - 42　无量纲速度沿 $z$、$y$ 轴的分布

(a) 沿 $z$ 轴的变化;　(b) 沿 $y$ 轴的变化

图 4-43(a)(b)分别给出了三种不同入口速度下出口截面湍流强度在 $z$ 轴、$y$ 轴上的变化。如图 4-43(a)所示,当入口速度最小为 100 m/s 时,顺磁场方向的抑制作用较强,因此低流速所对应的湍流强度的峰值最小,但由于该流速条件下,等离子体在壁面附近感应产生的洛伦兹体积力较弱,随着气体向壁面过渡,磁场对等离子体的抑制作用逐渐减小,因此在等离子体与壁面交界面附近相对其他速度条件,初始入口速度 100 m/s 时的湍流强度最大。如图 4-43(b)所示,当提高气体入口速度时,气体动能增加,高流速所对应的湍流强度峰值也相应提升。随着气体向壁面方向发展,高速条件下,等离子体与磁场的相互作用增强,磁场的抑制作用也显著,因此壁面边界处的湍流强度在高速情况下相对较小。

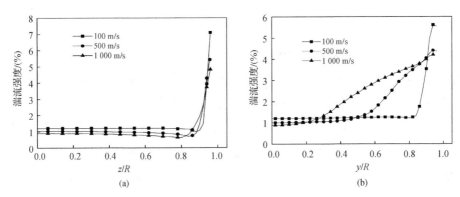

图 4-43　不同入口速度下出口截面上湍流强度在 $y$ 轴、$z$ 轴上的分布

(a)沿 $z$ 轴的变化；　(b)沿 $y$ 轴的变化

不同初速时出口截面上的湍流黏度分布如图 4-44 所示。速度的提高导致湍流黏度的增加,低速条件下气体的湍流黏度和湍流强度较小,湍流的影响并不明显。对比图 4-44(a)(b)100 m/s 初始入口速度条件下的湍流黏度变化,可以看出 $z$、$y$ 轴上的湍流黏度基本相同,低速流动的等离子体几乎不受磁场的影响。当速度显著提高时,湍流黏度受到磁场的影响变得明显,对比 1 000 m/s 初始速度条件下的湍流黏度变化,其在 $y$ 轴上有先减小后增大而后又减小的过程,反映了磁场对湍流黏度的抑制作用,也表明磁控等离子体必须在一定速度的前提下,才能有显著的磁流体动力学效应。

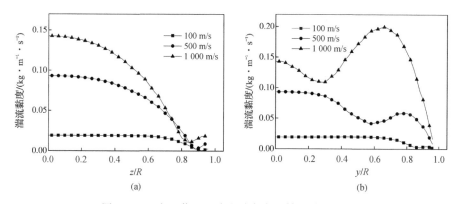

图 4-44　出口截面上湍流黏度在 $z$ 轴、$y$ 轴上的分布

(a)湍流黏度沿 $z$ 轴的变化；　(b)湍流黏度沿 $y$ 轴的变化

　　出口截面上的洛伦兹体积力 $F_x$ 在不同入口速度条件下沿 $z$ 轴、$y$ 轴方向的分布如图 4-45 所示。洛伦兹体积力的变化趋势基本与前一章相同,由洛伦兹力 $\boldsymbol{F}=\boldsymbol{J}\times\boldsymbol{B}=\sigma\left[\boldsymbol{E}\times\boldsymbol{B}-(\boldsymbol{B}\cdot\boldsymbol{B})\boldsymbol{U}+(\boldsymbol{U}\cdot\boldsymbol{B})\boldsymbol{B}\right]$ 可知,速度与洛伦兹力呈正相关关系。

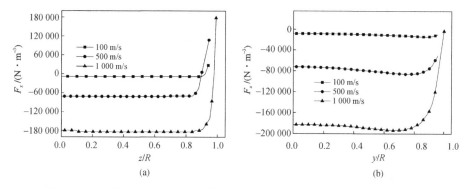

图 4-45　不同入口速度下出口截面上洛伦兹体积力 $F_x$ 沿 $z$ 轴、$y$ 轴的分布

(a)$F_x$ 沿 $z$ 轴的变化；　(b)$F_x$ 沿 $y$ 轴的变化

　　图 4-46 所示为圆筒中心轴线上的无量纲速度图。比较在不同入口速度时圆筒中心轴线上的速度变化,可以看出较低的来流速度在入口段即达到稳定,较高的入口速度增强了磁场对等离子体的作用,在相同磁场强度下,提高来流速度,磁场的减速作用更加明显,尤其是对入口段气体速度的影响,当入口初速从100 m/s 增加到 1 000 m/s 时,入口段无量纲速度峰值大约下降 10.2%。可以看出,使用磁场后圆筒的稳定流动区域长度缩短,一方面是由于高速条件下湍流黏度的增加,导致流动受到的阻碍增强,另一方面,磁场作用产生的与来流方向

相反的洛伦兹体积力降低了来流速度。但在相同磁场下,改变入口速度对出口段的无量纲速度影响很小,几乎看不到变化。

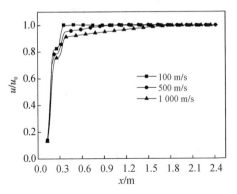

图 4-46　筒中心线上无量纲速度的分布

图 4-47 为不同入口速度下无量纲压力沿 $z$ 轴、$y$ 轴的变化。可以看出,在相同磁场下,改变流速对于沿 $z$ 轴方向的无量纲压力影响较小,无量纲压力仅在壁面附近略微降低了,这是由于低速时对应的顺磁方向的相互作用参数比较大,因此无量纲压力变化相对较小。当入口初速从 100 m/s 增加到 1 000 m/s 时,$z$ 轴壁面附近的无量纲压力降低大约 10.8%,可见在应用相同强度磁场及气体电导率的情况下,磁控等离子体对高速气流的减压作用更加明显。

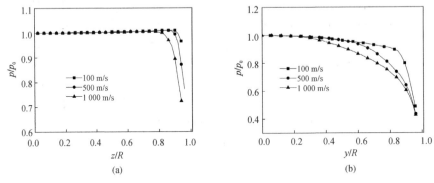

图 4-47　无量纲压力沿 $z$ 轴、$y$ 轴的变化

(a)无量纲总压 $z$ 轴;　(b)无量纲总压 $y$ 轴

图 4-48 所示为恒定 0.5 T 磁场条件下,轴中心线上无量纲压力随入口初速的变化。从图中可以看出,作用磁场后,随着来流速度的提高,圆筒入口段的无量纲总压增加,增加气体的来流速度后,沿圆筒轴线压力的梯度增加,表明磁场能够减小来流方向总压的损失。

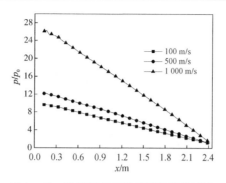

图 4 - 48　无量纲总压沿圆筒轴线的变化

# 4.3　圆筒内磁控等离子体动力学特性试验

## 4.3.1　磁控等离子体动力学特性试验系统设计

　　磁控等离子体动力学特性试验系统需要满足等离子体的产生及流动、磁场环境的形成与调控和压力测量的需求,系统由气体加热器、磁控等离子体试验段和磁场源三大部分组成,系统结构如图 4 - 49 所示。气体加热器主要由加热元件、保温元件、测温热电偶组成,用于对气体进行加热保温及对气体温度的实时监测;磁控等离子体试验段由等离子体反应器、刚玉管及压力传感器等组成,等离子体反应器用于在刚玉管内部产生等离子体,压力传感器用于测量刚玉管内气体的压力值;磁场源由线圈型电磁铁、螺线管线圈、霍尔磁力计及恒流电源组成,用于磁场环境的形成和调控。

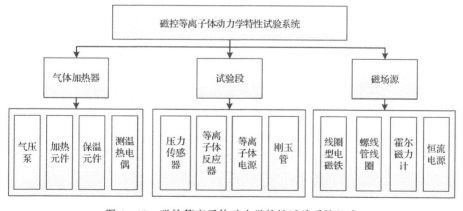

图 4 - 49　磁控等离子体动力学特性试验系统组成

图 4-50 是磁控等离子体动力学特性试验系统的结构图,它的试验原理是:气流经气体加热器加热后,进入磁控等离子体试验段,与等离子体反应器中的电离气体掺混形成导电气体,导电气体在外加强磁场的圆筒中流动时,因其具有一定的电导率,会在圆筒内产生磁流体动力学(MHD)效应,在管内产生额外的压力降。本试验即通过对磁控等离子体压力的测量研究磁场对等离子体动力学特性的影响。

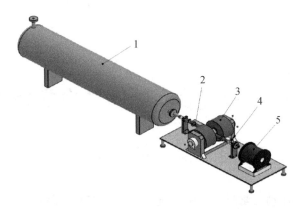

图 4-50 磁控等离子体动力学特性试验系统结构图

1—气体加热器; 2—等离子体反应器; 3—电磁铁; 4—压力传感器; 5—螺线管线圈

### 1. 磁控等离子体试验段设计

试验段为设计为长直圆筒,长度为 1 000 mm,圆截面直径为 30 mm,壁厚度为 5 mm,其结构图如图 4-51 所示。磁控等离子体试验段承受高温、强磁场、强放电的试验环境,需要满足以下需求:能在 25~200 ℃内进行磁控等离子体效应试验测量;等离子体等产生和持续时间稳定可控;气流压力的变化可测。

图 4-51 磁控等离子体试验段结构

1—电极接线固定环; 2—高压电极; 3—金属网压环;

4—金属网; 5—高压接线柱; 6—压力传感器接口

(1)等离子体反应器。为了在试验段中产生等离子体,提出了利用介质阻挡放电的方式在圆筒内部产生等离子体,借鉴放电等离子体的产生原理及一般

DBD 等离子体激励器电极-绝缘介质-电极的结构形式,设计了圆筒结构的介质阻挡放电等离子体反应器,如图 4 - 52 所示,等离子体激励区间的内外层均为金属网,以金属网作为电极,内外层金属网在高压电产生的强电场作用下,对中间层的绝缘介质放电,击穿空气形成大范围的放电等离子体。考虑到介质阻挡放电时产生会产生较高的焦耳热、电离气体的腐蚀作用以及试验段所处的强电磁场环境,圆筒材料选择具有耐高温、耐腐蚀性好的刚玉管,另外在高压电极表面贴附耐高温绝缘的固定环,防止电极边缘产生放电。

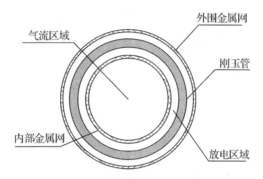

图 4 - 52　等离子体反应器内部结构

高压接线柱连接等离子体激励电源,选用适用于实验室环境的 CTE - 2000K 型低温等离子体电源,如图 4 - 53 所示,该电源的输出电压波形为正弦波,工作频率为 5～20 kHz。

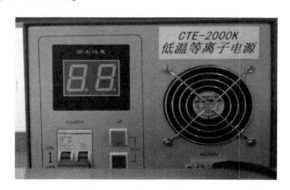

图 4 - 53　等离子体电源

(2)压力传感器。压力测量的目标是获取圆筒内气流压力的变化,试验段气流的压力变化主要包括气体流动时的流体动力学压降和由等离子体受磁场作用而引起的额外压降。由于测量的环境为高温(0～200 ℃)、强磁场(0～0.5 T),且待测量压力值较小,因此经过广泛的市场调研,最终采用 DPSN1 型数显压力传感器(见图4-54)测量气体压力的变化。传感器的量程为[-100,100]，单位为kPa，表头精度为0.05%，量测误差为2%，温度误差为3%，重复精度0.2%。考虑到由于试验段磁场源的设置位置，不利于传感器的安放，因此将测量点设计在试验段的末端。

图4-54　数显式压力传感器

## 2.气体加热器设计

由于金属网与管壁之间的介质阻挡放电会产生很高的焦耳热，导致放电时的气体温度会明显高于不放电时的气体温度。为消除由放电产生的温度误差，需要对气体进行加热保温处理，因此需要在圆筒入口前端设置气体加热器，用于对温度进行控制和测量。

为了能够时刻监测圆筒内的气体温度，对气体加热器进行设计时，将其划分为两大部分，分别是本体和控制系统。气体加热器本体包括发热原件、保温棉、导流板进、出气口等，发热原件采用耐高温电阻合金丝，如图4-55所示。控制部分包括控制电路和对温度进行测量的热电偶，可根据设定温度和测量温度对气体进行相应的加热或保温处理。

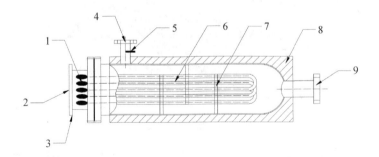

图4-55　气体加热器结构图

1—测温点；　2—接线盒；　3—截线孔；　4—进气口；　5—测温点；
6—加热元件；　7—导流板；　8—保温棉；　9—出气口

### 3. 磁场源设计

(1) 磁场源的选择。磁场源是磁控等离子体圆筒动力学特性试验的关键部分,试验段中需要在等离子体激励区间有垂直于气体来流方向的横向磁场和与来流方向平行的纵向磁场,相关的磁场源有超导磁体、常导磁体及永久磁体。超导磁体能产生稳定的强磁场,但成本太高;永久磁体磁场具有较高的稳定性,但缺乏对磁场环境的控制;常导磁体具有性能稳定、场强可控的特点,本试验采用普通的常导线圈磁体即可满足磁场环境的要求。磁场源的设置位置如图 4 - 56 所示。

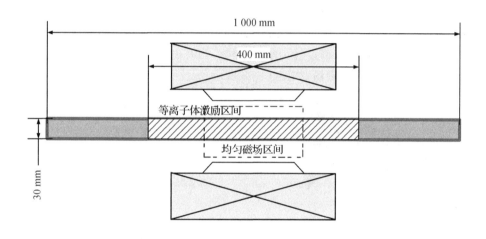

图 4 - 56　磁场源位置示意图

为了在试验段产生可控的横向及纵向磁场,结合本磁控等离子体试验段的长直圆筒结构,提出了两种线圈结构的磁场源,分别为产生均匀垂直圆筒轴线磁场的线圈型电磁铁和产生均匀平行磁场的螺线管线圈。线圈型电磁铁由线包、轭铁、铁芯(极柱)、极头等组成的闭合磁路,如图 4 - 57 所示。通电的导线绕组(线圈)能产生一定的磁场,铁芯在外部线圈磁场的作用下,其内部的排列不规则的铁磁性金属原子重新规则排列,共同指向一个方向,从而被磁化,增加了磁通,所以在铁芯、轭铁和气隙间就产生了数量可观的磁通,当控制电源电流变化时,极头间气隙中形成可控的高强度磁场。

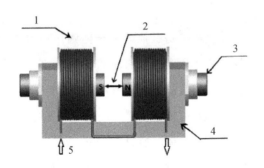

图 4 - 57　线圈型电磁铁结构图

1—线包；　2—磁场间隙；　3—极柱；　4—轭铁；　5—电流入口

螺线管线圈由导线经过多重卷绕而成，卷绕内部可以是空心的，或者套入一个金属芯增加磁通，本试验由于需要将试验段刚玉管及等离子体反应器套入螺线管内部，因此螺线管内部设计为空心结构。当有电流通过导线时，螺线管内部会产生均匀的轴线方向磁场，如图 4 - 58 所示。

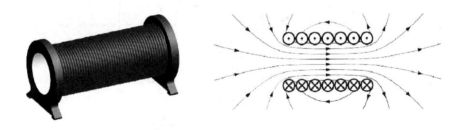

图 4 - 58　螺线管线圈结构简图及磁场分布

（2）线圈设计。为了在试验中能有较好的磁流体动力学效应，要求等离子体激励区间的磁场强度尽可能高。考虑到试验段等离子体反应器及刚玉管的几何尺寸，目前市面上没有成型的电磁铁和螺线管线圈满足本试验对磁场的需求，因此，有必要磁场源进行分析和设计，以满足试验的需求。

图 4 - 59 所示为多匝线圈的结构简图，考虑恒稳条件下线圈结构内部的磁场分布，根据毕奥-沙伐尔定律，其中单个载流圆环在空间任意点 $P$ 所产生的磁场为

$$\boldsymbol{B} = \frac{\mu_0}{4\pi} \oint \frac{I \mathrm{d}\boldsymbol{l} \times \boldsymbol{R}}{R^3} \tag{4.46}$$

式中：$I \mathrm{d}\boldsymbol{l}$ 为圆环电流元；$\boldsymbol{R}$ 为从电流元指点 $P$ 的矢量；$R$ 为电流元与点 $P$ 间的距离；$\mu_0$ 为真空磁导率；$\boldsymbol{B}$ 为磁感应强度；$I$ 为线圈中的电流。

由于线圈是多重卷绕的导线,当忽略电流的螺旋性以及线间距离时,可视为多个载流圆环的叠加。设线圈长度为 $2l$ ,线圈的匝数为 $n$ 匝,则任意点 $P$ 产生的磁场为

$$\boldsymbol{B} = \frac{n\mu_0}{4\pi} \int_{-l}^{l} \mathrm{d}z \oint \frac{I\,\mathrm{d}\boldsymbol{l} \times \boldsymbol{R}}{R^3} \tag{4.47}$$

对于 $Oxyz$ 坐标系,螺线管在点 $P$ 产生的磁感强度为

$$\boldsymbol{B} = \frac{\mu_0 n I a}{4\pi} \int_{-l}^{l} \int_{0}^{2\pi} \frac{[(z_p - z)\cos\varphi\,\boldsymbol{i} + (z_p - z)\sin\varphi\,\boldsymbol{j} + (a - x_p\cos\varphi)\,\boldsymbol{k}]\mathrm{d}\varphi\,\mathrm{d}z}{\sqrt{(a^2 + r^2 - 2ax_p\cos\varphi)^3}} \tag{4.48}$$

其中线圈轴线处的磁场为

$$B_{z_p} = \frac{\mu_0 n I a}{4\pi} \int_{-l}^{l} \mathrm{d}z \int_{0}^{2\pi} \frac{a\,\mathrm{d}\varphi}{\sqrt{[a^2 + (z_p - z)^2]^3}} \tag{4.49}$$

考虑线圈的缠绕匝数、层数等结构参数,如图 4 - 60 所示,线圈半径为 $a$ ,厚度为 $b$ ,长为 $L$ 。设线圈的平均电流密度为 $J$ ,导线截面积为 $S$ ,则通电线圈在 $z$ 轴上的表达式为

$$B(0, Z) = \frac{2\pi}{10^4} a J \left[ (z + \beta)\ln \frac{\alpha + \sqrt{\alpha^2 + (z + \beta)^2}}{1 + \sqrt{1 + (z + \beta)^2}} - \right.$$

$$\left. (z - \beta)\ln \frac{\alpha + \sqrt{\alpha^2 + (z - \beta)^2}}{1 + \sqrt{1 + (z - \beta)^2}} \right] \tag{4.50}$$

式中, $\alpha = \dfrac{a + b}{a}, \beta = \dfrac{L}{2a}, z = \dfrac{Z}{a}$ 。

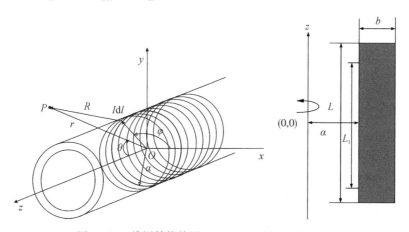

图 4 - 59 线圈结构简图　　　　图 4 - 60 多匝线圈半截面图

考虑线圈的层数和长度方向的匝数,取层数 $n = 20$ ,匝数 $N = 120$ ,电流 $I =$

10 A，$L=400$ mm，$a=20$ mm，编写 MATLAB 程序进行计算，所得线圈轴向、径向磁场变化曲线如图 4-61 所示。

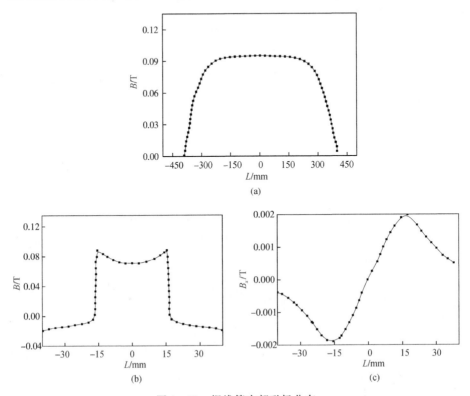

图 4-61 螺线管内部磁场分布

(a) $B_z$ 随 $z$ 的变化曲线； (b) $B_z$ 沿直径的变化情况； (c) $B_x$ 沿直径的变化情况

从计算结果中可以看出，线圈轴线处的磁场强度在螺线管中部[-200,200]范围内基本保持均匀恒定的，且关于 $z=0$ 平面对称，在 $z=0$ 处最强，在线圈长度范围外的两端边界上，磁场强度变化幅度很大，且迅速衰减；在其中部范围形成了沿轴向均匀的磁场，且径向磁场远远小于轴向磁场。表明线圈满足试验大范围、高均匀度磁场的要求。

结合上述的线圈磁场分析，对线圈磁体进行设计，线圈选择铜（Copper）作为导线材料，线圈磁体内电阻值可以通过选用不同的铜导线规格和长度来进行调节，在稳恒电流情况下，铜导线长期工况下安全的电流密度值为 $3\sim10$ A/mm²，而在短期工作下，铜导线可以承载更大的电负荷，达到长期工作的 10 倍，因此，铜导线截面积取 6 mm² 时即可满足要求。对于线圈型电磁铁，线圈的设计参数为：漆包铜导线截面积 6.76 mm²，线包厚度 250 mm，线包直径 100 mm，轭铁采用高导磁性材料。螺线管线圈的设计参数为：长度 400 mm，外径 250 mm，内径 40 mm。

## 4.3.2  圆筒内低流速磁控等离子体压力测量

磁控等离子体动力学特性试验系统实物如图 4-62 所示，两种磁场源的设置位置如图 4-63 和图 4-64 所示。本章只进行低速条件下的磁控等离子体压力测量。为了分析不同因素对磁控等离子体力的影响，试验中还需测量的量主要有气体的进气流量、磁场的强度以及气体温度。进气流量采用电磁流量计进行测量。

图 4-62  磁控等离子体动力学特性试验系统实物图

图 4-63  电磁铁及设置位置

图 4-64  螺线管线圈设置位置

**1. 试验测量**

(1)磁场源性能测试。确定磁场源在各工作电流下的磁场强度，对于试验中压力的测量和数值计算是必需的,因此在试验前首先对磁场源的场强进行测量,以确定两点:在各工作电流下,磁场均匀段的最大场强,以及磁场强度在空间的分布。测量磁场采用的三维数显式霍尔磁力计、磁场源的电源如图 4-65~图 4-67所示,工作电流在 0~10 A 之间。经过对磁场源的磁场测量,得到了磁场强度沿磁场源轴向的分布曲线,以及磁场强度随电流的变化关系,如图 4-68~图 4-71 所示。

图 4-65 三维数显式霍尔磁力计

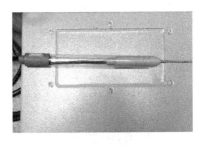

图 4-66 霍尔磁力计探头

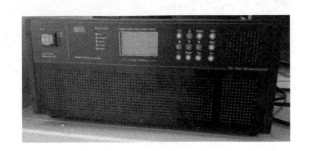

图 4-67 程控直流电流源

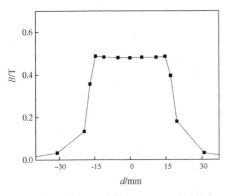

图 4-68 电磁铁两极头之间的磁场分布

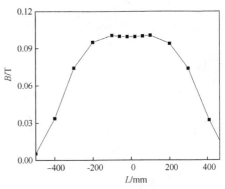

图 4-69 螺线管线圈内部磁场分布

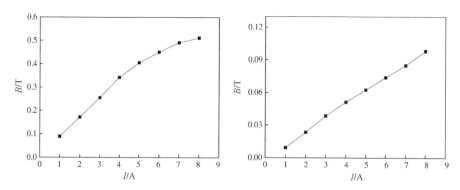

图 4-70　电磁铁场强随电流的变化情况　图 4-71　螺线管线圈场强随电流的变化情况

　　根据磁场的设置位置,电磁铁的匀强磁场段对应等离子体激励区间中部的 200 mm 范围,磁场间隙设置为 40 mm,螺线管线圈的均匀段长度为 400 mm。测量磁场时,电流从 1 A 开始,每次测量电流以 1 A 递增,当工作电流为 8 A 时,测得的电磁铁最大磁场强度约为 0.511 T,螺线管线圈的最大场强约为 0.098 T。

　　(2)温度的控制。温度的测量采用的是热电偶,由于来流气体的温度经过气体加热器后具有较高的温度,并且介质阻挡放电产生的焦耳热也比较大,而较高的温度容易烧坏电磁铁或压力传感器,影响其工作性能,因此设计单次试验时间不超过 2 min。在试验段入口前端布置了控温热电偶,时刻监测圆筒内的气体温度,如图 4-72 所示。当温度高于 200 ℃时,关闭气体加热器和等离子体电源,防止其过热烧坏磁场源和压力传感器。

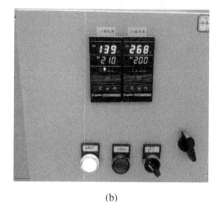

(a)　　　　　　　　　　　　　　　　(b)

图 4-72　温度的控制
(a)试验段入口测温热电偶；(b)温度程控面板

　　(3)压力测量。由磁场性能测试可知,电磁铁性能比较稳定且可靠,等离子体反应器区间磁场均匀度较高,选择不同的磁场工况进行压力测量,控制工作电流分别为 0 A、1 A、2 A、4 A、8 A,此时电磁铁对应的磁场强度分别为 0 T、0.089 T、0.171 T、0.324 T、0.511 T,螺线管线圈对应为 0 T、0.009 T、0.023 T、0.049 T、0.098 T。测量前先将电流固定在某一数值,通过调气压泵阀门,控制气体流量,测量各流量下的压力数据;测完一组后,将电流调节至下一值,重复第压力测量,直至完成所有试验。

2. 结果分析

不同磁场和不同流量工况下的压力测量结果见表 4 - 9、表 4 - 10。

表 4 - 9　线圈型电磁铁磁场环境时的试验结果

| 流量/(L·min⁻¹) | 压力/kPa | | | | |
|---|---|---|---|---|---|
| | 0 T | 0.089 T | 0.171 T | 0.324 T | 0.511 T |
| 50 | 1.2 | 1.2 | 1.1 | 1.1 | 1.0 |
| 100 | 1.8 | 1.8 | 1.7 | 1.7 | 1.6 |
| 180 | 3.9 | 3.7 | 3.6 | 3.4 | 3.2 |
| 280 | 5.5 | 5.5 | 5.4 | 4.8 | 4.5 |
| 350 | 6.7 | 6.4 | 6.2 | 5.9 | 5.6 |

表 4 - 10　螺线管线圈磁场环境时的试验结果

| 流量/(L·min⁻¹) | 压力/kPa | | | | |
|---|---|---|---|---|---|
| | 0 T | 0.009 T | 0.023 T | 0.049 T | 0.098 T |
| 50 | 1.2 | 1.2 | 1.2 | 1.2 | 1.2 |
| 100 | 1.8 | 1.8 | 1.8 | 1.8 | 1.8 |
| 180 | 3.9 | 3.9 | 3.9 | 3.9 | 3.9 |
| 280 | 5.5 | 5.5 | 5.5 | 5.5 | 5.4 |
| 350 | 6.7 | 6.7 | 6.7 | 6.6 | 6.5 |

由表 4 - 9 可以看出,在各不同流速条件下,压力均随着电磁铁磁场强度的增大而减小,这与前文的数值模拟规律相符,此外,随着流量的增加,出口的压降更加明显。从表 4 - 10 可以看出,相比于电磁铁磁场的作用,螺线管线圈条件下的压力几乎没有变化。原因可能是磁控等离子体对平行圆筒轴线的磁场强

度要求较高,本试验受试验条件的限制,磁场源不能设计得太大,因此磁场强度相对较小,此外气体的流速和介质阻挡放电等离子体的电导率相对也比较低,导致螺线管线圈磁场的作用效果较弱。

为了与数值模拟结果进行对比分析,对相同条件下的磁控等离子体圆筒流动进行了数值模拟,物理模型为直径 30 mm、长 1 000 mm 的中空圆筒,为模拟介质阻挡放电产生的等离子体,圆筒采用三层结构,最外层为固体壁面,入口中心层是高温气体,在高温气体和固体壁面间流动的是等离子体,为满足黏性边界层的要求对壁面附近的网格进行了加密。计算模型采用非均匀结构网格,总网格数约为 52 万,如图 4-73 所示。计算参数见表 4-11。

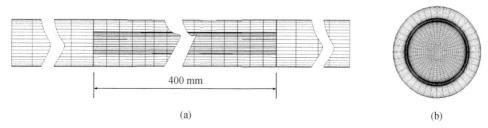

400 mm

(a)

(b)

图 4-73　结构化网格

(a)等离子体激励区间截面;　(b)激励区间横截面网格

表 4-11　磁控等离子体试验段计算参数

| 参　　数 | 数　　值 | |
| --- | --- | --- |
| 均匀段磁场强度 | 电磁铁 | 螺线管线圈 |
| | 0.1~0.511 T | 0~0.098 T |
| 等离子体的动力黏度 | $1.79 \times 10^{-5}$ Pa·s | |
| 圆筒几何尺寸 | 30 mm | |
| 等离子体电导率 | 230 S/m | |
| 磁场均匀段长度 | 200 mm | |
| 气体温度 | 573.15 K | |
| 进气流量 | 0~350 L/min | |

由于在进行圆筒内磁控等离子体压力测量时考虑的不同流量和磁场工况较多,因此仅选取了其中的几组流量(50 L/min、100 L/min、150 L/min、200 L/min、250 L/min、300 L/min、350 L/min)和磁场(0 T、0.1 T、0.2 T、0.3 T、0.4 T、0.5 T)进行数值模拟。模型的数值模拟结果如图 4-74 所示,由于磁场的作用,使圆筒入口处气流的压力上升,而出口处的压力下降,且幅度随着

磁场强度的提高而增大。产生这一现象的原因可能是：洛伦兹力体积力的拖拽作用使气流压力梯度增大；介质阻挡放电产生的等离子体减小了气流与壁面的摩擦；磁场抑制了等离子体的湍流强度，使其有向层流发展的趋势。

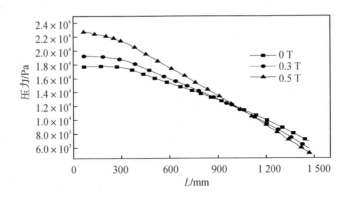

图 4-74　横向磁场条件下来流方向气体的压力变化

图 4-75、图 4-76 为出口压力随磁场强度和进气流量之间的关系，其中图 4-76 的外加磁场强度为 0.5 T。从图可以看出，出口压力随着磁场的增加而减小，数值模拟得到的压力曲线沿轴向减小，在磁场强度为 0.5 T 时，减压效果约为 16.4%，测量的压力值随流量的变化趋势与数值结果一致性较好。不同流量的测量值与计算值相对误差在 5.5%～9.4% 之间，推测原因可能是：模型对温度场、磁场、流场等多场耦合的复杂流动计算产生的误差；实际磁场在均匀区外散度和梯度以及介质阻挡放电导致的局部流场温升和压升使压力测量值出现偏差；仿真模型对试验段进行了简化处理，忽略了圆筒连接处的结构变化。

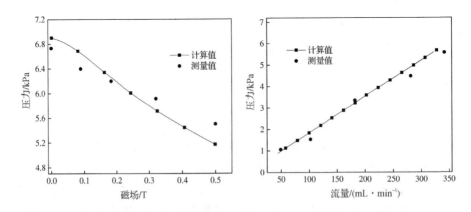

图 4-75　出口压力随磁场强度的变化关系　　图 4-76　出口压力随流量的变化关系

3. **误差分析**

误差定义为测量值与数值模拟值之间的差,按照形式分类,误差可分为绝对误差和相对误差;按照性质分类,误差可分为系统误差、随机误差以及过失误差。根据本章的试验方法和试验设备,在试验过程中,测量误差来源主要包括以下几点:

(1)磁场测量误差。对磁控等离子体流动进行数值模拟时,磁场设定为均匀段磁场测量强度的平均值,磁场强度的测量采用霍尔磁力计,磁力计在试验前经过标定,量测精度为 0.25%,测量得到的磁场均匀度在 1.5% 以内,因而可认为磁场测量导致的计算误差较小。

(2)压力测量误差。由于试验的压力值变化较小,增加了测量难度,造成一定的误差。试验采用的数显式压力传感器,适用最高介质温度为 100 ℃,其表头精度为 0.05%,量程为 −100 ～ 100 kPa,量测误差为 2%,重复精度 0.2%,压力传感器受温度影响产生的温度误差为 3%。

(3)流量测量误差。试验段气体的平均流速可以通过进气流量和圆筒截面积计算得到,而气体流速的大小和精度将直接影响圆筒压力计算值的大小和精度。因此,流量测量值的误差将直接影响到压力测量值与计算值之间的误差大小。试验采用的电磁流量计在试验前经过标定,精度为 5%。

(4)等离子体电导率误差。等离子体激励器试验前经过标定,在常温常压介质为空气的条件下,电导率为 200 ～ 500 S/m 之间,气体电导率主要由生成的等离子体的密度决定,而生成的等离子体的密度与放电电压和放电电流有关。总体上介质阻挡放电等离子体的性能稳定,对试验的影响较小。

综上可知,试验测量误差主要在于压力的测量和进气流量的测量误差,本试验的温度和介质阻挡放电功率对试验误差影响较小,磁场测量导致的误差在 ±1.5% 以内。

# 第5章  磁约束等离子体增力效应

## 5.1  概  述

常规火炮发射时高温高压火药气体膨胀推动弹丸向前运动,当气体沿着身管的定向流动速度大于声速时,气体在膛内产生激波,气体的密度、温度在激波处大幅增加,导致气体将动能转化为热能,气体动能减少,运动速度下降,弹丸的推进力大幅减小,这就是常规火炮初速难以超过 2 000 m/s 的主要原因。

对于磁化等离子体火炮,提高弹丸推力可以从两方面分析。

一方面,由气体的能量方程:

$$m_a\,n_0\,\frac{\mathrm{d}}{\mathrm{d}t}\left(k\,T_0+\frac{V_0^2}{2}\right)=\nabla\,(\boldsymbol{P}\cdot\boldsymbol{V}_0)-\nabla\boldsymbol{\Gamma}_H \tag{5.1}$$

式中:$m_a$ 为气体分子平均质量;$V_0$ 为气体分子轴向流动平均速度;$\boldsymbol{\Gamma}_H$ 为气体向身管传递的热流量。

由式(5.1)可知,气体的能量包括热能和动能,与外力挤压气体做功的功率成正比,与气体向外传递的热量成反比。磁化等离子体鞘层的隔热效应,使得火药气体向身管壁传递的热量下降,损失的热能减少,因而气体的动能相对增加,弹丸推力得以提高。

另外,高温高压火药气体在身管中沿轴向高速喷射,推动弹丸高速运动。高温高压火药气体的速度越快,对弹丸的推力越大,也就是说气体动能与高温高压火药气体对弹丸推力成正比。推力为

$$F=S\,n_0\,m_a\,V_0^2 \tag{5.2}$$

式中:$S$ 表示身管的截面积;$n_0$ 是高温气体的密度;$m_a$ 是气体分子的平均质量;$V_0$ 是高温气体定向流速度。身管中高温气体中的声速 $C_S$ 一般约为 330 m/s,当气体定向流速度与声速之比 $V_0/C_S$ 过高时,身管中定向流气体会出现激波,气体将定向动能转化为气体的热能,降低高温气体对炮弹的推力。而在

磁化等离子体中,气体动力学的马赫数变为磁流体的磁马赫数,即 $Ma = V_0/V_m$ ,其中 $V_m$ 是磁流体的磁声速。

对于磁化等离子体火炮,高温高压火药气体的电离以及轴向磁场的存在,使得气体表现出磁流体特性。火炮身管内磁流体的磁声速为

$$V_m = \sqrt{C_S^2 + V_A^2} \tag{5.3}$$

$$V_A = \sqrt{\frac{B^2}{\mu_0 \rho}} \tag{5.4}$$

式中: $V_m$ 为磁流体的磁声速; $V_A$ 为磁流体的阿尔芬波速度; $\rho$ 为磁流体质量密度。

由于 $V_m$ 比 $C_S$ 大,所以磁流体的磁马赫数比一般马赫数小,身管中不易产生激波,火药气体热化效率降低,气体动能相对增加,火药气体对弹丸的推力得以提高。

# 5.2　磁约束等离子体增力效应模型构建

目前,描述等离子体运动的方法主要有单粒子轨道描述法、磁流体动力学理论(MHD)描述法、统计描述法、粒子模拟法四种。单粒子轨道描述法不考虑粒子间的相互作用,视等离子体为理想气体;统计描述法则是通过动理学方程的求解得到粒子的分布函数;粒子模拟法是需要追踪每个带电粒子的运动,目前计算机的性能还无法达到要求;而 MHD 描述法着重于等离子体的整体行为,从宏观上对导电流体与磁场的相互作用进行研究,能准确描述等离子体流场压力、速度等宏观量且计算开销较小。因此,可将磁约束下的火药燃气视作磁流体,采用MHD 进行数值模拟。

已知火药燃烧型等离子体有一定的导电性,具备导电气体的性质。因此,MHD 描述法可将火药燃烧型等离子体视作导电气体,运用磁流体动力学理论对其进行分析研究,其数值计算模型也称为磁控等离子体流体动力学模型或磁流体动力学模型。

磁流体动力学融合了流体力学和电磁学理论,通过耦合求解控制等离子体运动的流体力学方程和电磁控制方程,研究等离子体中流场和电磁场的相互作用规律,如图 5-1 所示。火药燃烧型等离子体在磁约束条件下流动会感应出诱导电流,该诱导电流与磁场相互作用将在气体内部产生两个效应:一是诱导电流在磁场作用下产生电磁力(洛伦兹力),电磁力将对等离子体的原始流动施加相应的干扰,同时也会造成焦耳加热和熵的输运,进而影响等离子体的流动特性;

二是由诱导电流感生的诱导磁场反过来会影响原始外加磁场,并对其空间分布产生扰动。

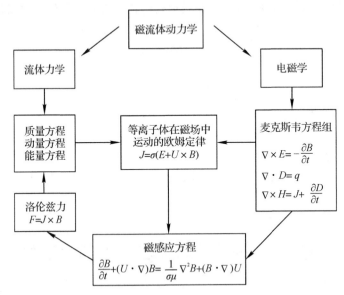

图 5-1　等离子体流场与电磁场的相互作用关系图

## 5.2.1　基本假设

磁控火药燃烧型等离子体的流动状态十分复杂,除普通气体的流动行为外,还具有导电气体与电磁运动的特性。并且,全 MHD 方程组未知数众多,具有强烈的非线性,数值计算难度特别大。因此,针对所研究问题的实际情况,做出如下基本假设:

(1)不考虑电磁介质的各向异性;

(2)等离子体整体上呈电中性,无单独存在的正负电荷;

(3)不考虑霍尔效应、离子滑移效应;

(4)圆筒内火药燃烧型等离子体的流动满足连续介质条件;

(5)只考虑电磁场作用所产生的体积力;

(6)对于火药燃烧型等离子体,其电导率实际上会随着温度和压力而不断变化。为简化计算,忽略相关因素的影响,假设电导率恒定不变;

(7)忽略火药燃烧过程中等离子体参数的变化以及流动过程中等离子体所发生的电离和复合等化学反应,假定等离子体一直保持稳定状态。

　　根据火炮内弹道理论可知,火药燃气的温度一般只有 2 000～3 000 K,受圆筒内流动条件的限制,其热电离形成的等离子体电导率一般是比较低的。即使添加一定的电离种子,管内等离子体流动的磁雷诺数($Rem$)也是远小于 1 的。因此,在圆筒结构内的等离子体流动一般属于低磁雷诺数流动。

　　基于所做的假设,完整的磁控火药燃烧型等离子体流动方程组综合考虑了流场与电磁场之间的耦合作用,主要包括控制等离子体运动的流体力学方程和相关的电磁控制方程。其中,电磁场对等离子体的影响主要是通过在经典 N - S(Navier - Stokes)方程的基础上添加电磁力、焦耳热等 MHD 源项来体现,而等离子体流场对电磁场的反作用主要是通过电磁方程来反映。

　　MHD 连续性方程:

$$\frac{\partial \rho}{\partial t} + \nabla \cdot (\rho \boldsymbol{U}) = 0 \tag{5.5}$$

　　MTD 动量守恒方程:

$$\frac{\partial}{\partial t}(\rho \boldsymbol{U}) + \nabla \cdot (\rho \boldsymbol{U}\boldsymbol{U}) = -\nabla p + \nabla \cdot \tau + \boldsymbol{J} \times \boldsymbol{B} \tag{5.6}$$

式中:$\boldsymbol{U}$ 为等离子体流动速度,m/s;$\tau$ 为切应力张量;$\boldsymbol{J}$ 为电流密度,A/m$^2$;$\boldsymbol{B}$ 为磁感应强度,T,包括外部所施加的磁场 $B_0$ 和等离子体内部由于运动所感生的诱导磁场 $b$ 两部分;$\boldsymbol{J} \times \boldsymbol{B}$ 为等离子体内部感应电流在磁场作用下所受的洛伦兹体积力。

　　为使洛伦兹体积力的物理意义更明确,可将其表示为梯度项与有旋项两项之和,有

$$\boldsymbol{J} \times \boldsymbol{B} = -\nabla \left( \frac{\boldsymbol{B}^2}{2\mu_{\mathrm{m}}} \right) + (\boldsymbol{B} \cdot \nabla) \frac{\boldsymbol{B}}{\mu_{\mathrm{m}}} \tag{5.7}$$

式中,前一项表示磁压力项,后一项代表在导电气体流动中所引起的力。

　　MTD 能量守恒方程:

$$\rho C_p \frac{\partial T}{\partial t} + \rho C_p (\boldsymbol{U} \cdot \nabla) T = \nabla \cdot \left[ \lambda \left( 1 + \frac{\mu_t}{\mu Pr_t} Pr \right) \nabla T \right] + \frac{J^2}{\sigma} \tag{5.8}$$

　　方程中的湍流黏性项 $\mu_t$ 和焦耳热源项 $J^2/\sigma$ 反映了电磁场对流体能量的影响。其中

$$\mu_t = \rho C_\mu \frac{k^2}{\varepsilon} \tag{5.9}$$

　　可看出湍流黏性 $\mu_t$ 主要取决于湍流动能和湍流耗散率;在研究时,可取湍流普朗特数 $Pr_t = 1$。

　　电磁方程主要包括麦克斯韦方程组和简化广义欧姆定律(忽略 Hall 效应)。

　　麦克斯韦方程组:

$$\left.\begin{array}{c}\nabla\times \boldsymbol{H}=\boldsymbol{J}+\dfrac{\partial \boldsymbol{D}}{\partial t}\\[2mm]\nabla\times \boldsymbol{E}=-\dfrac{\partial \boldsymbol{B}}{\partial t}\\[2mm]\nabla\cdot \boldsymbol{B}=0\\[2mm]\nabla\cdot \boldsymbol{D}=q\\[2mm]\boldsymbol{D}=\varepsilon \boldsymbol{E}\\[2mm]\boldsymbol{H}=\dfrac{1}{\mu_{\mathrm{m}}}\boldsymbol{B}\end{array}\right\} \tag{5.10}$$

磁控等离子体运动的欧姆定律为

$$\boldsymbol{J}=\sigma(\boldsymbol{E}+\boldsymbol{U}\times \boldsymbol{B}) \tag{5.11}$$

式中：$\sigma$ 为电导率，S/m；$q$ 为电荷密度，C/m³；$\boldsymbol{E}$ 为电场强度，V/m；$\mu_{\mathrm{m}}$ 为磁导率，H/m。

根据以上各方程可知，获得电磁力、焦耳热等 MTD 源项的关键在于感应电流密度 $\boldsymbol{J}$ 的求解。根据安培关系式，电流密度可通过下式来计算：

$$\boldsymbol{J}=\frac{1}{\mu_{\mathrm{m}}}\nabla\times \boldsymbol{B}=\frac{1}{\mu_{\mathrm{m}}}\nabla\times(\boldsymbol{B}_0+\boldsymbol{b}) \tag{5.12}$$

若外部所加磁场已知且 $\boldsymbol{B}_0$ 为均匀磁场，便只需要获得感应磁场 $\boldsymbol{b}$ 即可。

目前求解感应电流问题的常用数值法有 3 种：感应磁场方程法、电势法和电流法。与电势法和电流法相比，感应磁场方程在形式上与标量输运方程相似，可通过在成熟 CFD 软件中添加 UDS 并调用标量输运方程求解器进行求解，具有实用、收敛快、计算效率高等优点。故选择感应磁场方程法进行求解。

## 5.2.2　感应磁场方程建立与求解

对于磁场中等离子体的流动问题，存在着速度场和电磁场的双向耦合作用。MTD 动量方程中的电磁源项 $\boldsymbol{J}\times \boldsymbol{B}$ 就体现了电磁场对圆筒内流场的扰动，而等离子体流场对电磁场的影响则是通过感应磁场方程中 $\boldsymbol{U}\times \boldsymbol{B}$ 项反映的，其由欧姆定律和 Maxwell 方程组可推导出：

$$\frac{\partial \boldsymbol{B}}{\partial t}-\nabla\times(\boldsymbol{U}\times \boldsymbol{B})-\nabla\times\left(\frac{1}{\mu_{\mathrm{m}}\sigma}\nabla\times \boldsymbol{B}\right)=0 \tag{5.13}$$

在矢量运算中，存在如下恒等式关系：

$$\nabla\times(\nabla\times \boldsymbol{B})=-\nabla^2 B+\nabla(\nabla\cdot \boldsymbol{B}) \tag{5.14}$$

结合磁场高斯定理 $\nabla\cdot \boldsymbol{B}=0$ 和 MTD 连续性方程，式(5.13)可改写为

$$\frac{\partial \boldsymbol{B}}{\partial t} + (\boldsymbol{U} \cdot \nabla) \boldsymbol{B} = \frac{1}{\mu_m \sigma} \nabla^2 \boldsymbol{B} + (\boldsymbol{B} \cdot \nabla) \boldsymbol{U} \tag{5.15}$$

由安倍定律可知,电流密度可通过式(5.12)来计算。因此,求解 $\boldsymbol{J}$ 的关键是计算感应磁场 $b$。而外加磁场 $\boldsymbol{B}_0$ 满足如下方程:

$$\nabla^2 \boldsymbol{B}_0 - \mu_m \sigma' \frac{\partial \boldsymbol{B}_0}{\partial t} = 0 \tag{5.16}$$

其中,$\sigma'$ 为产生磁场 $B_0$ 的媒介电导率。此时,需要考虑非导电媒介和导电媒介两种情况。若为非导电媒介,即 $\sigma' = 0$,磁场 $B_0$ 还满足以下条件:

$$\nabla^2 \boldsymbol{B}_0 = 0 \tag{5.17}$$

$$\nabla \times \boldsymbol{B}_0 = 0 \tag{5.18}$$

此时,感应磁场方程式(5.15)和电流密度 $\boldsymbol{J}$ 的计算公式(5.12)可简化为

$$\frac{\partial \boldsymbol{b}}{\partial t} + (\boldsymbol{U} \cdot \nabla) \boldsymbol{b} = \frac{1}{\mu_m \sigma} \nabla^2 \boldsymbol{b} + ((\boldsymbol{B}_0 + \boldsymbol{b}) \cdot \nabla) \boldsymbol{U} - (\boldsymbol{U} \cdot \nabla) \boldsymbol{B}_0 - \frac{\partial \boldsymbol{B}_0}{\partial t} \tag{5.19}$$

$$\boldsymbol{J} = \frac{1}{\mu_m} \nabla \times \boldsymbol{b} \tag{5.20}$$

若产生磁场 $B_0$ 的媒介可导电,此时式(5.17)和式(5.18)便不再成立。假设媒介的电导率与流体的电导率相同,即 $\sigma' = \sigma$,感应磁场方程式(5.15)和电流密度 $\boldsymbol{J}$ 的计算公式(5.12)可写为

$$\frac{\partial \boldsymbol{b}}{\partial t} + (\boldsymbol{U} \cdot \nabla) \boldsymbol{b} = \frac{1}{\mu_m \sigma} \nabla^2 \boldsymbol{b} + ((\boldsymbol{B}_0 + \boldsymbol{b}) \cdot \nabla) \boldsymbol{U} - (\boldsymbol{U} \cdot \nabla) \boldsymbol{B}_0 \tag{5.21}$$

$$\boldsymbol{J} = \frac{1}{\mu_m} \nabla \times (\boldsymbol{B}_0 + \boldsymbol{b}) \tag{5.22}$$

针对实际问题,湍流模型选取了适合模拟低磁雷诺数流动的 RNG $k$-$\varepsilon$ 模型。此外,为了充分考虑电磁场对湍流的扰动,在 RNG $k$-$\varepsilon$ 模型中分别加入了反映电磁作用的修正项。因此,带电磁修正项的 $k$-$\varepsilon$ 方程可表示为

$$\rho \frac{\partial k}{\partial t} + \rho (\boldsymbol{U} \cdot \nabla) k = \nabla \cdot \left[ \left( \mu + \frac{\mu_t}{Pr_k} \right) \nabla k \right] + G_k - \rho \varepsilon - Y_M - \varepsilon_{em}^k \tag{5.23}$$

$$\rho \frac{\partial \varepsilon}{\partial t} + \rho (\boldsymbol{U} \cdot \nabla) \varepsilon = \nabla \cdot \left[ \left( \mu + \frac{\mu_t}{Pr_\varepsilon} \right) \nabla \varepsilon \right] + C_1 \frac{\varepsilon}{k} G_k - C_2 \rho \frac{\varepsilon^2}{k} - \varepsilon_{em}^\varepsilon \tag{5.24}$$

其中,湍流黏性系数 $\mu_t$ 的计算公式为

$$\mu_t = \rho C_\mu \frac{k^2}{\varepsilon} \tag{5.25}$$

湍流动能项 $G_k$ 的产生是由于流场中存在着速度梯度,经 Boussinesq 假设

后其计算公式为

$$G_k = \mu_t S^2 \tag{5.26}$$

并且系数 $S$ 有

$$S \equiv \sqrt{2 S_{ij} S_{ij}} \tag{5.27}$$

$k$ 方程中 $Y_M$ 项体现了流体可压缩性对湍流的影响。若流体不可压缩，$Y_M = 0$；若流体可压缩，采用 Sarkar 给出的计算公式：

$$Y_M = 2\rho\varepsilon M_t^2 \tag{5.28}$$

由于电磁场作用所产生的湍流修正项 $\varepsilon_{em}^k$、$\varepsilon_{em}^\varepsilon$ 的计算公式为

$$\varepsilon_{em}^k = -C_3 \sigma B_0^2 k \tag{5.29}$$

$$\varepsilon_{em}^\varepsilon = -C_4 \sigma B_0^2 \varepsilon \tag{5.30}$$

此外，对于磁控火药燃烧型等离子体在圆筒内的流动，根据经验基于 $k$、$\varepsilon$ 的湍流普朗特数 $Pr_k$、$Pr_\varepsilon$ 可分别取值为 1.0、1.3；湍流方程中常量 $C_1$、$C_2$、$C_3$、$C_4$ 分别取值为 1.5、1.9、0.5、0.1。

显然，$k$-$\varepsilon$ 方程、感应磁场方程、含 MHD 源项的 N-S 方程在形式上与通用标量输运方程极为相似，不同之处仅在于各自变量及其相对应的源项。通用标量输运方程见下式。因此，可通过添加 UDS、调用标量输运方程求解器进行计算。

$$\frac{\partial}{\partial t}(\rho\Phi) + (\boldsymbol{U} \cdot \nabla)(\rho\Phi) = \nabla \cdot (\Gamma \nabla\Phi) + S(\Phi) \tag{5.31}$$

式中：各项依次分别代表瞬态项、对流项、扩散项及源项；$\Phi$ 是可表示 $u$、$v$、$w$、$k$、$\varepsilon$、$b_x$、$b_y$、$b_z$ 等标量的通用变量；$S(\Phi)$ 表示不同变量 $\Phi$ 所对应的源项；$\Gamma$ 为扩散系数。对于磁控火药燃烧型等离子体的流动，其各控制方程中 $\Phi$、$\Gamma$ 及 $S(\Phi)$ 的取值（在直角坐标下）见表 5-1。其中，$b_i$、$u_i$ 分别表示感应磁场、速度在 $x$、$y$、$z$ 三个方向上的分量；动量方程中，体积力 $F_i$ 表示洛伦兹力 $\boldsymbol{J} \times \boldsymbol{B}$ 在三个方向上的分量。

**表 5-1　磁控火药燃烧型等离子体控制方程**

| 输运方程 | 变量 $\Phi$ | 扩散系数 $\Gamma$ | 源项 $S(\Phi)$ |
|---|---|---|---|
| 连续方程 | 1 | 0 | 0 |
| 动量方程 | $u_i$ | $u_{eff} = \mu + \mu_t$ | $-\dfrac{\partial p}{\partial x_i} + \sum \dfrac{\partial}{\partial x_i}\left\lvert \mu_{eff} \dfrac{\partial u_j}{\partial x_i} \right\rvert + F$ |
| 湍动能方程 | $k$ | $\mu + \dfrac{\mu_t}{Pr_k}$ | $G_k - \rho\varepsilon - Y_M + \varepsilon_{em}^k$ |

**续表**

| 输运方程 | 变量 $\Phi$ | 扩散系数 $\Gamma$ | 源项 $S(\Phi)$ |
|---|---|---|---|
| 湍动能耗散率方程 | $\varepsilon$ | $\mu + \dfrac{\mu_t}{Pr_\varepsilon}$ | $C_1 \dfrac{\varepsilon}{k} G_k - C_2 \rho \dfrac{\varepsilon}{k} - \varepsilon_{em}^\varepsilon$ |
| 能量方程 | $T$ | $\dfrac{\mu}{Pr} + \dfrac{\mu_t}{Pr_t}$ | $\dfrac{J_x^2 + J_y^2 + J_z^2}{\sigma}$ |
| 感应磁场方程 | $b_i$ | $\dfrac{1}{\sigma \mu_m}$ | $\sum \left( B_j \dfrac{\partial u_i}{\partial x_j} + u_j \dfrac{\partial B_{0i}}{\partial x_j} \right)$ |

## 5.2.3 边界条件

### 1.感应磁场边界条件

对于感应磁场方程见式(5.19)或者式(5.21),其感应磁场的边界条件有

$$\boldsymbol{b} \mid_{\text{boundary}} = (b_n, b_{t1}, b_{t2})^{\mathrm{T}} = \boldsymbol{b}_0 \tag{5.32}$$

$$n \cdot b = 0 \tag{5.33}$$

若研究对象的管壁材料可导电,等离子体与导电壁面交界处的切向电流密度 $J_t = 0$。假设管壁的电导率为 $\sigma_w$,其边界条件可定义为

$$\frac{1}{\mu \sigma} \frac{\partial b}{\partial n} = \frac{1}{\mu_w \sigma_w} \frac{\partial b_w}{\partial n} \tag{5.34}$$

如果管壁材料为非铁磁性,即 $\mu_w = \mu$,则式(5.34)可另表示为

$$\frac{\partial b}{\partial n} = \frac{\sigma}{\sigma_w} \frac{1}{t_w} b \tag{5.35}$$

此外,在使用感应磁场方程法对磁控等离子体在圆筒内的流动进行数值计算时,由于电磁场的存在会导致流场的收敛难度大大增加。为获得可靠的模拟结果和理想的计算精度,磁流体模拟通常需要设置非常小的时间步来确保感应磁场方程和 N-S 方程组全部收敛。对于普通流体,其可根据下式来设置时间步长。

$$\delta_t \leqslant \frac{Re}{2(\Delta x^{-2} + \Delta y^{-2} + \Delta z^{-2})} \tag{5.36}$$

而对于磁流体,则需要采用下式来计算时间步长。

$$\delta_t \leqslant \frac{Re}{2(\Delta x^{-2} + \Delta y^{-2} + \Delta z^{-2}) + \dfrac{1}{4} Re N} \tag{5.37}$$

### 2.计算模型与边界条件

为研究圆筒中磁控火药燃烧型等离子体的流动特性,在考虑火炮身管结构

特点的基础上,选取出口直径为 125 mm 的圆筒结构作为研究对象,物理模型如图 5-2 所示。其最外层是圆筒筒壁,材料为炮钢;筒内为流体区域,流动介质为等离子体(部分电离的火药燃气),入口在 $yOz$ 平面上,沿 $x$ 正方向流动。在本书的研究问题中,导电筒壁具有一定的厚度,且会在很大程度上影响等离子体与壁面间的电磁作用;同时等离子体的对流换热与固体壁导热之间还存在着相互耦合作用。因此,求解区域既包括内部流体计算域,也包括圆筒筒壁固体计算域。

图 5-2　物理模型

考虑火药燃烧型等离子体的特性以及火炮发射过程中火药燃气流动的特点,数值计算过程中采用速度进口、压力出口边界条件,等离子体流入的初始速度为 1 000 m/s,初始温度为 3 000 K;出口温度为 1 000 K、压力为 0.1 MPa;炮钢材料的磁导率为 $4\pi\times10^{-7}$ H/m。

等离子体在圆筒内的流动属于黏性流动,故壁面处剪切边界条件为无滑移,其速度满足

$$u=0, \quad v=0, \quad w=0 \tag{5.38}$$

热边界条件为对流热传导,热传导系数为 10 W/$(\text{m}^2 \cdot \text{K})$,自由流温度为 300 K。

良好的网格是离散计算域、求解控制方程并获得相关物理量空间分布的关键,其质量决定着所求物理量的计算精度。为有效控制网格质量、减小计算量、增加计算速度、保证收敛性,结合圆筒结构的特点,采用代数生成方法对整个计算区域进行了六面体结构化网格划分。由于主要研究磁控火药燃烧型等离子体的高速流动特性,需要对进出口与边界层区域进行较高精度的计算,所以在进口、出口区域进行了网格局部加密,并在壁面附近划分了边界层网格,如图 5-3 所示。经网格无关性验证,当网格数量为 407 900 时计算具有独立解,因此选取

407 900 个网格进行求解。

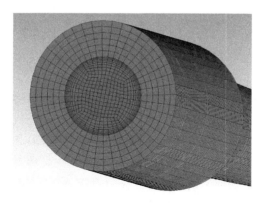

图 5 - 3　结构化网格

　　计算中采用基于压力的显式、非耦合格式。由于实际过程中涉及热量传递、湍流流动,需要加载能量方程以及湍流方程。电磁源项、边界条件、材料属性等通过用户自定义函数(UDF)进行个性化设置,感应磁场方程通过用户自定义标量(UDS)进行添加,采用有限体积法对控制方程进行空间离散。由于需要求解强烈耦合的 MHD 方程组,故采用 SIMPLE 压力-速度耦合算法,其主要通过预测—修正的方法求解速度和压力,具体流程如图 5 - 4 所示。求解过程中均采用二阶迎风格式以提高计算精度。

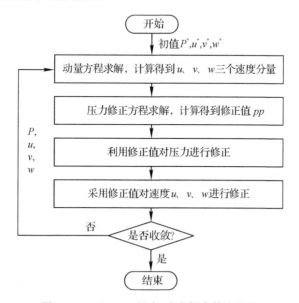

图 5 - 4　SIMPLE 压力-速度耦合算法流程

# 5.3 高压下磁约束等离子体流动特性仿真

## 5.3.1 不同磁场方式对等离子体流动特性的影响

等离子体虽然宏观上与普通气体一样都呈电中性,但其微观上由于带电粒子的存在又具有导电气体的性质。因此,磁场的存在必然会影响等离子体在圆筒内的流动特性。为研究不同磁场对圆筒内火药燃烧型等离子体流场特性的影响,分别选取了均匀一维横向磁场(沿 $z$ 轴方向,$B_z = 1$ T)、均匀一维纵向磁场(沿 $y$ 轴方向,$B_y = 1$ T)、均匀两维磁场(沿 $y$、$z$ 轴方向,$B_z = B_y = 1$ T)进行数值模拟,不同磁场方式示意图如图 5-5 所示。

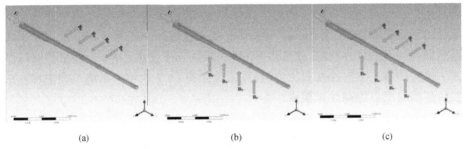

图 5-5 不同磁场方式示意图

(a)均匀一维横向磁场; (b)均匀一维纵向磁场; (c)均匀两维磁场

不同磁场作用下圆筒出口 $yOz$ 截面上速度 $u$ 的云图分布如图 5-6 所示。比较分析图 5-6(a)(b)可知:无外加磁场时,$yOz$ 截面上的速度场呈轴对称分布,且速度 $u$ 由内向外逐渐减小;而施加一维横向磁场后,沿 $z$ 轴的速度 $u$ 明显大于沿 $y$ 轴的速度 $u$,截面上的速度场分布不再是轴对称的,而是呈现出各向异性。因为在磁场作用下,等离子体中产生了感应电流,进而会受到阻碍流体运动的洛伦兹力的作用。同时沿着 $y$ 轴,感应电流垂直于外加磁场;而沿着 $z$ 轴,感应电流方向几乎与磁场方向相同,因此沿 $y$ 轴方向的洛伦兹力 $F_y$ 要大于沿 $z$ 轴方向的洛伦兹力 $F_z$。在不同大小洛伦兹力 $F_y$ 与 $F_z$ 的作用下,速度分布呈现出各向异性。

对比图 5-6(b)(c)(d)可知:受三种不同磁场的作用,等离子体的速度分布在垂直流动方向的截面上均出现各向异性。区别在于:一维横向磁场作用下,沿

$z$ 轴的流动速度大于沿 $y$ 轴的速度;而一维纵向磁场作用下,沿 $y$ 轴流动速度要大于沿 $z$ 轴的速度;两维磁场作用下,沿 $z$ 轴正时针旋转 45°方向上的流动速度大于其它方向,且对等离子体的减速效果更加显著。这是因为垂直磁场方向的流动受抑制作用较大,而平行磁场方向的流动则几乎不受影响。在实际应用中,可根据需求选择合适的磁场实现对等离子体的流场控制。

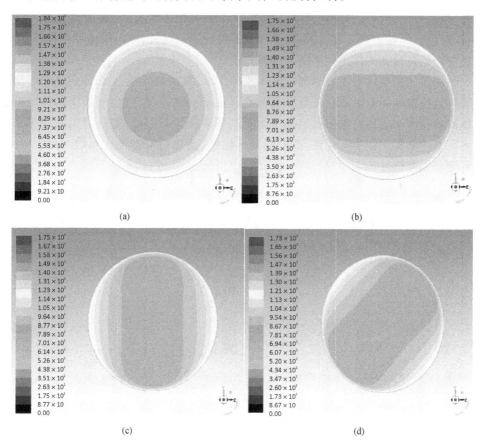

图 5 - 6　不同磁场作用下圆筒出口 $yOz$ 截面上速度 $u$ 的云图分布
(a)无外加磁场;　(b)一维横向磁场;　(c)一维纵向磁场;　(d)两维磁场

　　高速流动的等离子体在圆筒中除轴向的主流运动外,还存在着流体微团向其它方向的无规则运动,即湍流是等离子体在筒内流动的主要形式,且湍流的强弱可通过湍流强度来衡量。不同磁场作用下圆筒出口截面上湍流强度的云图分布如图 5 - 7 所示。从中可以看出:未加磁场时,等离子体的湍流流动属于各向同性,湍流强度在出口截面上呈轴对称分布,且数值由内向外逐渐增大,主流中心处湍流强度最小,近壁面边界层处最大;加磁场后,出口截面上的湍流分布均出现各向异性特征,湍流结构在垂直磁场方向上被"压缩",顺磁场方向被"拉伸",并且湍流边界层厚度变薄。从数值上看,顺磁场方向的湍流强度普遍要小于垂直磁场方向的湍流强度,且最小区域由中心沿磁力线向筒壁方向扩展。这是因为磁场的存在改变了等离子体速度场的分布,而湍流强度又与速度梯度大小紧密相关,进而影响了等离子体的湍流分布。结合等离子体速度场的分布可知,虽然平行磁场方向的速度大于垂直磁场方向的速度,但其速度变化较为平缓,即速度梯度比垂直方向的小,故湍流强度较小。此外,与一维磁场相比,两维磁场对湍流强度的作用效果更加明显。

　　湍动能的变化可反映等离子体湍流的生成、发展和耗散,是表征等离子体内部能量传输的一个重要物理量。与湍流强度的变化趋势相似,等离子体的湍动能同样受到了磁场的抑制。这是因为等离子体湍流与普通湍流不同,在磁控作用下其内部将产生焦耳耗散,改变能量传输链,湍动能耗散将大幅增加,从而导致湍动能降低。

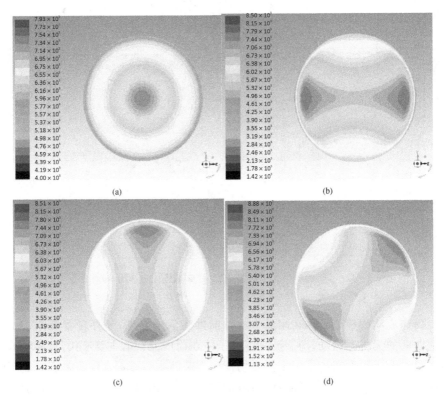

图 5-7　不同磁场作用下圆筒出口截面上湍流强度的云图分布
(a)无外加磁场; (b)一维横向磁场; (c)一维纵向磁场; (d)两维磁场

　　不同磁场作用下圆筒出口截面上湍动能的云图分布如图 5-8 所示。对比可知,由于平行磁场方向比垂直磁场方向的湍流耗散更显著,所以顺磁场方向的湍动能要小于垂直磁场方向。也就是说,磁场对湍动能的影响具有方向性,同时也会造成能量传递的不均匀性。结合相关湍流理论,磁场抑制等离子体湍动能的机理可从两方面理解:一是耗散性的等离子体源项加快了湍动能的耗散;二是洛伦兹力的作用导致雷诺应力的降低,从而减少了湍动能的生成。

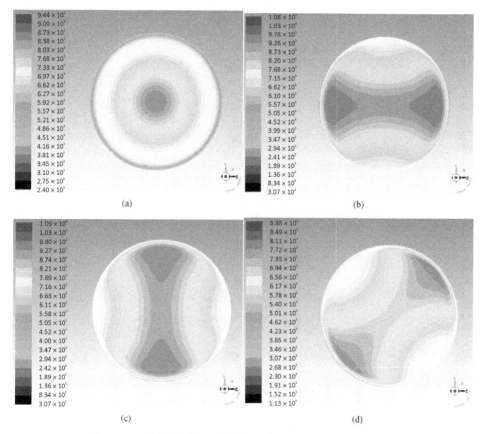

图 5-8　不同磁场作用下圆筒出口截面上湍动能的云图分布
(a)无外加磁场;　(b)一维横向磁场;　(c)一维纵向磁场;　(d)两维磁场

　　湍流黏度可反映等离子体的流动状态,影响气体流动界面上的速度与粒子间的摩擦力。不同磁场作用下圆筒出口截面上等离子体湍流黏度的云图分布如图 5-9 所示。分析可知:未加磁场时,等离子体中心处的湍流黏度最大,因为此时切向黏性力占主要地位;加磁场后,等离子体的湍流黏度降低,且垂直磁场方向的湍流黏度要大于平行磁场方向的湍流黏度。这是由于磁场对湍流具有抑制作用,且湍流流动呈现各向异性的缘故。湍流黏度的减小说明一定的磁场可以抑制等离子体分子间的摩擦以及传热能力。对比可知:施加不同的磁场,可以使不同方向上的湍流黏度降低,即通过选择合适的磁场,可以影响特定方向上等离子体的湍流特性,进而有选择地控制其流动。

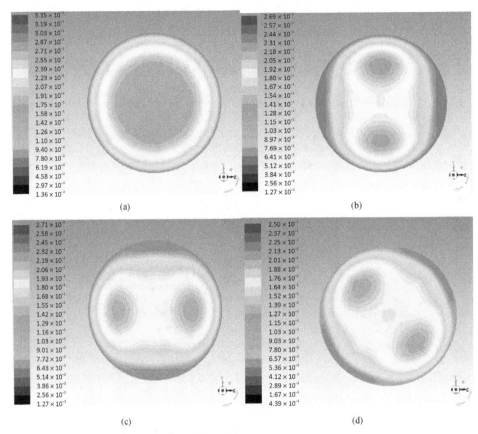

图 5 - 9　不同磁场作用下圆筒出口截面上湍流黏度的云图分布
(a)无外加磁场；　(b)一维横向磁场；　(c)一维纵向磁场；　(d)两维磁场

由于壁面摩擦的存在,气体在流动过程中总会产生一部分机械能量损失,导致其做功效率降低。而壁面摩擦因数正是表征气体与壁面摩擦大小的关键物理量。不同磁场作用下圆筒壁面摩擦因数的云图分布如图 5 - 10 所示。分析可知:无磁场时,等离子体与壁面的摩擦因数沿流动方向数值逐渐减小且呈对称分布,这是因为随着等离子体流动的发展,其内部的湍流强度、湍流黏性逐渐减小;加磁场后,壁面摩擦因数沿流动方向的变化趋势与无磁场时相似,均是逐渐变小,但在平行磁场方向的数值变得比垂直磁场方向的大,即在垂直流动平面上出现各向异性分布。这是由于在磁场作用下,等离子体流速的各向异性分布致使垂直磁场方向上近壁面处的法向速度梯度小于平行磁场方向的法向速度梯度,从而导致壁面不同方向处的切应力产生差异。

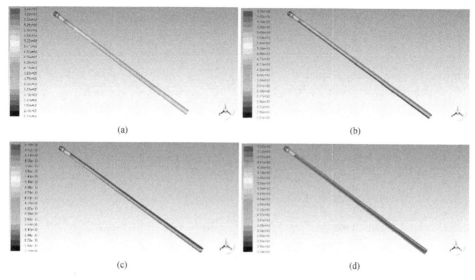

(a)　　　　　　　　　　　　　　　　(b)

(c)　　　　　　　　　　　　　　　　(d)

图 5 - 10　不同磁场作用下圆筒壁面摩擦因数的云图分布

(a)无外加磁场;　(b)一维横向磁场;　(c)一维纵向磁场;　(d)两维磁场

## 5.3.2　不同磁场强度对等离子体流动特性的影响

为研究不同磁场强度对火药燃烧型等离子体流动特性的影响,在保证其它条件不变的情况下,分别选取 0.2 T、0.6 T、1 T 三组均匀一维横向磁场(沿 $z$ 轴方向)进行数值模拟。

在不同磁场强度的作用下,出口 $yOz$ 截面上速度 $u$ 沿 $y$ 轴、$z$ 轴的分布如图 5 - 11 所示。外加磁场后,等离子体的速度 $u$ 出现了明显的下降,且下降幅度随磁场强度的增加而增大。因为等离子体在有磁环境中受到的洛伦兹力大小与磁场强度成正比,且方向与流动方向相反。近壁面处出现了有磁场作用时速度 $u$ 稍大于无磁场时的速度 $u$ 的现象,是由于等离子体在受到较大洛伦兹力后,气流速度改变的同时仍需要满足流动的连续性条件,如图 5 - 11(b)所示。不同磁场强度作用下,轴中心线上速度 $u$ 沿 $x$ 轴的分布,很明显其数值沿流动方向也呈现出逐渐下降的趋势,如图 5 - 11(c)所示。

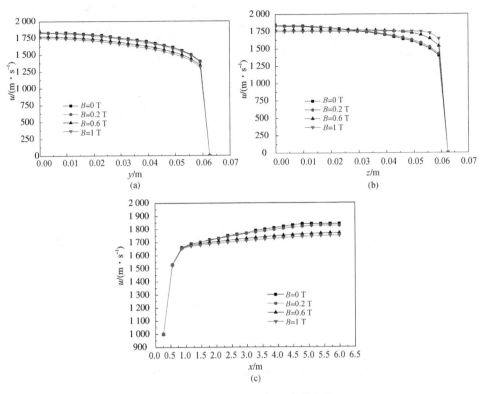

图 5 - 11　速度 $u$ 随磁场强度的变化

(a)出口截面上速度 $u$ 沿 $y$ 轴的分布；　(b)出口截面上速度 $u$ 沿 $z$ 轴的分布；

(c)轴中心线上速度 $u$ 沿 $x$ 轴的分布

　　磁场强度的大小除了影响等离子体的流速外，也会影响其湍流分布。在不同磁场强度的作用下，出口截面上湍流强度沿 $z$ 轴、$y$ 轴的数值分布，如图5 - 12所示。沿 $z$ 轴方向上(平行磁场方向)湍流强度的数值分布如图 5 - 12(a)所示，与未加磁场时相比，加磁场后等离子体的湍流强度除近壁面区域外均出现了明显的下降，且在一定磁场强度范围内，下降幅度随磁场强度的增大而增大；而在近壁面处的小范围内，湍流强度反而有了一定程度的增大。这说明磁场有效抑制了湍流强度，在一定范围内磁场强度越大，抑制效果越显著；而近壁面处湍流强度增大的现象是因为等离子体在与壁面的交界区脉动速度变化急剧，速度梯度随着磁场强度的增大会逐步变大。沿 $y$ 轴方向上(垂直磁场方向)湍流强度的数值分布与平行磁场方向稍有不同，随着磁场强度的增大其在整个区域内均呈现稳步下降的趋势，并无剧烈变化区域和近壁面处增大的现象，如图 5 - 12(b)所示。这是因为速度在垂直磁场方向上变化平缓，并未像平行磁场方向上那样出现速度梯度较大区域。此外,在圆筒中心区域,出现磁场为 1 T 时的湍流强度反而略大于 0.6 T 时的湍流强度的现象说明了磁场对等离子体湍流的抑制作用并不是无限增大的,因此工程应用中磁场大小的选择也尤为重要。

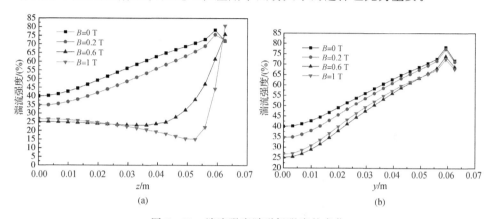

图 5-12　湍流强度随磁场强度的变化

(a)出口截面上湍流强度沿 z 轴的分布;　(b)出口截面上湍流强度沿 y 轴的分布

在不同磁场强度的作用下,出口截面上湍动能沿 z 轴、y 轴的数值分布如图 5-13 所示。加磁场后,整体上湍动能呈现逐渐下降的趋势,且在一定范围内,下降幅度随着磁场强度的增大而增大。这是因为焦耳耗散与磁场强度的二次方成正比,磁场的增大会导致湍流耗散增加。而在沿 z 轴方向的近壁面处出现湍动能略增大以及圆筒中心区域出现磁场为 1 T 时湍动能略大于 0.6 T 时的现象是因为该区域等离子体湍流强度的增大。根据分析可知,当等离子体的湍流耗散大于等离子体的湍流生成时,湍流将向层流转捩,即出现流场的重层流化。

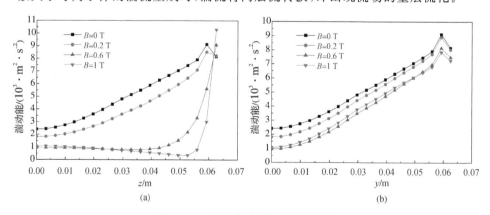

图 5-13　湍动能随磁场强度的变化

(a)出口截面上湍动能沿 z 轴的分布;　(b)出口截面上湍动能沿 y 轴的分布

在不同磁场强度的作用下,出口截面上湍流黏度沿 $z$ 轴、$y$ 轴的数值分布如图 5-14 所示。可以明显看出:在一定范围内,等离子体湍流黏性的下降幅度随着磁场强度的增大而增大。但与湍流强度类似,当磁场强度为 1 T 时圆筒中心区域的湍流黏度略大于 0.6 T 时的湍流黏度,说明磁场对等离子体湍流黏度的抑制作用具有"窗口效应"。

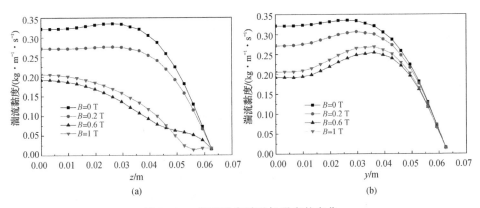

图 5-14　湍流黏度随磁场强度的变化
(a)出口截面上湍流黏度沿 $z$ 轴的分布;　(b)出口截面上湍流黏度沿 $y$ 轴的分布

由前面分析可知,磁控作用下壁面摩擦因数的分布具有各向异性。为研究不同磁场强度对壁面摩擦因数沿流动方向的影响,取平均壁面摩擦因数进行数值分析,如图 5-15 所示。从中可看出:加磁场后沿流动方向的平均壁面摩擦因数出现明显的下降,且下降幅度随磁场强度的增大而增大。这可以从两个角度解释:一是因为磁场强度增大将使洛伦兹力增大,壁面处的速度梯度减小,从而引起剪切应力下降,最终导致平均壁面摩擦因数减小;二是等离子体湍流受到磁场抑制,致使雷诺应力降低,从而引起平均壁面摩擦因数减小。当所施加磁场强度 $B_z=1$ T 时,平均摩擦因数 $C_f$ 下降了约 10.86%。

同磁场强度对壁面热流密度 $q$ 的影响如图 5-16 所示。从中可看出:随着磁场强度的增大,等离子体向壁面传热的热流密度出现明显的下降;当磁场为 1 T、电导率为 5 000 S/m 时,壁面热流密度下降了约 2.23%。分析主要有两方面的原因:一方面,磁场的存在会抑制等离子体的湍流强度、降低湍流黏性,致使近壁面边界层处的湍流动能下降,导致其与壁面间的传热系数减小;另一方面,在磁控作用下等离子体与壁面间的剪切应力下降、平均摩擦因数减小。根据磁流体动力学及传热学理论,磁场作用下等离子体与壁面之间的传热能力以及摩擦损耗都将随之下降,最终导致其向壁面的传热的热流密度减小。

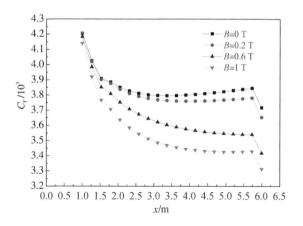

图 5 - 15　向平均壁面摩擦因数随磁场强度的变化

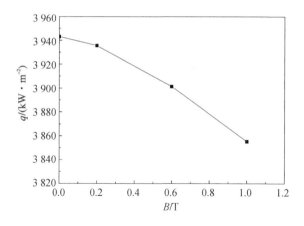

图 5 - 16　密度随磁场强度的变化

　　不同磁场强度的作用下,轴中心线上等离子体的静压分布曲线如图 5 - 17 所示。对比可知,在有磁场作用的情况下,轴线各点处的静压 $p$ 要大于无磁环境下的压力 $p$,并且这种趋势会随着磁场强度的增大而愈发明显。这可从两方面进行分析:一是洛伦兹力效应使等离子体速度减小,其一部分动能转换为分子势能,导致静压上升;二是焦耳热效应使分子热运动加剧,从而引起静压增大。此外,磁场强度越大,洛伦兹力效应和焦耳热效应越显著,所以静压的增加幅度越大。

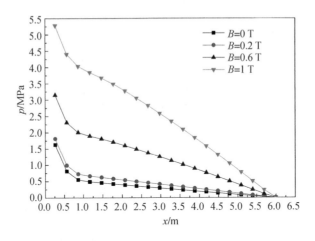

图 5-17 线上静压随磁场强度的变化

不同磁场强度的作用下,轴中心线上等离子体的总压分布曲线如图 5-18 所示。可以看出:除出口区域外,加磁场后轴线各点处的总压 $p$ 增加,且增幅随着磁场强度的增大而增大。经分析,产生这一现象主要有三个方面的原因:存在磁场时等离子体的流动呈现各向异性;磁场抑制了等离子体的湍流强度与湍流黏性,减弱了湍流耗散,降低了其向壁面的传热量,减小了热量损耗;磁控等离子体与壁面的平均摩擦因数减小,降低了其与壁面的摩擦损耗。出口区域总压随着磁场强度增加而减小是因为出口处静压为大气压,而动压是逐渐减小的。

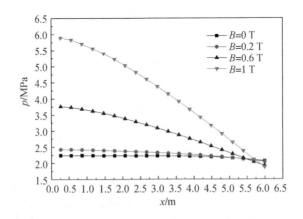

图 5-18 轴中心线上等离子体总压随磁场强度的变化

### 5.3.3　不同电导率对等离子体流动特性的影响

电导率与火药燃气电离程度的强弱密切相关,是表征火药燃烧型等离子体导电特性的关键物理量。在磁场作用下,圆筒内高速流动等离子体所受到的洛伦兹力可表达为

$$F = J \times B = \sigma \left[ E \times B - (B \cdot B) U + (U \cdot B) B \right] \tag{5.39}$$

式中,$\sigma$ 为等离子体的电导率。显然,电导率与磁场强度一样,也是影响等离子体流动特性的重要参数。

为研究电导率对火药燃烧型等离子体流动特性的影响规律,在施加均匀一维横向磁场(沿 $z$ 轴方向,$B_z = 0.6$ T)及保持其他条件不变情况下,将电导率分别设置为 1 000 S/m、5 000 S/m、10 000 S/m 进行数值模拟。

在不同电导率条件下,圆筒出口截面上速度 $u$ 沿 $y$ 轴、$z$ 轴的分布如图 5-19 所示。分析可得:在磁场不变的情况下,随着电导率的增大,等离子体速度逐渐下降。这是因为电导率越大,等离子体内部产生的感应电流密度就越大,抑制流速的洛伦兹力也就越大。由于等离子体仍需满足流动的连续性条件,所以近壁面处出现了速度随电导率增大而增大的现象,如图 5-19(b)所示。不同电导率条件下,轴中心线上速度 $u$ 沿 $x$ 轴的分布,如图 5-19(c)所示。可以看出:虽然主流方向的流速随电导率的增大而逐渐下降,但当电导率较小时,其下降幅度较小;当电导率增大到一定程度后,继续增加其下降幅度也变得十分有限,这是因为洛伦兹力不仅受电导率影响,还与磁场强度相关。因此,改变等离子体的流动特性需综合考虑磁场强度和电导率两个因素。

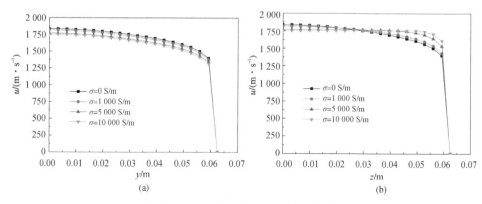

图 5-19　速度 $u$ 随磁场强度的变化

(a)出口截面上速度 $u$ 沿 $y$ 轴的分布;　(b)出口截面上速度 $u$ 沿 $z$ 轴的分布

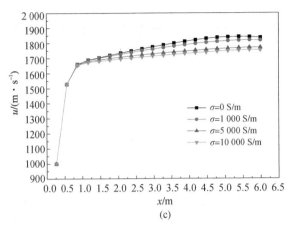

续图 5-19 速度 $u$ 随磁场强度的变化

(c)轴中心线上速度 $u$ 沿 $x$ 轴的分布

在不同电导率条件下,圆筒出口截面上湍动能沿 $z$ 轴、$y$ 轴的数值分布如图 5-20 所示。可以看出:在磁场不变的情况下,等离子体的湍动能随着电导率的增大而逐渐下降。这是因为在磁场作用下,等离子体内还存在着焦耳耗散,其表达式为

$$Q = \frac{\boldsymbol{J} \cdot \boldsymbol{J}}{\sigma} = \sigma \left[ (\boldsymbol{E} + \boldsymbol{U} \times \boldsymbol{B}) \cdot (\boldsymbol{E} + \boldsymbol{U} \times \boldsymbol{B}) \right] \tag{5.40}$$

显然,焦耳耗散正比于电导率。因此,电导率增大不仅会增加洛伦兹力,还会增加湍流耗散,最终导致湍动能减小。

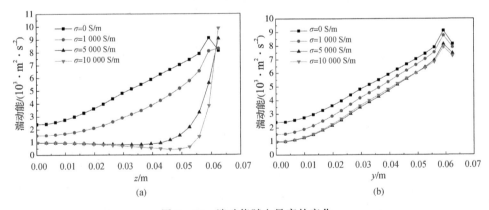

图 5-20 湍动能随电导率的变化

(a)出口截面上湍动能沿 $z$ 轴的分布; (b)出口截面上湍动能沿 $y$ 轴的分布

沿流动方向平均壁面摩擦因数随电导率的变化如图 5-21 所示。从中可看

出:在磁场不变的情况下,平均壁面摩擦因数随电导率的增大而减小。当磁场为 0.6 T、电导率为 10 000 S/m 时,平均壁面摩擦因数下降了约 11.62%。

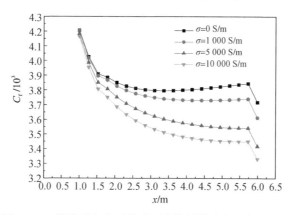

图 5 - 21　沿流动方向平均壁面摩擦因数随电导率的变化

不同电导率对壁面热流密度 $q$ 的影响如图 5 - 22 所示。从中可看出:随着电导率的增大,等离子体向壁面传热的热流密度出现明显的下降;当磁场为 0.6 T、电导率为 10 000 S/m 时,壁面热流密度下降了约 6.88%。

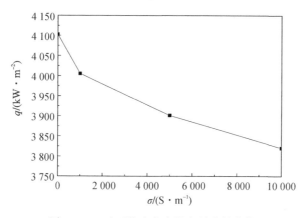

图 5 - 22　壁面热流密度随电导率的变化

当磁场强度 $B_z$=0.6 T 时,不同电导率对轴中心线上静压的影响如图5 - 23 所示。从中可看出:轴中心线上等离子体的静压随着电导率的增大而增大;但在电导率 $\sigma$ 大于 5 000 S/m 后,静压的变化趋势减缓。这是因为在等离子体电导率较小时,磁场的作用随着电导率增加体现得比较显著,而在电导率增加到一定程度后,磁场作用效果将会出现"窗口效应",压力的增加幅度也会随之趋于平缓。由此可知,合理控制火药燃气的电离程度以及外加磁场强度,才能实现最佳的流动控制效果。

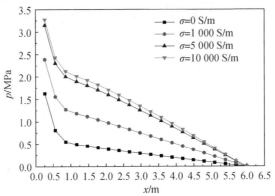

图 5 - 23　轴中心线上静压随电导率的变化

定磁场条件下,轴中心线上总压随电导率的变化如图 5 - 24 所示。从中可看出:除出口区域外,轴中心线上等离子体的总压随着电导率的增大而增大。总压的增大意味着等离子体(部分电离的火药燃气)的做功能力可能得到提升。

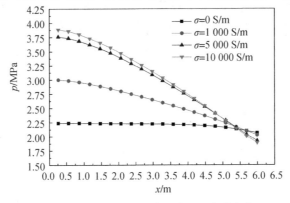

图 5 - 24　轴中心线上总压随电导率的变化

# 5.4　高压下磁约束等离子体增力效应仿真

## 5.4.1　磁约束等离子体弹底推力模型

磁约束等离子体火炮发射是一个瞬态过程,通常弹丸在身管内的运动时间为毫秒级。建模时不考虑弹丸头部外形和身管截面积的变化,只保留身管的主体外形和弹底结构分别构建燃烧室网格和身管网格模型,采用网格组装技术将燃烧室网格嵌入到身管网格中,其中燃烧室网格设置为动网格边界。将火药燃烧产生的高温电离气体作为入口条件代入模型进行迭代计算,其中流动入口位于 $yOz$ 面上的燃烧室底部,弹丸运动方向为 $x$ 轴正方向,如图 5 - 25 所示。

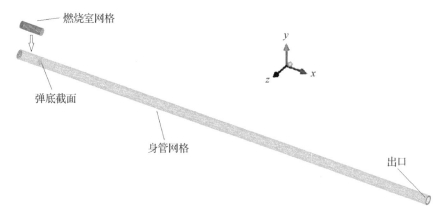

图 5 - 25　网格组装示意图

为了分析高压下外加磁场对等离子体流动传热特性的影响,选取不同初始条件下弹后空间的流场和温度场进行对比。采用内径 30 mm、长度为 2 m 的圆筒结构来模拟 30 mm 口径炮身管外形,管身材料采用非铁磁性材料,相对磁导率为 1。其中燃烧室容积为 0.12 $dm^3$,弹丸质量 0.6 kg,装药量 100 g,火药力 700 J/g,加入电离种子碳酸钾 5 g,为了模拟弹丸的挤进过程,设置弹丸的挤进压力为 20 MPa。

不加磁场时发射过程中弹底压力如图 5 - 26 所示。在初始时刻,由于挤进压力的存在弹丸并未立刻运动,当弹底压力达到 20 MPa 时,弹丸在压力作用下才开始加速运动。在火药燃烧初始阶段,火药气体的增加使得膛内压力迅速上升。随着压力的继续增大,弹丸开始运动以致弹后空间不断地增加,在时间 $t=$ 4 ms 时,压力达到最大值 75.1 MPa。当弹丸运动到一定速度后,由于弹后空间体积增长较大,使得压力逐渐下降。

弹丸速度随时间的变化曲线如图 5 - 27 所示。弹底速度随时间的增加逐渐加大,最大速度约为 500 m/s。

弹丸出炮口瞬间膛内气体流速分布图如图 5 - 28 所示。由于弹丸的运动在膛内形成了气流,在弹丸底部流动速度最高、膛底速度最低,即在弹后空间存在速度分布,因此也必然存在压力分布。

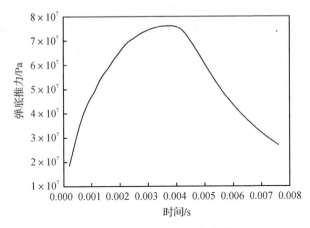

图 5-26　弹底压力变化曲线

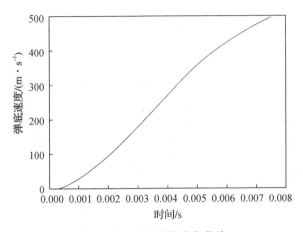

图 5-27　弹丸速度变化曲线

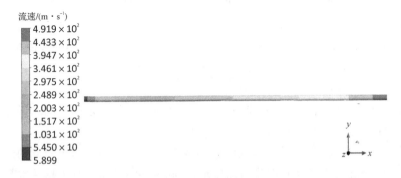

图 5-28　气体流速分布图

弹丸在火药气体的作用下不断加速,也就不断打破膛内压力平衡状态,在每一瞬间都会形成不同的膛内压力分布。取火药燃烧瞬间为起始时刻,发射过程中各个时刻弹后空间壁面压力变化云图如图 5 - 29 所示。在 $t = 1$ ms 时刻,弹丸初步开始运动,弹后空间较小,管壁的压力分布较为均匀。在 $t = 3$ ms 时刻,弹丸已运动到身管中间段,由于火药气体的持续生成,这时壁面压力较大。随着时间的继续增加,火药燃烧结束而弹丸运动距离不断增加导致弹后空间压力的降低。

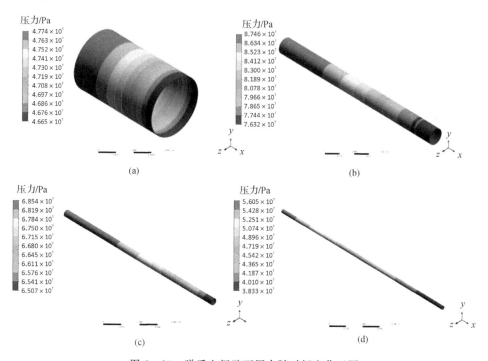

图 5 - 29　弹后空间壁面压力随时间变化云图
(a)$t = 1$ ms 弹后空间壁面压力;　(b)$t = 3$ ms 弹后空间壁面压力;
(c)$t = 5$ ms 弹后空间壁面压力;　(d)$t = 7$ ms 弹后空间壁面压力

## 5.4.2　不同磁场强度对等离子体湍流黏度的影响

当流体运动时,流动界面上的速度和分子间的摩擦力是不一样的,这些都是受湍流黏度的影响。施加不同强度垂直磁场时等离子体湍流黏度分布如图 5 - 30 所示。从图中可以看出,无磁场情况下,湍流黏度最大值为 0.347 8 Pa·s。外加磁场后,微观上等离子体中的带电粒子受洛伦兹力约束,在垂直于磁力线方向,等离子体由杂乱无章的无规则运动转变为绕磁力线的局部有序运动。该运动使粒子间相互碰撞的剧烈程度降低,从而减小了分子间的摩擦力。

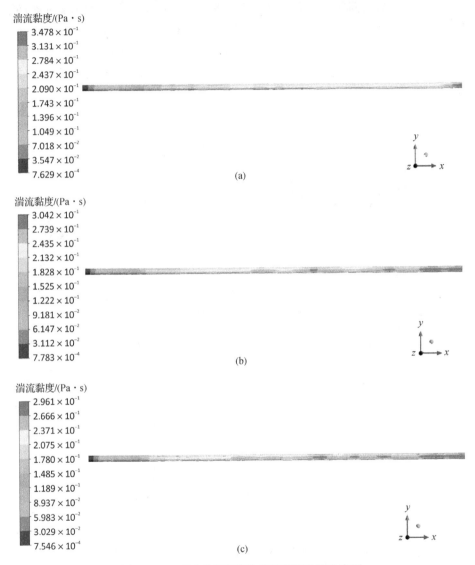

图 5-30　不同磁场强度作用下湍流黏度分布图

(a)无磁场作用下湍流黏度分布;　(b)$B=0.1$ T 时湍流黏度分布;　(c)$B=0.2$ T 时湍流黏度分布

为了直观显示弹底压力变化情况,不同磁场强度下弹底压力随时间变化曲线如图 5-31 所示。从图中可知施加磁场后弹底最大推力从 75.1 MPa 上升为79.5 MPa。增加幅度约为 5.8%。

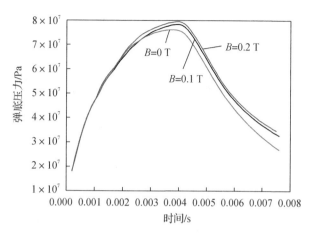

图 5-31 不同磁场强度下弹底压力变化曲线

# 第6章 火药燃烧时等离子体产生规律

等离子体经过几十年的发展,已经发展成为包含天体等离子体、核聚变等离子体、低温等离子体等分支的独立学科,等离子体也被广泛应用于受控核聚变、磁流体发电、材料表面工程等领域。然而,在火炮方面,仅有外加等离子体被应用于电热化学炮的研究,对于发射药燃烧产生的等离子体用于提高火炮性能的研究还未涉及。因此,对发射药产生等离子体规律的研究具有重要意义。

本章以发射药燃烧产生等离子体规律为研究对象,针对传统火炮所用的发射药,深入研究了火炮发射药产生等离子体的规律。利用化学平衡常数法分析了常压下发射药燃烧产生等离子体的电子密度等参数。构建了基于内弹道理论的高压状态下发射药产生等离子体规律模型,分析了不同装药结构参数与产生等离子体密度的变化规律。进行了常压下发射药产生等离子体规律的试验,提出了一套高压状态下发射药产生等离子体规律试验测试系统,并设计了高压状态下等离子体生成规律试验方案。

在常压下发射药燃烧产生等离子体规律的研究中,对有无添加剂两种情况下的发射药燃烧进行了分析,并利用了化学平衡常数法,对产生等离子体的电子密度等参数进行了计算,获得了电子密度、电导率与温度的变化规律。

在高压状态下发射药产生等离子体规律的研究中,以内弹道理论为基础,将等离子体密度方程耦合到内弹道方程组中,构建了高压状态下发射药产生等离子体规律模型,获得了压力、速度、温度和电子密度等数值,通过与试验数据的对比,验证模型的正确性。在此基础上,分析了不同装药结构参数对生成等离子体密度的影响规律,装药量和药室容积改变生成等离子体密度的变化速率,火药力改变了生成等离子体密度的最大值。

最后,进行了常压下发射药燃烧试验,验证了发射药燃烧生成等离子体的电子密度随温度升高而增加的规律,并提出了高压状态下发射药产生等离子体规律试验测试系统,包含等离子体生成系统、压力测量系统和等离子体光谱测量系统。对等离子体生成系统的关键结构进行强度分析,以满足高温高压的试验条件,对等离子体光谱测量原理进行了分析,能够实现高温环境下的等离子体非接触测量。设计了高压状态下等离子体生成规律试验方案,试验研究了火药燃烧产生等离子体规律。

# 6.1　常压下发射药燃烧生成等离子体规律

发射药燃烧生成等离子体的规律,是研究利用发射药生成等离子体提高火炮性能的基础。而对发射药燃烧过程的物理化学性能分析是研究发射药生成等离子体规律的一个前提,其中研究生成等离子体电子密度的数量是一个重点,可以为下一步的数值仿真分析提供一个理论依据。

## 6.1.1　发射药燃烧生成等离子体参数计算方法

在自然界中的化学反应分为两种:可逆反应和不可逆反应。不可逆反应是化学反应朝着一个方向进行,直到某种反应物反应完全。而可逆反应则不一样,它的反应在正向和逆向同时进行,即反应物的产物又会作为反应物进行反应。可逆反应在一定的条件(如压力、温度和反应物浓度等)下,会达到一种平衡状态,平衡状态下的各种物质的浓度不再变化。此时反应并没有停止,这种平衡是一种动态的平衡,正向和逆向反应仍在继续,只不过反应的速率相等,导致各种成分在宏观上数量不再变化。

化学平衡常数法是在化学反应的体系达到平衡的时候,利用每个独立反应的化学平衡常数计算体系中各种成分的量。化学平衡常数法涉及化学平衡常数和质量守恒定律。

(1)化学平衡常数。对于化学反应中反应物 $A$ 和 $B$ 生成产物 $C$ 和 $D$,$a$、$b$、$c$、$d$ 分别是相应物质的量。

$$a \times A + b \times B \Leftrightarrow c \times C + d \times D \tag{6.1}$$

其正向和逆向反应速度分别为

$$V_1 = K_1 [A]^a [B]^b, \quad V_2 = K_2 [C]^c [D]^d \tag{6.2}$$

其中,$[A]$、$[B]$、$[C]$、$[D]$ 分别表示各物质的浓度,当反应达到平衡状态时,即正逆反应的速率达到相等,即

$$K_1 [A]^a [B]^b = K_2 [C]^c [D]^d \tag{6.3}$$

推导后可以得到该反应的化学平衡常数 $K$:

$$\frac{[C]^c [D]^d}{[A]^a [B]^b} = \frac{K_1}{K_2} = K \tag{6.4}$$

（2）质量守恒方程。根据质量守恒定律，任何参与反应的元素在反应中任何时刻的原子数目是不变的。

$$\sum_{i=1}^{n} a_{ik} n_{gi} + \sum_{j=1}^{n} a_{jk} n_{sj} = N_k, \quad k = 1, 2, \cdots, n \quad (6.5)$$

其中：参数 $a_{ik}$、$a_{jk}$ 分别表示 1mol 气相物质和固相物质中某元素的原子数目；$n_{gi}$、$n_{sj}$ 分别表示单位物质中气相组分和固相组分的摩尔数；$N_k$ 则表示某种元素的原子总数。

化学平衡常数法是以化学反应平衡和质量守恒定律为基础，通过联立各个反应的方程，组成方程组，求解各个组分。它的一个优点是能够直观地反映出化学反应的真实状态，另一个优点是方便调节，可以根据目标需要，改变反应体系中的不同反应。所以选用化学平衡常数法计算常压下发射药生成等离子体的参数。

## 6.1.2  等离子体生成密度仿真分析

要计算发射药燃气的等离子体参数，首先要求出在一定条件下的燃气化学成分。发射药在燃烧室内燃烧生成高温高压的气体，为了使气体获得一定的电离度，在发射药中添加电离种子碳酸钾。本报告选用发射药的配方组成见表6-1。

**表 6-1  发射药的配方组成**

| 组成 | 含量（$w_i$）/（%） |
| --- | --- |
| 硝化纤维素（$w_n = 12\%$） | 56 |
| 硝化甘油 | 25 |
| 二硝基甲苯 | 9 |
| 邻苯二甲酸二丁酯 | 6 |
| 二号中定剂 | 3 |
| 凡士林 | 1 |

经过计算发射药中元素物质的量，该发射药的化学式为 $C_{25.5243} H_{33.1277} O_{33.075} N_{9.3395}$。

用平衡常数法计算燃气的化学成分，根据平衡常数法原理，做出几点假设：燃烧产物混合均匀；燃气组分处于化学平衡状态下；燃气等离子体服从理想气体状态方程。为了获得更高的等离子体密度，在发射药中加入碳酸钾。发射药和添加剂中一共含有 C、H、O、N、K 五种元素。对于燃烧的化学反应过程，可以用以下 15 个方程表示：

$$CO_2 \overset{K_1}{\leftrightarrow} CO + \frac{1}{2} O_2 \quad \lg K_1 = \lg\left(\frac{p^{\frac{1}{2}}(x_2 \, x_5^{\frac{1}{2}})}{x_1}\right) \tag{6.6}$$

$$H_2O \overset{K_2}{\leftrightarrow} H_2 + \frac{1}{2} O_2 \quad \lg K_2 = \lg\left(\frac{p^{\frac{1}{2}}(x_7 \, x_5^{\frac{1}{2}})}{x_3}\right) \tag{6.7}$$

$$\frac{1}{2}H_2 + \frac{1}{2} O_2 \overset{K_3}{\leftrightarrow} OH \quad \lg K_3 = \lg\left(\frac{x_4}{x_7^{\frac{1}{2}} \, x_5^{\frac{1}{2}}}\right) \tag{6.8}$$

$$\frac{1}{2}H_2 \overset{K_4}{\leftrightarrow} H \quad \lg K_4 = \lg\left(\frac{p^{\frac{1}{2}} \, x_8}{x_7^{\frac{1}{2}}}\right) \tag{6.9}$$

$$\frac{1}{2}O_2 \overset{K_5}{\leftrightarrow} O \quad \lg K_5 = \lg\left(\frac{p^{\frac{1}{2}} \, x_6}{x_5^{\frac{1}{2}}}\right) \tag{6.10}$$

$$K_2CO_3 \overset{K_6}{\leftrightarrow} K_2O + CO_2 \quad \lg K_6 = \lg\left(\frac{p \, x_1 \, x_{15}}{x_{14}}\right) \tag{6.11}$$

$$K_2O \overset{K_7}{\leftrightarrow} \frac{1}{2} O_2 + 2K \quad \lg K_7 = \lg\left(\frac{p^{\frac{3}{2}} \, x_{18}^{2} \, x_5^{\frac{1}{2}}}{x_{15}}\right) \tag{6.12}$$

$$KOH \overset{K_8}{\leftrightarrow} OH + K \quad \lg K_8 = \lg\left(\frac{p \, x_4 \, x_{18}}{x_{17}}\right) \tag{6.13}$$

$$KO \overset{K_9}{\leftrightarrow} \frac{1}{2} O_2 + K \quad \lg K_9 = \lg\left(\frac{p^{\frac{1}{2}} \, x_{18} \, x_5^{\frac{1}{2}}}{x_{16}}\right) \tag{6.14}$$

$$K \overset{K_{10}}{\leftrightarrow} e + K^+ \quad \lg K_{10} = \lg\left(\frac{p \, x_{21} \, x_{19}}{x_{18}}\right) \tag{6.15}$$

$$OH^- \overset{K_{11}}{\leftrightarrow} OH + e \quad \lg K_{11} = \lg\left(\frac{p \, x_5 \, x_{21}}{x_{20}}\right) \tag{6.16}$$

$$\frac{1}{2} O_2 + \frac{1}{2} N_2 \overset{K_{12}}{\leftrightarrow} NO \quad \lg K_{12} = \lg\left(\frac{x_{10}}{x_5^{\frac{1}{2}} \, x_9^{\frac{1}{2}}}\right) \tag{6.17}$$

$$\frac{1}{2} N_2 \overset{K_{13}}{\leftrightarrow} N \quad \lg K_{13} = \lg\left(\frac{p^{\frac{1}{2}} \, x_{11}}{x_9^{\frac{1}{2}}}\right) \tag{6.18}$$

$$O_2 + \frac{1}{2} N_2 \overset{K_{14}}{\leftrightarrow} NO_2 \quad \lg K_{14} = \lg\left(p^{-\frac{1}{2}} \, x_{13} / (x_9^{\frac{1}{2}} \, x_5)\right) \tag{6.19}$$

$$\frac{1}{2}O_2 + N_2 \overset{K_{15}}{\leftrightarrow} N_2O \quad \lg K_{15} = \lg\left(p^{-\frac{1}{2}} \, x_{12} / (x_5^{\frac{1}{2}} \, x_9)\right) \tag{6.20}$$

以上公式中 $K_i$ 是各成分的化学平衡常数。其中 $K_1$、$K_2$、$K_3$、$K_4$、$K_5$、$K_{12}$、$K_{13}$、$K_{14}$、$K_{15}$ 的数值均取自文献。$K_6$、$K_7$、$K_8$、$K_9$、$K_{10}$、$K_{11}$ 的值可以通过以下

公式计算得到：

$$K_6 = 9.8 - \frac{1.38 \times 10^4}{T} \tag{6.21}$$

$$K_7 = 6.2 - \frac{1.66 \times 10^4}{T} \tag{6.22}$$

$$K_8 = 6.23 - \frac{2 \times 10^4}{T} \tag{6.23}$$

$$K_9 = 2.35 - \frac{5.74 \times 10^3}{T} \tag{6.24}$$

$$K_{10} = 2.5\lg T - 6.48 - \frac{2.1917 \times 10^4}{T} \tag{6.25}$$

$$K_{11} = 2.5\lg T - 5.58 - \frac{1.0605 \times 10^4}{T} \tag{6.26}$$

发射药燃气生成等离子体的燃气成分计算中，一共考虑了 21 种成分，分别为 $CO_2$、$CO$、$H_2O$、$OH$、$O_2$、$O$、$H_2$、$H$、$N_2$、$NO$、$N$、$N_2O$、$NO_2$、$K_2CO_3$、$K_2O$、$KO$、$KOH$、$K$、$K^+$、$OH^-$、$e$(电子)。

按照上面的顺序相应的摩尔分数 $x_i$ 的下标依次为 $1, 2, \cdots, 21$。根据四个质量守恒定律，可以得到以下四个方程：

$$12\frac{M_H}{M_C} = \frac{2x_3 + x_4 + 2x_7 + x_8 + x_{17} + x_{20}}{x_1 + x_2 + x_{14}} \tag{6.27}$$

$$\frac{3}{4}\frac{M_O}{M_C} = \frac{2x_1 + x_2 + x_3 + x_4 + 2x_5 + x_6 + x_{10} + x_{12} + 2x_{13} + 3x_{14} + x_{15} + x_{16} + x_{17}}{x_1 + x_2 + x_{14}} \tag{6.28}$$

$$\frac{6}{7}\frac{M_N}{M_C} = \frac{2x_9 + x_{10} + x_{11} + 2x_{12} + x_{13}}{x_1 + x_2 + x_{14}} \tag{6.29}$$

$$\frac{4}{13}\frac{M_K}{M_C} = \frac{2x_{14} + 2x_{15} + x_{16} + x_{17} + x_{18} + x_{19}}{x_1 + x_2 + x_{14}} \tag{6.30}$$

上面公式中的 $M_C$、$M_H$、$M_O$、$M_N$、$M_K$ 分别表示反应物当中五种元素 C、H、O、N、K 的质量。它们的数值可以通过发射药当中添加剂的比例计算得到。如 $x$ kg 发射药当中添加了质量百分比为 $n$ 的种子，则

$$M_C = 12 \times \left[25.5243 + 1\,000 \times \frac{n}{(1-x) \times 138}\right] \tag{6.31}$$

$$M_H = 33.1277 \tag{6.32}$$

$$M_O = 16 \times \left[33.0757 + 3 \times 1\,000 \times \frac{n}{(1-x) \times 138}\right] \tag{6.33}$$

$$M_N = 14 \times 9.3395 \tag{6.34}$$

$$M_K = 78 \times 1\,000 \times \frac{n}{(1-x) \times 138} \tag{6.35}$$

根据道尔顿分压定律:

$$\sum_{i=1}^{n} p_i = p \tag{6.36}$$

由于 $x_i$ 是摩尔分数,所以有

$$p_i = x_i p \tag{6.37}$$

由式(6.37)可以获得

$$\sum_{i=1}^{n} x_i = 1 \tag{6.38}$$

另外,对于带电粒子,由于电中性,假设第 $i$ 组分带电量 $q_i$,则有

$$\sum_{i=1}^{n} x_i q_i = 0 \tag{6.39}$$

这样,获得 21 个方程,组成了可以求解 21 种燃烧产物组分的闭合方程组。通过计算可以求解相关组分的参数。

燃气当中发生部分电离,其电子密度的计算公式为

$$n_e = \frac{p}{kT} x_{21} \tag{6.40}$$

通过编程计算获得的计算结果如图 6-1 所示。从图 6-1 中可以看出,电子密度和温度是正相关的关系,随着温度的升高,电子密度也在增大,而且当温度一样的时候,压力越大电子密度越大。这是因为随着温度的升高,电子获得的能量越多,电子越容易挣脱原子的束缚而成为自由电子。

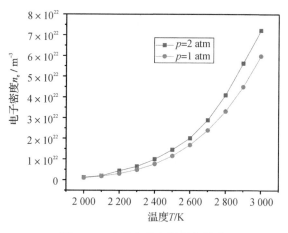

图 6-1　电子密度与温度的关系

# 6.2 高压下发射药产生等离子体规律建模

高压状态下等离子体生成规律的研究是一个全新的领域,实验室通常用放电的方式生成等离子体,而高压状态下生成的等离子体是燃烧等离子体,其生成的机制是热电离,和普通的放电等离子体并不相同。研究高压状态下等离子体生成规律,温度是一个重要的因素。传统内弹道的研究,往往只关注膛内燃气压力的变化以及弹丸运动速度的变化,缺少对膛内燃气温度的研究。

为了对高压状态下等离子体生成规律进行数值仿真研究,本节拟建立高压状态下发射药产生等离子体规律数学模型。通过对发射药燃烧的物理过程进行了分析,并结合内弹道理论、燃烧学理论、等离子体理论等,最终建立高压状态下发射药产生等离子体规律数学模型。将数值模拟的结果与试验结果进行对比,确定模型的正确性与可行性。

## 6.2.1 发射药燃烧物理过程分析

### 1.内弹道假设

高压状态下,通过撞针撞击膛底,点燃底火,通过底火引燃主装药,主装药燃烧生成高温高压的燃气,通过燃气做功,推动弹丸运动,最终把弹丸发射出去。此过程可用经典内弹道过程进行模拟。

经典内弹道学是以热力学为理论依据,研究高压状态下各个火炮内弹道参数平均值的理论。经典内弹道学的数学模型是一阶常微分方程,由火药形状函数方程、能量方程、火药燃速方程、弹丸运动速度方程和弹丸速度与行程方程五个方程组成的方程组。

根据高压状态下火药燃烧情况的特点,做出以下假设:

(1)假设无论主装药还是点火药都符合几何燃烧规律;

(2)火药燃烧采用燃速指数公式,即

$$\frac{\mathrm{d}z}{\mathrm{d}t} = \frac{P^n}{I_k}$$

(3)假定发射药燃烧和弹丸运动都是在平均压力下进行的;

(4)射击时热散失比较复杂,而且难以描述,通常使用减小火药力或增大比热的方法进行修正,实际上是减少发射药量;

(5)所有的次要功用系数 $\varphi$ 来计算,由于射击过程中次要功主要是与动能有关,所有的次要功都可以用系数 $\varphi$ 来加以考虑;

(6)以弹丸挤进弹带的压力作为弹丸启动的条件;

(7)膛内燃气符合诺贝尔-阿贝尔状态方程;

(8)弹带密封良好,不存在漏气现象;

火药燃烧以后生成的产物成份不变,弹丸由于燃气的推力而运动,燃气因为推动弹丸做功而温度下降,由于温度的下降引起火药其他参数(比如火药力、余容等)也有略小的下降,但是对模拟结果影响微弱,所以把其它参数看作是常数。

**2.定容状态分析**

在容积一定的情况下,由于体积没有变化,燃气不会因为推动弹丸做功而损失能量,并且忽略少量的热散失的话,火药燃气的温度即火药的爆温。对于某种特定的火药来说,它的爆温是一定的,这和火药的性质有关,是一个常量。因此,定容状态下的气体状态方程有

$$P_\psi = \frac{\omega \psi R T}{V_\psi} \tag{6.41}$$

其中,$V_\psi$ 为自由容积,随压力一起变化。使用火药力和装填密度表示的定容状态下的气体状态方程如下

$$P_\psi = \frac{f \Delta \psi}{1 - \dfrac{\Delta}{\rho_p} - \left(\alpha - \dfrac{1}{\rho_p}\right)\Delta \psi} \tag{6.42}$$

从式中可以看出,压力随着火药燃烧百分比而逐渐变化。但是,燃烧温度一直是火药的爆温。

**3.燃烧过程假设**

为了增加燃烧产物的热电离,本节中在发射药里添加少量的碳酸钾。根据热电离理论,做出如下假设:

(1)碳酸钾在高温环境中完全分解;

(2)假定燃烧产物是均匀的;

(3)不考虑热电离过程中出现概率极小的二次电离或者多重电离的情况。

## 6.2.2　高压下发射药产生等离子体规律模型构建

**1.内弹道方程**

(1)火药形状函数。火药形状函数方程为

$$\psi = \begin{cases} \chi Z (1 + \lambda Z + \mu Z^2), & Z < 1 \\ \chi_s \dfrac{Z}{Z_k}\left(1 + \lambda_s \dfrac{Z}{Z_k}\right), & 1 \leqslant Z < Z_k \\ 1, & Z \geqslant Z_k \end{cases} \tag{6.43}$$

式中：$\chi$、$\lambda$ 为火药分裂之前的形状特征量；$Z_k$ 为燃烧结束时火药相对已燃厚度；$\chi_s$、$\lambda_s$ 为火药分裂后的形状特征量。

(2)燃速方程。燃烧速度方程为

$$\frac{dz}{dt} = \frac{P}{I_k} \tag{6.44}$$

(3)弹丸运动方程。根据火药燃烧内弹道的基本假设，同时考虑次要功的影响，可由牛顿定律获得：

$$S_p = \varphi m \frac{dv}{dt} \tag{6.45}$$

$$V = \frac{dl}{dt} \tag{6.46}$$

式中：$S$ 是弹丸最大横截面积；$p$ 是火药燃气平均压力；$m$ 是弹丸的质量；$l$ 是弹丸行程；$v$ 是弹丸速度；$\varphi$ 是次要功系数。

(4)气体状态方程。根据能量守恒定律，得到火药燃烧的能量方程如下：

$$S_p(l + l_\psi) = f\omega\psi - \frac{\theta}{2}\varphi m v^2 \tag{6.47}$$

式中：$l_\psi$ 是药室自由容积缩径长；$\omega$ 是装药质量；$\theta$ 是火药热力参数；$\psi$ 是火药已燃百分数；$f$ 是火药力；$\Delta$ 是装填密度；$\rho_p$ 是火药密度；$\alpha$ 是余容。

(5)弹道方程组。根据以上方程得到高压状态下内弹道方程组有

$$\left.\begin{array}{l} \psi = \begin{cases} \chi Z(1 + \lambda Z + \mu Z^2), & Z < 1 \\ \chi_s \dfrac{Z}{Z_k}\left(1 + \lambda_s \dfrac{Z}{Z_k}\right), & 1 \leqslant Z < Z_k \\ 1, & Z \geqslant Z_k \end{cases} \\ \dfrac{dz}{dt} = \begin{cases} \dfrac{\overline{\mu}_1}{\delta_1}P^n, & Z < Z_k \\ 0, & Z \geqslant Z_k \end{cases} \\ V = \dfrac{dl}{dt} \\ S_p = \varphi m \dfrac{dv}{dt} \\ S_p(l + l_\psi) = f\omega\psi - \dfrac{\theta}{2}\varphi m v^2 \end{array}\right\} \tag{6.48}$$

**2.燃气温度方程**

由于火药燃气不断推动弹丸做功而损失能量，所以燃气温度不断降低。火药气体温度与体积的变化关系有

$$p(V_\psi + Sl) = \omega\psi RT \tag{6.49}$$

通常以弹丸行程表示：

$$S_p (l + l_\psi) = \omega \psi R T \qquad (6.50)$$

温度是与压力 $p$ 、弹丸行程 $l$ 、火药已燃百分比 $\psi$ 有关的函数。这些数据可以通过内弹道方程组求得。

**3. 电子密度方程**

通过燃气温度方程,可以获得火药燃气的燃温。由于火药燃气中生成等离子体的方式是热电离,所以可以应用萨哈方程计算燃气中电子密度。

$$\frac{n_e n_i}{n_0} = \frac{(2\pi m_e kT)^{1.5}}{h^3} \frac{2g_i}{g_0} \exp\left(\frac{-e E_i}{kT}\right) \qquad (6.51)$$

式中：$T$ 为热力学温度；$E_i$ 为离子的电离电位；$g_0$ 为原子基态的统计权重；$g_i$ 为离子基态的统计权重；$m_e$ 为电子质量；$n_e$ 为电子密度；$n_i$ 为离子密度；$n_0$ 为原子密度。对于碱金属说,$\frac{2g_i}{g_0}$ 的值约为 1,其它气体一般为 2。

**4. 高压状态下等离子体密度生成规律数学模型**

高压状态下生成等离子体密度方程组由内弹道方程组、燃气温度方程和电子密度方程三部分组成。仿真过程分为三步,首先根据内弹道方程计算出燃气压力、弹丸行程等与火药燃烧质量的关系,然后根据内弹道的计算结果,通过燃气温度方程计算出火药燃气的温度,最后再根据电子密度方程计算等离子体中电子密度。

$$\left.\begin{array}{l} \psi = \begin{cases} \chi Z (1 + \lambda Z + \mu Z^2), & Z < 1 \\ \chi_s Z_k \left(1 + \lambda_s \dfrac{Z}{Z_k}\right), & 1 \leqslant Z < Z_k \\ 1, & Z \geqslant Z_k \end{cases} \\[2em] \dfrac{dz}{dt} = \begin{cases} \dfrac{\bar{\mu}_1}{\delta_1} p^n, & Z < Z_k \\ 0, & Z \geqslant Z_k \end{cases} \\[2em] V = \dfrac{dl}{dt} \\[1em] S_p = \varphi m \dfrac{dv}{dt} \\[1em] S_p (l + l_\psi) = f \omega \psi - \dfrac{\theta}{2} \varphi m v^2 \\[1em] S_p (l + l_\psi) = \omega \psi R T \\[1em] \dfrac{n_e n_i}{n_0} = \dfrac{(2\pi m_e kT)^{1.5}}{h^3} \dfrac{2g_i}{g_0} \exp\left(\dfrac{-e E_i}{kT}\right) \end{array}\right\} \qquad (6.52)$$

## 6.2.3 高压下发射药产生等离子体规律模型验证

根据数学模型,编写仿真程序,弹道诸元及装药条件见表 6 - 2。根据所获得的仿真结果与内弹道试验数据进行对比,验证数学模型。

**1.初始诸元**

**表 6 - 2 仿真初始诸元**

| 符 号 | 数 值 | 单 位 | 符 号 | 数 值 | 单 位 |
|---|---|---|---|---|---|
| $\rho^P$ | 1 600 | kg/m$^3$ | $\lambda$ | 0.153 5 | |
| $\omega$ | 0.136 | kg | $\mu$ | −0.047 45 | |
| $f$ | 935 | kJ/kg | $\chi_s$ | 1.268 4 | |
| $\theta$ | 0.2 | | $\lambda_s$ | −0.313 4 | |
| $\alpha$ | 0.001 | m$^3$/kg | $m$ | 0.39 | kg |
| $\mu_1$ | $7.6 \times 10^{-8}$ | m/(S·Pa$^n$) | $S$ | 0.000 738 | m$^2$ |
| $n$ | 0.845 | | $V_0$ | 0.000 132 | m$^3$ |
| $e_1$ | 0.000 052 8 | m | $l_g$ | 1.494 | m |
| $d$ | 0.000 022 7 | m | $\varphi$ | 1.13 | |
| $\chi$ | 0.787 4 | | $p_0$ | $3 \times 10^7$ | Pa |

**2.仿真结果与试验结果验证**

图 6 - 2 是利用数学模型进行数值仿真所获得的内弹道仿真数据与试验数据对比图。

由数值仿真获得的数据和试验数据进行对比,在弹丸质量 $m = 0.39$ kg,装药量 $\omega = 0.136$ kg,药室容积 $V_0 = 1.32 \times 10^{-4}$ m$^3$ 的情况下,求得膛压最大值在 374 MPa,弹丸初速 898 m/s,与试验结果基本吻合,图像基本相近,验证了所建模型的正确性。

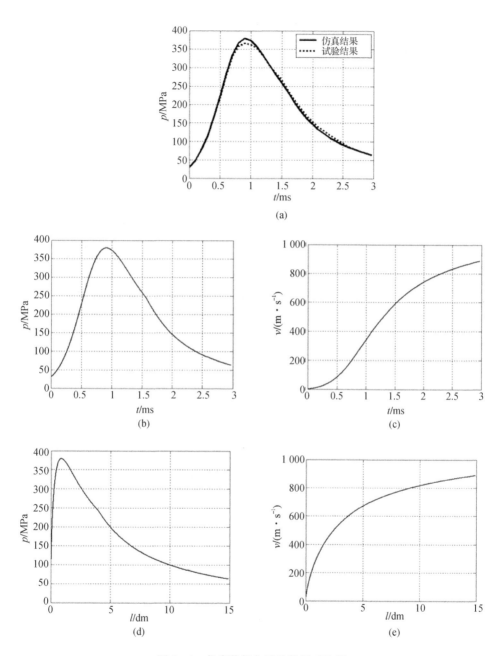

图 6 - 2　仿真数据与试验数据对比图

(a)内弹道试验曲线与仿真曲线对比；　(b) 膛压时间曲线；　(c)弹丸速度时间曲线；

(d)膛压位移曲线；　(e)弹丸速度位移曲线

# 6.3 高压下发射药产生等离子体仿真分析

为了对高压状态下等离子体生成规律进行数值仿真研究,利用第 6.2 节建立的数学模型,采用龙格-库塔法进行计算。设计数值模拟仿真的流程,并进行编程,对高压状态下等离子体生成情况进行数值模拟仿真。最后,利用所建立的数学模型,分析不同的装药结构参数对高压状态下等离子体生成情况的影响。

## 6.3.1 数值计算方法

### 1.数值仿真过程

数值仿真是建立在数学模型的基础上,根据选用的计算方法建立仿真模型,利用编程软件对仿真模型进行编程,然后进行仿真计算。数值仿真的过程可以用图 6-3 表示。从图中可以得出,数值仿真一般分为以下四个步骤:

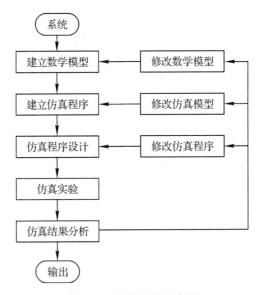

图 6-3 仿真过程示意图

(1)建立系统的数学模型。该过程采用微分方程来描述系统的动态特性。建立数学模型一般是通过基本定律和试验的方法来实现。

(2)建立仿真模型。为了使数学模型方便计算,需要对模型进行离散化处理。一般有两种方法：一是对数学模型进行积分化处理；二是对数学模型进行离散化处理。离散化处理又有多种形式。一种是对数学模型的空间进行离散化处理，得到了离散化的数学空间模型，再利用离散化的空间模型进行仿真计算。另外一种是对数学模型的传递函数进行离散化处理，得到脉冲传递函数，再转化为差分方程，最后进行编程计算。常用的几种数值积分方法介绍如下。

1）阿达姆斯法。四阶阿达姆斯法计算量比较小，而且编程简单，具有四阶的精度，但阿达姆斯法不能自启动，是多步法运行，需要与其他的算法共同进行。

2）低阶隐式法。低阶隐式法在计算时可以取较大的步长，计算的稳定区域大，所以计算量可以很小。但是，低阶隐式法需要用欧拉法、牛顿法、消元法等多种方法同时进行，编写程序比较复杂。

3）定步长四阶龙格-库塔法。龙格-库塔法的计算是一步一步进行的，只要设定好初始值，可以自发进行计算。龙格-库塔法计算速度比较慢，但其编写简单，因此得到广泛的应用。

4）变步长四阶龙格-库塔法。变步长四阶龙格-库塔法可以自由设置每步计算的长度，但增加了编写程序的难度。

通过以上各种方法优缺点的对比，定步长四阶龙格-库塔法编写程序简单，计算精度较高，所以本报告选用定步长四阶龙格-库塔法进行计算。

（3）编写仿真程序。该过程根据数学模型，将仿真过程编写进计算机程序内。

（4）进行仿真试验。运行编写好的程序，获得数值计算结果，并对结果进行分析；如果对结果不满意则修改程序，再次运行，获得数值计算结果重新分析，直到得到预期的结果。

主程序框图以及龙格-库塔法子程序框图如图 6-4 和图 6-5 所示。

内弹道过程很短，只有几毫秒，而定步长四阶龙格-库塔法和变步长四阶龙格-库塔法计算的速度变化不大，但是变步长四阶龙格-库塔法编程复杂，因此采用定步长四阶龙格-库塔法。

四阶龙格-库塔法的计算公式为

$$\left.\begin{aligned}
y_{n+1} &= y_n + \frac{1}{6}(K_1 + 2K_2 + 2K_3 + K_4) \\
K_1 &= hf(t_n, y_n) \\
K_2 &= hf\left(t_n + \frac{h}{2}, y_n + \frac{K_1}{2}\right) \\
K_3 &= hf\left(t_n + \frac{h}{2}, y_n + \frac{K_2}{2}\right) \quad K_4 = hf\left(t_n + h, y_n + \frac{K_3}{2}\right)
\end{aligned}\right\} \quad (6.53)$$

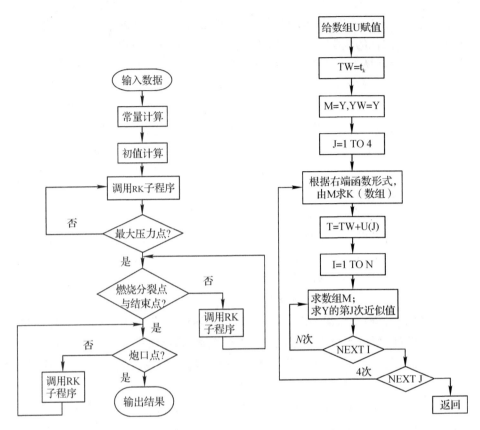

图 6-4  主程序框图          图 6-5  龙格-库塔法子程序框图

对于微分方程组的四阶龙格-库塔法的计算公式,可以由下式进行推广获得:

$$y_{i,n+1} = y_{i,n} + \frac{1}{6}(K_{i1} + 2K_{i2} + 2K_{3i} + K_{i4})$$

$$K_{i1} = h f_i(t_n, y_{1n}, y_{2n}, \cdots, y_{mn})$$

$$K_{i2} = h f_i\left(t_n + \frac{h}{2}, y_{1n} + \frac{1}{2}K_{11}, y_{2n} + \frac{1}{2}K_{21}, \cdots, y_{mn} + \frac{1}{2}K_{m1}\right)$$

$$K_{3i} = h f_i\left(t_n + \frac{h}{2}, y_{1n} + \frac{1}{2}K_{12}, y_{2n} + \frac{1}{2}K_{22}, \cdots, y_{mn} + \frac{1}{2}K_{m2}\right)$$

$$K_{i4} = h f_i\left(t_n + h, y_{1n} + \frac{1}{2}K_{13}, y_{2n} + \frac{1}{2}K_{23}, \cdots, y_{mn} + \frac{1}{2}K_{m3}\right)$$

$$(6.54)$$

**2.计算步骤**

(1)输入已知数据。

1)火炮构造及弹丸诸元:药室容积($V_0$)、炮膛横断面积($S$)、弹丸质量($m$)、弹丸全行程长($l_g$)。

2)装药条件:火药力($f$)、装药质量($\omega$)、余容($\alpha$)、火药密度($\rho^P$)、火药燃速系数($\mu_1$)、火药燃速指数($n$)、火药起始厚度(弧厚 $e_1$)、火药形状特征量($\chi$、$\lambda$、$\mu$、$\chi_s$、$\lambda_s$)。

3)起始条件:启动压强($p_0$)。

4)计算常数:火药热力系数($\theta$)、次要功系数($\varphi_1$)。

5)计算条件:计算步长($h$)。

(2)常量计算:

$$\left.\begin{aligned}
\varphi &= \varphi_1 + \lambda_2 \frac{\omega}{m} \\[2mm]
\Delta &= \frac{\omega}{V_0} \\[2mm]
l_0 &= \frac{V_0}{S} \\[2mm]
V_j &= \sqrt{\frac{2f\omega}{\theta\varphi m}} \\[2mm]
B &= \frac{S^2 e_1{}^2}{f\omega\varphi m \mu_1{}^2}(f\Delta)^{2-2n} \\[2mm]
\overline{l}_g &= \frac{l_g}{l_0}
\end{aligned}\right\} \tag{6.55}$$

(3)初值计算。以弹丸启动为初始点,假设启动时不计算点火药的影响,由火药燃烧的特点和气体状态方程和能量转换等公式可以获得内弹道的初始值如下:

$$\left.\begin{aligned}
\overline{V}_0 &= \overline{t}_0 = 0 \\[2mm]
\overline{p}_0 &= \frac{p_0}{f\Delta} \\[2mm]
\psi_0 &= \frac{\dfrac{1}{\Delta} - \dfrac{1}{\rho^p}}{\overline{p}_0 + \left(\alpha - \dfrac{1}{\rho^p}\right)} \\[3mm]
Z_0 &= \frac{\sqrt{1 + \dfrac{4\lambda\,\psi_0}{\chi}} - 1}{2\lambda}
\end{aligned}\right\} \tag{6.56}$$

(4)弹道循环计算及电子密度计算。

每一个弹道循环的计算都分为以下几个步骤进行：

1)指定步长。根据指定的步长调用四阶龙格-库塔法，通过 $y_i$ 计算 $y_{i+1}$。

2)最大压力区间的搜索。在计算过程中判断压力的变化情况，当压力上升的时候记录 $y_m = y_i$，当压力下降的时候，记录 $y_{i+1}$。最大压力点存在于 $y_i$、$y_{i+1}$、$y_m$ 三点组成的区间，对此区间进行进一步的搜索可获得最大压力，获得最大压力值以后，通过控制方程终止对最大压力的搜索。

3)燃烧特征值的判断。对特征值 $Z$ 进行比较计算，当 $Z > 1$ 的时候进行分裂点的计算，当 $Z > Z_k$ 的时候进行燃烧结束点的计算。

4)炮口点判断。对弹丸运动距离进行判断，当 $l > l_g$ 时，进行炮口点的运算。

当内弹道计算过程结束以后，根据获得的压力、弹丸速度、时间等数据，对弹丸发射时燃气温度进行计算，最后根据萨哈方程计算电子密度。

(5)输出。将计算得到的各诸元由相对量转换成绝对量，然后输出表格及曲线。

## 6.3.2 等离子体生成密度仿真分析

根据内弹道方程组仿真计算获得的弹道诸元，进行仿真，获得的燃气温度曲线如图 6-6 所示。

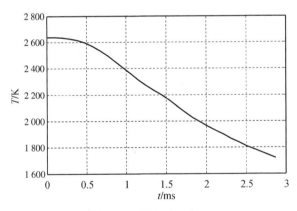

图 6-6 温度时间曲线

从图 6-6 中可以看出，开始时，火炮膛内燃气温度是 2 625.4 K，发射药气体的温度在引燃的瞬间达到了最大值，此温度接近于发射药的爆温。随后，由于燃气推动弹丸运动而做功，燃气温度逐渐下降。

在温度升高时,电离种子碳酸钾分解,生成钾原子,钾原子发生热电离,生成电子和离子,该过程可以用萨哈方程来描述。为了便于观察,将等离子体密度取对数,仿真获得的等离子体密度与温度曲线如图 6-7 所示。从图中可以看出随着温度的上升,电子密度增大。

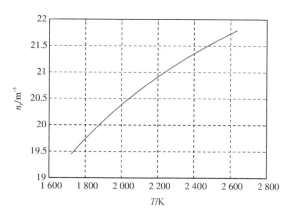

图 6-7　电子密度温度曲线

**1.装药量变化对产生等离子体密度变化规律的影响研究**

针对高压状态下等离子体密度生成规律进行研究,不仅要分析一种情况下等离子体生成的量,还要分析不同装药参数(如:装药量、装填密度、火药力等)对于等离子体生成情况的影响。本小节通过改变不同的装药参数,研究其对燃气温度和等离子体密度的影响。

在火炮设计的过程中,由于对于膛压和初速的要求,通常采用改变装药量的方法,来达到初速和膛压的指标。所以,在内弹道的设计方面,掌握装药量的变化对初速和膛压的影响有重要意义。装药量的增加,实际上是燃烧生成发射药燃气总量的增加,从而会导致膛内压力的增大,压力的增大会使弹丸的推力变大,弹丸的初速也随之增高。装药量的变化对膛压和初速的影响见表 6-3,压力和弹丸速度随装药量变化如图 6-8、图 6-9 所示。

表 6-3　不同试验组数据

| 试验分组 | 装药量 $\omega$/kg | 最大膛压值 $P_m$/MPa | 炮口初速 $V_0$/(m·s$^{-1}$) |
| --- | --- | --- | --- |
| 1 | 0.09 | 176.32 | 701.13 |
| 2 | 0.10 | 217.80 | 760.74 |
| 3 | 0.11 | 268.90 | 821.00 |
| 4 | 0.12 | 333.19 | 881.92 |
| 5 | 0.13 | 415.45 | 943.98 |

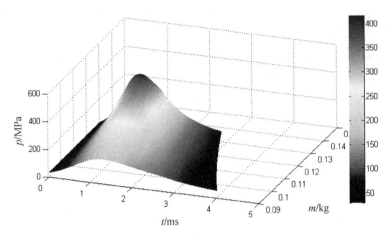

图 6 - 8　压力随装药量变化图

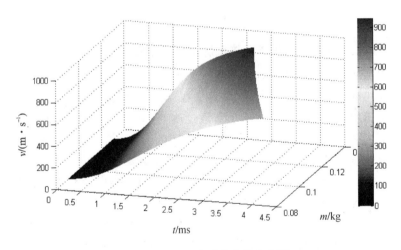

图 6 - 9　弹丸速度随装药量变化图

　　从表 6 - 3 中可以看出,随着装药量的变化,膛压和炮口初速都会增大,但是膛压的增速更快。从第一次试验到第三次试验,膛压增加了 52.5%,炮口初速增加了 17.1%;从第三次试验到第五次试验,膛压增加了 54.5%,炮口初速增加了 14.9%。膛压比弹丸初速增加的速率大很多,高膛压会对身管的结构造成一定的破坏,因此增加装药量会让身管寿命减少。装药量的增加导致膛压的增加,而膛压的变化影响燃气温度的变化,图 6 - 10 是装药量变化与燃气温度的关系曲线。

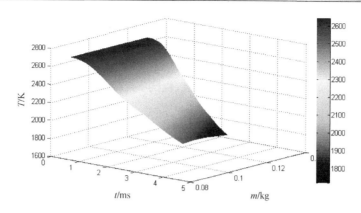

图 6 - 10　温度随装药量变化图

从图 6 - 10 中可以看出,五种装药量的燃气温度在引燃时都达到了最高值 2 638 K,然后随着推动弹丸运动做功,燃气温度逐渐下降。虽然五种不同的装药量生成燃气温度的最高值是相等的,但随着装药量的增加,燃气温度下降的速度越来越快。第一组试验结束时的温度是 1 910.80 K,发射药完全燃烧用时 4.01 ms;第三组试验结束时温度是 1 830.10 K,发射药完全燃烧用时 3.39 ms,第五组试验结束时温度是 1 721.20 K,发射药完全燃烧用时 2.88 ms。

发射药的爆温对于同种发射药来说基本不变,所以五种燃气的最高温是一样的。发射药刚刚引燃时,燃气温度接近于发射药的爆温,由于装药量的增加会导致膛压增加。根据燃速方程,压力增大,会导致发射药燃速增大,发射药更早地结束燃烧。而当发射药燃烧结束以后,膛内燃气温度急剧下降。图 6 - 11 表示在不同装药量的情况下,发射药燃烧百分比 $\varphi$ 和时间 $t$ 的变化关系。

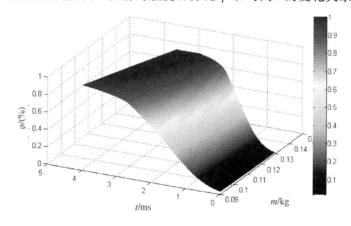

图 6 - 11　发射药燃烧百分比随装药量变化图

图 6-12 是不同装药量情况下,等离子体生成密度的变化曲线。为了便于观察,将等离子体密度取对数。从图 6-12 中可以看出,随着装药量的增加,等离子体的密度略有下降,等离子体存在的时间也逐渐减少。从第一次试验到第五次,试验结束时等离子体密度的对数依次为 20.10、19.98、19.84、19.65、19.44。

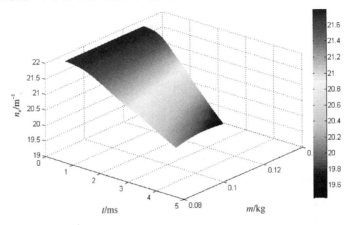

图 6-12　电子密度随装药量变化图

### 2.药室容积变化对产生等离子体密度变化规律的影响研究

在装药量不变的情况下,药室容积的变化即改变装填密度。分别对药室容积取 110 cm³、130 cm³、150 cm³、170 cm³、190 cm³,进行仿真试验,获得的压力-时间、速度-时间以及发射药燃烧百分比-时间的曲线如图 6-13~图 6-15 所示。

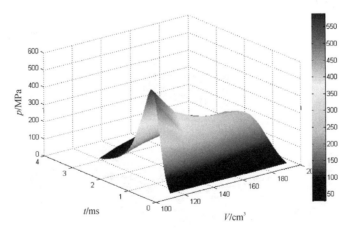

图 6-13　压力随药室容积变化图

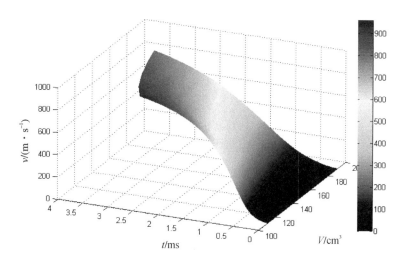

图 6-14　弹丸速度随药室容积变化图

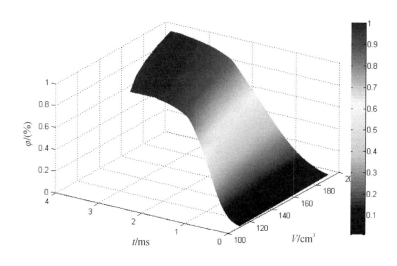

图 6-15　发射药燃烧百分比随药室容积变化图

　　通过分析可以看出,压力曲线随着药室容积的增大变得越来越平滑,最大压力值的出现逐渐延后,而且最大压力也逐渐下降,这对于减少膛压是有好处的。在速度-时间曲线中最大速度的出现也随着药室容积的增大而延后,并且最大速度值有所下降,对于提高火炮的初速是不利的。随着药室容积的增加发射药燃烧结束时间越来越晚,这表明发射药的燃速变得越来越低。

　　图 6-16 和图 6-17 是改变药室容积,得到的发射药燃气温度-时间曲线和

等离子体密度-时间曲线。

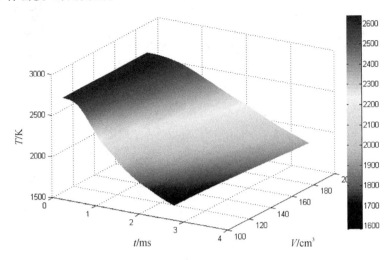

图 6-16　温度随药室容积变化图

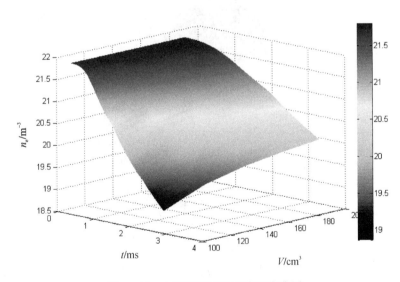

图 6-17　电子密度随药室容积变化图

从图中可以看出,随着药室容积的增大,燃气温度下降的速度越来越慢,结束时的燃气温度越来越高。导致这种现象的原因是药室容积的增大使得发射药燃烧速度降低,能够使发射药燃气保持更长时间的高温。相应的,发射药燃气温度下降的减缓,使得等离子体密度的下降也减缓,即随着药室容积的增加,等离子体的密度也会增大。

### 3.火药力的变化对产生等离子体密度变化规律的影响研究

不同的发射药成分对应不同的火药力,火药力的改变即改变发射药的种类。火药力和装药量总是以乘积的形式出现在内弹道方程中,它们的乘积是发射药总能量,所以火药力的改变也是发射药总能量的改变。分别取火药力为850 kJ/kg、900 kJ/kg、950 kJ/kg、1 000 kJ/kg、1 050 kJ/kg,进行仿真试验,获得的压力-时间曲线、速度-时间曲线和发射药燃烧百分比-时间曲线如图6-18~图6-20所示。

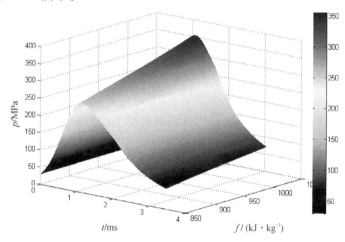

图 6 - 18 压力随火药力变化图

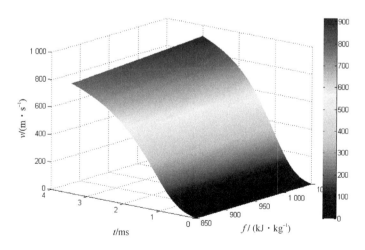

图 6 - 19 弹丸速度随火药力变化图

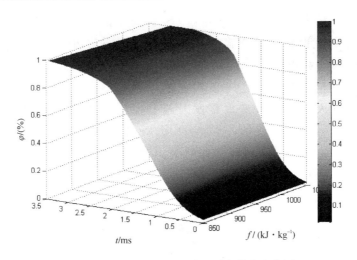

图 6-20　发射药燃烧百分比随火药力变化图

通过分析可以看出,火药力的增大会导致膛压和初速的增大,但是火药力对膛压的影响要比对初速的影响更大。火药力从 850 kJ/kg 增加到 1 050 kJ/kg,最大膛压从 259.5 MPa 增加到 355.1 MPa,增长 36.8%。而最大初速从 797.4 m/s 增加到 914.2 m/s,增长 14.6%。火药力的增加会因为膛压的增大而使发射药燃速更快。

图 6-21 和图 6-22 是改变火药力,得到的温度-时间曲线和等离子体密度-时间曲线。

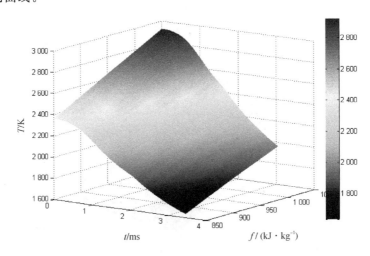

图 6-21　温度随火药力变化图

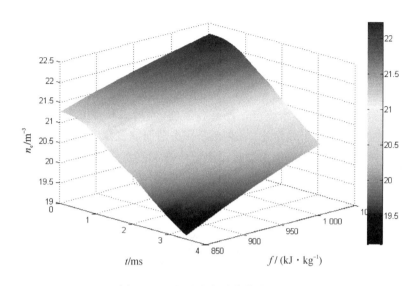

图 6 - 22  电子密度随火药力变化图

通过分析可以看出火药力的增大,燃气的温度也在升高。和装药量与药室容积变化不同的是,火药力的变化会导致燃气初始温度的改变。原因是药力的改变即发射药成分的改变,而燃气的爆温是与发射药成分相关的。而火药力的增大即燃气能量的增加,必然会导致燃气温度的升高。根据萨哈方程,燃气温度的上升又会导致等离子体密度的增大。

# 6.4  发射药产生等离子体规律试验验证

为了研究火炮发射药生成等离子体的规律,并验证前文针对这一问题建立的数学模型及其仿真结果的正确性。利用常压下发射药燃烧试验系统,进行常压下发射药燃烧生成等离子体试验,验证常压下发射药燃烧产生等离子体密度的计算结果。

## 6.4.1  常压下发射药产生等离子体规律试验

在完成常压下发射药燃烧生成等离子体参数计算的基础上,还需设计试验系统进行试验试验。

常压下发射药燃烧生成等离子体测试试验是通过在开放性的燃烧平台燃烧

发射药,并利用光谱法测量产生的等离子体密度。通过对试验结果的分析,研究常压下发射药燃烧产生等离子体的规律。

**1.试验设备及操作步骤**

(1)试验设备。常压下发射药燃烧试验系统,包含发射药燃烧平台、光谱测量系统和激光点火器等(见图6-23)。发射药燃烧平台为发射药提供一个开放性的燃烧场地。光谱测量系统包含蓝宝石玻璃、光谱仪和计算机。蓝宝石玻璃的透光性较好,普遍用于光学窗口,在光纤探头前面放置蓝宝石玻璃可以保护探头,并保证透光性。光谱仪用来测量等离子体的发射光谱,计算机用来对测量的光谱进行分析,获得等离子体参数。激光点火器用来点燃发射药。

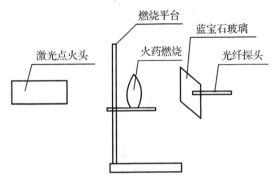

图6-23　常压下发射药燃烧试验系统示意图

本试验系统采用海洋光学 MX2500 型光谱仪(见图6-24),测量波长范围是 200~1 100 nm,采样时间为毫秒级,本试验所测量的光谱均在此范围以内。图6-25~图6-28是激光点火系统,采用激光点火器的好处是点火高效灵敏,操作方便。相比于电点火,激光点火不会产生杂质干扰测量结果。图6-29是常压下发射药燃烧试验系统实物图。

图6-24　海洋光学 MX2500 型光谱仪

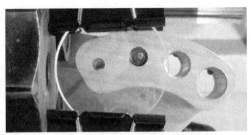

图6-25　光谱仪光纤探头

图 6-26　激光点火头

图 6-27　激光点火器控制器　　　　　　图 6-28　激光点火器电源

图 6-29　常压下发射药燃烧试验系统

（2）试验操作步骤。

1）启动光谱仪等仪器，并根据使用说明说进行试验之前的调整、校对。

2）将激光点火头安装在固定装置上，并对准燃烧台面。

3）将切好的含有催化剂的药条放置在燃烧平台上。

4）将蓝宝石玻璃固定在燃烧平台竖直一侧，用来保护光纤探头。

5）将光纤探头安置在蓝宝石玻璃后面，并连接好光谱仪和计算机，光纤长度取5 m，保证试验仪器及人员的安全。

6）开启激光点火器电源，当试验人员给出安全信号后，再进行点火。

7）点火后，由专人切断激光点火器安全开关。

8）发射药燃烧后，产生高温燃气，发生电离，光纤探头通过蓝宝石玻璃收集等离子体发出的光谱，经光谱仪处理以后将光谱图传到计算机，进行数据处理与分析。

9）取下点火线及电缆插头，并擦拭发射药燃烧平台。

**2.光谱法试验测试原理分析**

为了测量发射药燃烧生成等离子体的相关参数，选用非接触测量的光谱法进行测量。光谱法涉及电子跃迁，原子发射光谱等理论，下面对光谱测试法的原理进行分析。

（1）原子光谱。由于原子的状态发生变化而产生的电磁辐射即为原子光谱。原子光谱是元素的固有特征，当原子最外层电子获得能量以后，其状态会发生改变，变成较高的能级状态，由于高能级的不稳定性，电子会再次变为较低的能级状态，在此过程当中多余的能量会以光子的形式发射出去产生光谱。

$$M^* \rightarrow M + h\nu \tag{6.57}$$

原子由两部分组成，分别是质量较大带正电的原子核和质量较小带负电的电子。电子围绕原子核旋转，由于电子具有不同的能量，所以电子处于不同的轨道上，能量的量级是非连续的。当电子由外层高能量级改变到内层低能量级状态时，会发射光谱，谱线的波长与能级的能量变化有关：

$$\lambda = \frac{hc}{E_2 - E_1} \tag{6.58}$$

式中：$\lambda$ 为波长，nm；$h$ 为普朗克常量；$c$ 为光速；$E_2$、$E_1$ 为高能级与低能级的能量，eV。

（2）激发能级的分布。在热等离子体中，粒子间的频繁碰撞与能量交换，最后必能达到近似的能量，称为热力学平衡状态。

只有处于封闭状态的体系，并且与周围环境的温度相等时，才能达到完全的热力学平衡状态。光谱分析光源中的等离子体不是绝热的。从整体上看不满足完全热力学平衡条件。但在局部区域,如果能量的传递速率和能量在各个自由度上的分配速率相比很小,则可以认为在体系的各个部分分别建立了热力学平衡。这种在某一部分达到了平衡的体系,称为局部热力学平衡系统。

本试验测量的系统可认为合乎局部热力学平衡条件,因此不同粒子所具有的能量分布符合玻尔兹曼方程,即

$$\frac{N_q}{N_0} = \frac{g_q}{g_0} e^{-\frac{E_q}{kT}} \tag{6.59}$$

式中:$N_q$ 代表某种粒子处于激发态 $q$ 的浓度;$N_0$ 为相应的粒子处于基态的浓度;$g_q$ 为激发态能级的统计权重;$g_0$ 为基态能级的统计权重;$E_q$ 为 $q$ 能级的激发能;$k$ 为玻尔兹曼常数($k = 8.614 \times 10^{-5} \, eV/K$ 或 $1.380\,662 \times 10^{-23} \, J/K$);$T$ 为激发温度。

式(6.59)表明,激发温度越高,原子获得的能量越多,原子就有更多机会进入高能级状态,被激发的原子就更多。

(3)谱线的辐射强度。不同原子谱线的强度是不同的,这是进行定量分析的基础。原子数量的多少、电子跃迁几率和光谱能量都影响光谱的强度。

若某原子的能级从 $j$ 跃迁到 $i$,由于能级改变而发出光子的能量为 $h\nu_{ji}$,系统符合局部热力学平衡状态,那么原子数目在不同能级上的分布符合玻尔兹曼分布,由式(6.59)知,处于 $j$ 能级的原子数为

$$N_j = \frac{g_j}{g_0} N_0 \, e^{-\frac{E_j}{kT}} \tag{6.60}$$

此时,处于所有原子各能级的原子总数为

$$N = \sum_{m=0}^{j} N_m = \frac{N_0}{g_0} \sum_{m=0}^{j} g_m e^{-\frac{E_m}{kT}} \tag{6.61}$$

令

$$G = \sum_{m=0}^{j} g_m e^{-\frac{E_m}{kT}} \tag{6.62}$$

则原子总数为

$$N = \frac{N_0}{g_0} G \tag{6.63}$$

激发态原子数

$$N_j = \frac{g_j}{G} N \, e^{-\frac{E_j}{kT}} \tag{6.64}$$

式(6.62)中,$G$ 是配分函数,表示所有能级的状态之和。同一元素的原子和离子有不同的配分函数。不同原子和离子的配分函数能够通过查文献获得。

按照爱因斯坦理论及玻尔兹曼公式知,当无自吸收时原子谱线的强度为

$$I_{ji} = A_{ji} h \nu_{ji} N_j \tag{6.65}$$

激发态原子数为 $N_j = \dfrac{g_j}{G} N \, \mathrm{e}^{\frac{E_j}{kT}}$,则原子谱线的强度为

$$I_{ji} = A_{ji} h \nu_{ji} \frac{g_j}{G} N \, \mathrm{e}^{-\frac{E_j}{kT}} \tag{6.66}$$

式中:$N$ 为处于各种状态的原子数;$G$ 为原子的配分函数。

如果把等离子体的配分函数、电子跃迁概率和玻尔兹曼分布考虑在内,单位立体角内的光谱辐射强度为

$$I_{ji} = \frac{h \nu_{ji}}{4\pi} g_j A_{ji} \frac{N}{G} \mathrm{e}^{-\frac{E_j}{kT}} = \frac{hc}{4\pi \lambda_{ji}} g_j A_{ji} \frac{N}{G} \mathrm{e}^{-\frac{E_j}{kT}} \tag{6.67}$$

(4)萨哈(Saha)方程。如果电子和重粒子之间的碰撞足够频繁,不同粒子之间的温度会达到一个稳定值,系统处于热力学平衡状态。在这种状态下,从气体电离到变成完全电离等离子体的状态变化过程可以用萨哈方程来描述。此方程是由天体物理学家 Meghnad Saha 给出的,此方程表示了不同粒子之间的数量关系:

$$\frac{n_e n_i}{n_0} = \frac{(2\pi m_e kT)^{1.5}}{h^3} \frac{2 g_i}{g_0} \exp\left(\frac{-e E_i}{kT}\right) \tag{6.68}$$

由以上原子发射光谱理论可知,激发温度 $T$ 与谱线强度 $I_{ji}$ 有式(6.67)的关系,对式(6.68)两边取对数,则有

$$\ln\left[\frac{I_{ji} \lambda_{ji}}{A_{ji} g_j}\right] = -\frac{E_j}{kT} + \ln\left[\frac{hcN}{4\pi G}\right] \tag{6.69}$$

式(6.69)实际上是 $\ln\left[\dfrac{I_{ji} \lambda_{ji}}{A_{ji} g_j}\right] = f(E_j)$ 的直线方程,直线的斜率为 $K = -\dfrac{1}{kT}$,因此只要测得多条谱线的辐射强度就可以作出 $\ln\left[\dfrac{I_{ji} \lambda_{ji}}{A_{ji} g_j}\right] = f(E_j)$ 直线,进而得到直线的斜率 $K = -\dfrac{1}{kT}$,最后计算出激发温度 $T$。当系统处于局部热力学平衡的时候,激发温度就是等离子体的温度。

等离子体电子密度的测量原理是:电子密度能够直接反映等离子体的电离程度,在该试验条件下,电子密度等于等离子体密度,电子密度较易测量,因此,选择测量电子密度来表示等离子体密度。目前,测量等离子体电子密度的方法主要有萨哈方程法和斯托克展宽法,该两种方法的测量目标均是光谱强度,因此可以利用上述试验系统进行电子密度的测量。可以同时利用上述两种方法进行电子密度的计算,以便相互印证。具体方法如下。

热等离子体的特征是,发射光谱在接近等离子体中心区域的发射强度比其边缘的发射强度大三个数量级以上。在该试验中,等离子体边缘到中心的距离比较近,这意味着来光纤探头采集到的光与火焰中心光谱强度的数量级是一样的,即边缘的发射光被来自中心的发射光所淹没。因此,在光学薄的假设条件下,测得的光谱参数反应的是等离子体整体状态。

1)萨哈方程法。该试验中,等离子体主要是由高温热电离产生的,且满足局部热力学平衡条件,因而萨哈方程是适用的。由于该方法受温度影响较大,温度测量的误差会积累,如果测量结果与斯托克展宽法有较大误差,则测量结果不作为主要判断依据。

由前面的叙述可知,如果原子发生能级跃迁,多余的能量会通过光子辐射出来。当系统处于热力学平衡状态时,原子和离子的谱线强度满足下式:

$$\frac{I_j}{I_i} = \frac{A_j\ N_j g_j\ \lambda_i}{A_i\ N_i g_i\ \lambda_j}\ e^{-\frac{E_i - E_j}{kT}} \tag{6.70}$$

当等离子体在热力学平衡状态时,其电子、离子和中性原子的密度之间满足萨哈方程。

若只考虑等离子体中原子单次电离对电子密度的贡献,结合式(6.67)和式(6.69)得原子和一价离子谱线辐射强度满足下式:

$$n_e = \frac{2I}{I^+}\frac{A^+\ g^+ \lambda}{Ag\ \lambda^+}\left(\frac{2\pi\ m_e kT}{h^2}\right)^{\frac{3}{2}} e^{-\frac{E_i' + E^+ - E}{kT}} \tag{6.71}$$

式中:$n_e$ 为电子密度;$\lambda$ 为光谱线波长;$A$ 为跃迁概率;$I$ 为原子线的强度;$I^+$ 为离子线的强度;$g$ 是统计权重;$m_e$ 是电子的质量;$E_i$ 为原子的一次电离电位;$E^+$ 为离子线激发电位;$E$ 为原子线激发电位;$h$ 为普朗克常数;$k$ 为玻尔兹曼常数;$T$ 为热力学温度。

因此,如果已经知道温度,可以通过测量某一原子和离子的谱线强度可以获得等离子体的电子密度 $n_e$。

当系统处于局部热力学平衡状态时,一定满足下式:

$$n_e \geqslant 1.4 \times 10^{14}\ T^{\frac{1}{2}}\ \Delta E_{mn}^3 \tag{6.72}$$

式中:$\Delta E$ 为辐射跃迁的高低能级的能量差,eV;$T$ 为等离子体温度;$n_e$ 为电子密度。在测得电子的密度后要验证热力学平衡的假设是否成立。

2)斯托克展宽法。当等离子体的电离度小于千分之一的时候,库仑作用影响的 Stark 展宽在各种等离子体效应中占主导作用。斯托克展宽受温度影响较小,主要受电子密度的影响,通常用来测量电子密度。可以用下式去计算等离子体的电子密度:

$$\mathrm{FWHM} = [1 + 1.75 \times 10^{-4}\, n_e^{\frac{1}{4}} \alpha \times (1 - 0.068\, n_e^{\frac{1}{6}}\, T^{-\frac{1}{2}})\,] \times 10^{-16} \omega\, n_e$$

$$(6.73)$$

式中：$\alpha$ 为离子展宽参数；$\omega$ 为电子碰撞半宽度，各参数可在文献中查到；$n_e$ 为电子密度；$T$ 为等离子体中的电子温度，即等离子体温度。由于公式对温度变化很不敏感，只要测得谱线斯托克展宽轮廓的半高全宽 FWHM，并代入等离子体温度的近似值，可以得到 $n_e$。

### 3.试验结果及机理分析

试验室的温度应保持 20 ℃左右，相对湿度不得大于 85%。一共进行四组试验，分别是：不同药量的发射药燃烧产生等离子体测试试验；不同药型的发射药燃烧产生等离子体测试试验；在圆筒结构中的发射药燃烧产生等离子体测试试验；加入添加剂的发射药燃烧产生等离子体测试试验。

为了消除误差，试验进行三次，对测量结果取平均值。

（1）不同药型的发射药燃烧产生等离子体测试试验。采用单基药、双基药、三基药分别进行试验，药量选取 3 g，采用激光点火的方式引燃发射药。图6 - 30~图 6 - 33 为不同药型的发射药燃烧试验。

图 6 - 30　单基药燃烧试验

图 6 - 31　双基药燃烧试验

图 6 - 32　三基药燃烧试验

图 6 - 33　火药燃烧结束台面图

选用 MX2500 型光谱仪，积分时间 100 ms，测量光谱强度。图 6 - 34 是单基药燃烧获得的光谱图。从图中可以明显看到两条发射光谱分别为 766.48 nm

和 769.89 nm。通过查询数据库,这两条谱线均为钾元素的发射光谱。这是因为发射药中除了碳氢氧氮等元素,还含有少量的钾元素。光谱图中没有发现其它元素的发射光谱,验证了仿真分析的结果,即碳氢氧氮等元素的电离电位较高,在本试验条件下难以电离,而钾元素的电离电位较低,能够被电离,形成等离子体。

　　由于发射光谱主要集中在光谱仪的第六通道,为了便于观察,下面只列出第六通道的光谱图。图 6-34～图 6-37 为分别为单基药、双基药、三基药的发射光谱图。通过对比可以发现,光谱强度逐渐增大,这是因为随着火炮发射药爆温的增加,产生等离子体的浓度也增加,这也验证了产生等离子体浓度与温度的正相关关系。通过计算,三种发射药燃烧产生等离子体的密度为 $1.5 \times 10^{14} \, \mathrm{m}^{-3}$、$4.2 \times 10^{14} \, \mathrm{m}^{-3}$、$5.1 \times 10^{14} \, \mathrm{m}^{-3}$。

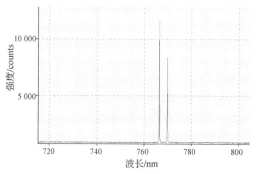

图 6-34　单基药燃烧光谱图　　　　　　图 6-35　双基药燃烧光谱图

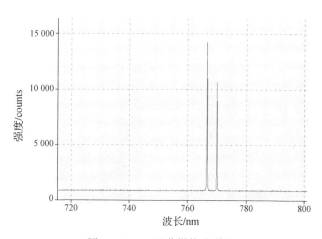

图 6-36　三基药燃烧光谱图

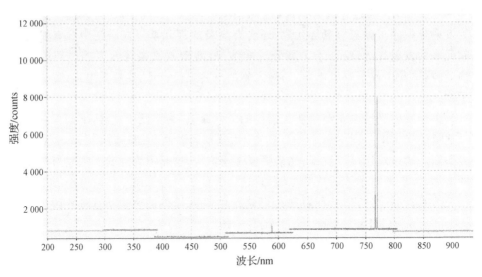

图 6-37  单基药燃烧光谱图

（2）在圆筒结构中的发射药燃烧产生等离子体测试试验。试验采用的高温玻璃圆筒能够承受最高温度为 1 700 K。虽然不同药型发射药的爆温均在 2 000 K以上，但是由于发射药燃烧过程短暂，在密闭爆发器的高压条件下，发射药的燃烧时间是毫秒级，在常压下发射药燃烧时间是秒级，所以发射药的燃烧不会对高温玻璃圆筒造成破坏。

玻璃圆筒有两种结构，分别是一端封闭一端开放的圆筒结构和两端开放的圆筒结构。两种不同结构的玻璃圆筒如图 6-38 和图 6-40 所示。考虑到玻璃圆筒内弧形结构和激光点火的特点，本试验采用三基药。图 6-39 为发射药燃烧结束后的玻璃圆筒。

图 6-38  圆筒结构中的发射药燃烧试验

图 6-39　燃烧结束后的玻璃圆筒

图 6-40　试验用高温玻璃圆筒

　　选用 MX2500 型光谱仪,积分时间 100 ms,测量光谱强度。图 6-41 和图 6-42 分别是两端开口的圆筒和一端开口的圆筒中发射药燃烧获得的光谱图。从图中可以看出,三基药在圆筒中燃烧和全开放环境下燃烧产生的等离子体光谱强度基本一致,这是由三基药特性决定的,三基药燃烧的爆温不变,产生的等离子体密度基本不变。相比于全开放环境燃烧,三基药在圆筒中的燃烧时间更长,这可能是由于半开放环境下氧气的量不够充足。

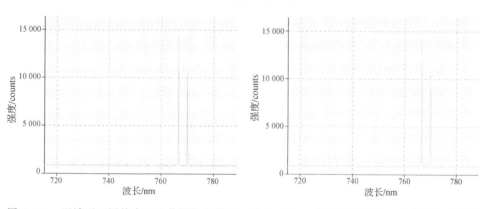

图 6-41　两端开口圆筒中三基药燃烧光谱图　图 6-42　一端开口圆筒中三基药燃烧光谱图

　　(3)加入添加剂的发射药燃烧产生等离子体测试试验。通过仿真分析可知,相比于碳氢氧氮等元素,钾元素更加易于电离。为了提高产生等离子体的密度和产生等离子体的持续时间,在发射药中加入添加剂碳酸钾。

　　由于双基药是颗粒状,便于和碳酸钾颗粒进行混合,碳酸钾能够更加充分地燃烧。所以采用双基药进行加入添加剂的燃烧试验。双基药取 1 g,碳酸钾加入 0.1 g,使用激光进行点火,选用 MX2500 型光谱仪,积分时间为 100 ms,测量光谱强度。图 6-43 为加入添加剂的发射药燃烧产生等离子体的光谱图。从图中可知,加入碳酸钾燃烧产生的等离子体光谱强度高于没有碳酸钾的发射药燃烧试验。通过计算,加入碳酸钾的发射药燃烧产生等离子体的密度为 $7.8 \times 10^{14} \mathrm{m}^{-3}$。

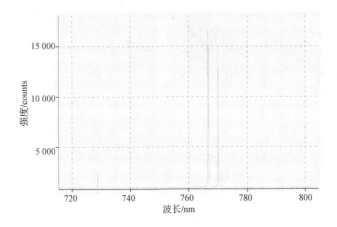

图 6-43　加入添加剂的双基药燃烧光谱图

(4)发射药燃烧产生等离子体机理分析。所谓热电离是指原子在热运动中与其它粒子发生非弹性碰撞获得足够大的能量而产生的电离。

由内弹道相关理论可知,发射药主要由 C、H、O、N 几种元素组成,发射药燃气的主要产物有 $N_2$、CO、$CO_2$、$H_2$、$H_2O$ 等。相关物质的电离电位见表 6-4。

表 6-4　电离电位

| 原子或分子 | 电离电位/eV |
|:---:|:---:|
| K | 4.34 |
| $C_s$ | 3.98 |
| $H_2$ | 15.6 |
| $O_2$ | 12.05 |
| $N_2$ | 15.6 |
| CO | 14.1 |
| $CO_2$ | 14.4 |
| $H_2O$ | 12.6 |

由于 $N_2$、CO、$CO_2$、$H_2$、$H_2O$ 等的电离电位比较高,发射药燃烧的温度只有 3 000 K 左右,相对而言比较低的,难以使燃烧产物电离。对于空气而言,在一个大气压的条件下,需要达到 6 000 K 以上的温度,才能具有可观的等离子体浓度。为了增加电离度,通常采用的方法是添加电离种子,即在燃烧物中添加一部分电离电位比较低的物质,使燃烧产物在较低的温度下能获得较高密度的等离子体。与碳氢氧氮相比,碱金属具有更低的电离电位,所以一般选用碱金属盐(比如钾盐、铯盐等)作为电离种子。本报告中在发射药里添加少量的碳酸钾,增加燃烧产物的热电离,获得一定浓度的等离子体。

## 6.4.2　高压下发射药产生等离子体规律试验

高压状态下发射药产生等离子体规律测试系统需要满足等离子体的光谱测量需求。试验测试系统由等离子体生成系统、压力测量系统和光谱测量系统三大部分组成。等离子体生成系统主要由燃烧室、宝石透视窗口和泄压装置等组成。燃烧室主要用于发射药的燃烧,宝石窗口是等离子体光谱诊断的窗口,泄压装置用于排出发射药燃烧后的气体。压力测量装置主要由压电传感器组成,用于测量高压状态下发射药燃气的压力值。光谱测量系统主要由光谱仪组成,功能是测量高压状态下生成等离子体的相关参数。试验测试系统整体组成图如图 6-44 所示,测试系统结构图如图 6-45 所示。

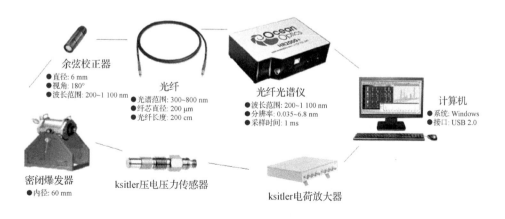

图 6-44　试验测试系统整体组成

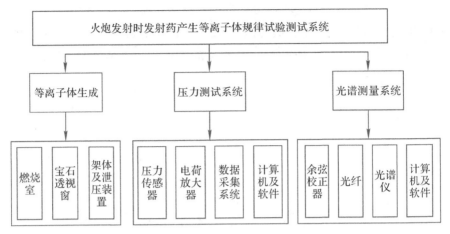

图 6-45　高压状态下发射药产生等离子体规律测试系统结构图

### 1.等离子体生成系统设计

为了研究高压状态下等离子体生成情况,借鉴密闭爆发器在内弹道试验方面的原理,提出了以燃烧室为主体的等离子体生成试验系统。

等离子体生成系统由一对光学透视窗口、点火装置、堵头以及燃烧室本体等组成(见图 6-46)。一对光学透视窗口为光谱测量系统提供高温高压条件下观测等离子体特性的通道,并通过光谱仪获得燃烧室内等离子体场的分布。燃烧室本体两端使用堵头密封。点火装置用于引燃材料并产生等离子体。燃烧室泄压使用传统的放气螺栓泄压,为保证泄压安全,把高压气体引入水槽。

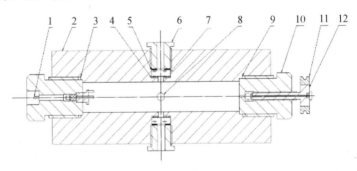

图 6-46　等离子体生成系统

1—点火装置;　2—燃烧室本体;　3,9—紫铜密封垫圈;　4—金属 O 形圈;　5—金属钛垫片;
6—宝石窗固定装置;　7—宝石窗片;　8—压力传感器;　10—堵头;　11—槽轮;　12—放气螺栓

本试验所设计的燃烧室要求能够满足 3 000 K 高温、400 MPa 的高压,所以选用炮钢作为燃烧室的材料。

根据密闭爆发器设计原理,燃烧室内径取 60 mm,由于在燃烧室本体上开窗口,外径根据弹性强度极限确定的理论外形半径公式(见下式),并适当增大取 260 mm,燃烧室本体长度 550 mm。

$$r_2 = r_1 \sqrt{\frac{3\sigma_p + 2p_1}{3\sigma_p - 4p_1}} = r_1 \sqrt{\frac{3\sigma_p + 2np}{3\sigma_p - 4np}} \tag{6.74}$$

(1)光学透视窗口设计。为了使用光谱法测量等离子体,需要在燃烧室本体上开一对透视窗口。该窗口的主要作用是为光谱测量提供光学通路。此外,由于高压状态下生成的发射药燃气具有高温、高压的特点,普通石英玻璃无法承受这样的高压和温度,并且光谱法测量等离子体参数对透视窗口的透光性有很高的要求,普通的石英玻璃无法满足要求。经过综合考证,只有人造蓝宝石晶体可以满足试验的要求,保障在极高温度条件下光的透射性。

1)透视窗口的尺寸规格设计。根据加工工艺及强度要求,宝石窗口直径不能过大,宝石窗口直径取 26 mm,宝石窗厚度 25 mm。并选用泡生法结晶的机械性能最优的 A 晶向蓝宝石。

2)透视窗口密封设计。由于高压状态下达到几百兆帕的高压,所以整个燃烧室的密封显得尤为重要。透视窗口破坏了燃烧室本来的结构,所以要对透视窗口的密封进行设计,以保障发射时高压状态。

图 6-47 宝石窗口密封圈截面示意图

对透视窗口的密封采用自紧型金属 O 形圈。金属 O 形圈的结构如图6-48所示,安装在透视窗口的底部。为保障高温高压下透视窗口密封要求,金属 O 形圈的材料使用金属钛。在透视窗口上部采用金属钛垫片压紧并密封。

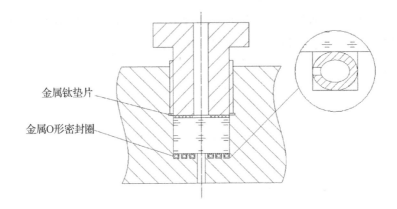

图 6-48 宝石窗口密封结构示意图

透视窗口底部的三个密封圈起主要密封作用,透视窗口上部的金属钛垫片由于受到宝石窗的压紧力形成自紧密封,密封结构如图 6-48 所示。在金属 O 形圈内部开小孔的方式使得 O 形圈内部与密封的气体相通。它的密封原理是通过预先压紧,O 形圈由于受压力而发生形变,O 形圈产生反作用力压迫接触面,进而形成一定的密封。当燃气压力增大时,高压燃气通过小孔进入 O 形圈内部,使内部压力增大,弹性变形增大,从而达到自紧效果。在自紧型金属 O 形圈的表面镀上一层软金属镍,以对环槽密封表面不平或微小缺陷提供某些补偿。

(2)系统强度校核。由于等离子体生成系统的主体是燃烧室,而燃烧室的设计要求能够满足 3 000 K 高温、400 MPa 的高压,这就对燃烧室的结构强度提出了极高的要求,所以有必要对结构强度进行校核。

1)燃烧室本体校核。燃烧室本体各横截面实际所能最大压强称为实际强度极限,用符号 $p_{1s}$ 表示,$p$ 为设计的最大压强。取安全系数 $n=1.3$,有

$$p_{1s} = \frac{3}{2}\sigma_p \frac{r_2^2 - r_1^2}{2r_2^2 + r_1^2} = 736.3 \text{ MPa} \tag{6.75}$$

式中:$r_2$ 为燃烧室外半径;$r_1$ 为燃烧室内半径;$\sigma_p$ 为材料比例极限。

$$n_s = \frac{p_{1s}}{p} = 1.53 > n = 1.3 \tag{6.76}$$

式中:$n_s$ 为实际安全系数。实际安全系数大于工作要求安全系数,符合要求。

2)透视窗口强度校核。采用螺纹连接对透视窗口进行固定与密封。设计最大压强为 400 MPa,压强余量为 80 MPa。

宝石材料力学性能如下:耐压强度 $2.1\times10^4$ MPa,抗张强度 $1.9\times10^3$ MPa。

以挤压面为最大危险面进行计算。以两倍冲击压力作为静压力,并以静载

荷校核宝石窗口片：

$$\frac{[\sigma]}{n}=1\,050\ \text{MPa} > 2\,p_{\text{m}}=960\ \text{MPa} \tag{6.77}$$

式中：$[\sigma]$ 为许用压应力，$[\sigma]=1\,080$ MPa；$p_{\text{m}}$ 为宝石窗口所承受的最大压强（数值为设计最大压强与压强余量之和），$p_{\text{m}}=480$ MPa；$n$ 为安全系数，$n=2$。

　　以剪切面为最大危险面进行计算。以两倍冲击压力作为静压力，并以静载荷校核宝石窗口片：

$$\tau=\frac{2\,p_{\,m}\pi\,d^{2}}{4\pi dh}=57.6\ \text{MPa} \tag{6.78}$$

式中：$p_m$ 为宝石窗口所承受的最大压强（数值为设计最大压强与压强余量之和），$p_m=480$ MPa；$d$ 为剪切圆面直径，$d=6$ mm；$h$ 为宝石窗厚度，$h=20$ mm。

$$\frac{[\tau]}{n}=85.5\ \text{MPa} \tag{6.79}$$

式中：$[\tau]$ 为许用切应力，安全系数 $n=2$。其中，许用切应力按脆性材料 $[\tau]$ 与许用拉应力的关系确定，$[\tau]=(0.8\sim1)\,[\sigma]$，取系数为 0.9，$[\tau]=171$ MPa。

　　由计算结果可知，无论以挤压面为危险受力面，还是以剪切面为危险受力面，该尺寸结构的宝石窗强度符合要求。

　　3）宝石窗固定装置螺纹校核。透视窗口选用螺栓进行固定。螺栓选用普通细螺纹，取公称直径 30 mm。内螺纹大径为 30 mm，螺纹小径为 26.752 mm，螺距 $P$ 为 3 mm，取螺纹扣数 $Z$ 为 12。

　　螺纹抗压强度为

$$\sigma_y=\frac{p_{\text{m}}\pi\,d_{\text{b}}^{2}}{\pi\,(d_{2}^{2}-d_{1}^{2})\,(Z-1.5)}=167.6\ \text{MPa} \tag{6.80}$$

式中，$p_{\text{m}}$ 为宝石窗口所承受的最大压强（数值为设计最大压强与压强余量之和），$P_m=480$ MPa；$d_{\text{b}}$ 为宝石窗口受力面直径，$d_{\text{b}}=26$ mm；$d_2$ 为螺纹大径，$d_2=30$ mm；$d_1$ 为螺纹小径，$d_1=26.752$ mm；$Z$ 为螺纹扣数，$Z=12$。

　　材料许用抗压强度：

$$\sigma=\frac{\sigma_{\text{b}}}{n}=540\ \text{MPa} \tag{6.81}$$

式中：$\sigma_{\text{b}}$ 为材料抗拉强度，$\sigma_{\text{b}}=1\,080$ MPa；$n$ 为安全系数，$n=2$。由于许用压强远远大于螺纹抗压强度，所以宝石窗片固定装置强度满足要求。

　　4）堵头螺纹设计及校核。为保证燃烧室内高压的密封条件，燃烧室两端的堵头选用米制梯形螺纹，取公称直径 75 mm，螺距 $P$ 为 10 mm，取螺纹扣数 $Z$ 为 12。采用紫铜垫圈密封，结构如图 6-49 所示。

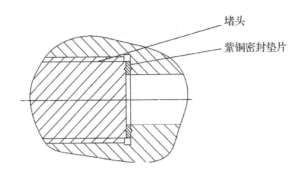

图 6-49 堵头密封结构局部剖视图

螺纹抗压强度为

$$\sigma_y = \frac{p_m \pi D^2}{\pi (D^2 - d^2)(Z - 1.5)} = 183.6 \ \text{MPa} \qquad (6.82)$$

式中：$p_m$ 为栓体所承受的最大压强，$p_m = 480$ MPa；$D$ 为栓体内螺纹公称直径，$D = 75$ mm；$d$ 为栓体螺纹小径，$d = 65$ mm；取螺纹扣数 $Z$ 为 12。取安全系数 $n = 2$，使用材料为 P30Cr2MnSiWA，其材料的抗拉强度为 1 080 MPa。

材料许用抗压强度为

$$\sigma = \frac{\sigma_b}{n} = 540 \ \text{MPa} \qquad (6.83)$$

抗压强度远小于材料许用抗压强度，符合要求。

**2.试验测试系统设计**

（1）压力测试系统设计。由于等离子体生成系统内发射药燃气处于高温高压的状态，而压力的高低对于发射药燃烧具有较大的影响，所以有必要对等离子体生成系统内发射药燃气的压力进行测量。借鉴内弹道密闭爆发器压力测量成熟的理论技术，选用压电传感器对燃烧室内压力进行测量。压力测量系统构成如图 6-50 所示。

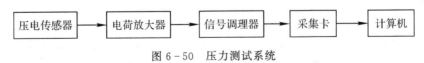

图 6-50 压力测试系统

压电测压传感器主要适用于测量快速变化的动态压力。在内燃机燃烧室的压力测量，各种爆炸冲击波压力测量，各种高压容器、管道内腔压力的动态测量（包括枪、炮膛内的压力测量）等方面，都广泛采用压电式测压传感器。本研究在燃烧室宝石窗的垂直侧面安装 ksitler 压电传感器(见图 6-51)作为压力测试系统前端传感器,通过电荷放大器将采集到的信号传输到计算机。燃烧室的设计压强达到 400 MPa,压力传感器测量范围 0~600 MPa,自然频率大于240 kHz,满足本试验的性能要求。

图 6-51　ksitler 压电传感器

(2)光谱测量系统设计。为了对高压状态下等离子体生成规律进行试验研究,就必须对等离子体的参数进行测量。等离子体测量常用的方法有朗缪尔探针法、阻抗测量法、微波干涉法、激光干涉法和光谱测量法。而本试验系统中研究的等离子体是由发射药燃烧生成,而发射药的爆温达到 3 000 K,所以接触测量法(如朗缪尔探针法、阻抗测量法)就无法满足要求。另外,微波干涉法、激光干涉法一般应用于托卡马克装置中核聚变等离子体的测量,而且具有较强的信号干扰,所以本试验系统选用非接触测量的光谱测量法。

由于本试验所测量的等离子体主要是发射药中加入的电离种子碳酸钾生成的钾离子,而钾离子所发射的光谱主要集中在 400~800 nm,这就要求光谱仪的测量范围包含钾离子的光谱范围。同时,发射药燃烧的过程是极短的,一般在几毫秒的时间内就燃烧结束,所以光谱仪的采样频率需要满足这一要求,性能指标列于表 6-5。

表 6-5　光学光谱仪性能指标表

| 设备名称 | 性能指标 |
| --- | --- |
| 余弦校正器 | 波长范围:300~1 100 nm;视场:180° |
| 光谱仪 | 波长范围:200~1 100 nm;分辨率:0.035~6.8 nm;采样时间:1 ms |
| 光纤 | 波长范围:300~800 nm;长度:200 cm |

本试验系统采用海洋光学 HR2000 型光谱仪,测量波长范围是 200~1 100 nm,采样时间为毫秒级,本试验所测量的光谱均在此范围以内,满足试验性能要求。

光谱强度测量系统其原理如图 6-52 所示。下面对不同构件的作用进行分析说明。

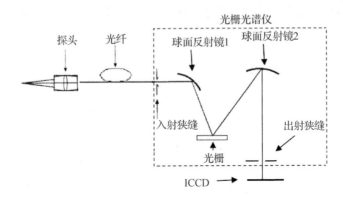

图 6-52　等离子体光谱测量系统原理示意图

1)余弦校正器:余弦校正器的作用是接收等离子体发出的光线,它可以和光纤连接起来,将测得的光线导入光谱仪中。

2)光纤:将余弦校正器收集到的光通过光纤适配器导入光纤光谱仪。

3)光谱仪,具有分光及测量光谱的作用,其组成及作用如下:

入射狭缝:狭缝宽度和进入光谱仪的光通量是正相关的,和测量的分辨率是负相关的。狭缝宽度不能太小,否则进入的能量太低,探测器没有响应,同时由于噪声的影响,能量太低,信噪比会很差。因此,在不超过探测器量程和满足分辨率要求的前提下,入射狭缝一般是越宽越好。

球面反射镜 1:使从狭缝进来的光线均匀照射到光栅上。

光栅:能够将入射光线进行分离,把测量光线中的干扰信号去除掉,获得想要测量的目标信号。

球面反射镜 2:接收从光栅射来的有效信号,并将其反射到出射狭缝。

CCD:电荷耦合器件(CCD),可以将接收到的光线信号转换成电信号。不同的光谱强度对应不同的电流值。通过测量电流的大小而得到光谱强度。

4)计算机:采集并存储 CCD 接收到的光谱数据及对数据进行处理分析。

具体操作步骤如下(见图 6-53):

1)试验前进行仪器的调试,确保仪器能够正常使用。

2)把压力传感器安装到测压螺栓中,并把测压螺栓装进燃烧室外壁测压孔中。

3)将点火丝穿过点火药包,用砂布清理点火接线柱,然后点火丝安装在两个点火接线柱上。

4)将火药均匀放置在燃烧室内,将点火头放入点火堵头并拧紧,再将传感器的电缆连接好。

5)将点火线连接到点火接线柱上,在试验人员给出安全信号后,再进行点火。

6)点火后,由专人切断点火安全开关。

7)火药燃烧后,燃气压力作用于压电传感器上,压力信号经过放大以后在计算机中进行记录。高温高压环境会使气体发生电离,探头通过透视窗口收集等离子体发出的光谱,经光谱仪处理以后将光谱图传到计算机,进行数据处理与分析。

8)将点火线、测压电缆点活塞头、测压螺栓等取下,并火药燃烧室进行擦拭。用 18~20 ℃的流动水冷却火药燃烧室的本体。

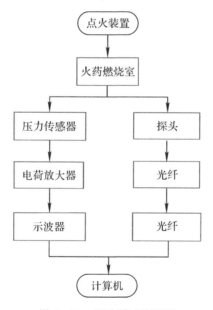

图 6-53　试验测试流程图

### 3.试验结果分析

等离子体电子密度的影响因素较多,本实验着重从以下四个方面进行研究:有无电离种子的火药燃烧产生等离子体规律试验;不同火药力火药燃烧产生等离子体规律试验;不同电离种子的火药燃烧产生等离子体规律研究;密闭爆发器不同体积下火药燃烧产生等离子体规律试验。

(1)有无电离种子压力变化。为了验证电离种子的促进电离作用,在有无电离种子的情况下进行对比试验。以某型发射药为研究对象,加入不同的电离种

子,研究火药燃烧时等离子体生成的情况。用防爆电子天平称取电离种子 2 g,
发射药 14.965 g,进行试验(见图 6 - 54)。

图 6 - 54　试验用的火药

　　1)光谱变化。从图 6 - 55 可以看出,没有加入电离种子时,光谱仪没有采集
到特征光谱。加入电离种子后,光谱仪采集到明显的特征谱线,主要是钾元素和
铯元素的特征光谱。经过分析计算,加入电离种子后等离子体电子密度明显增
大,符合仿真计算结果。

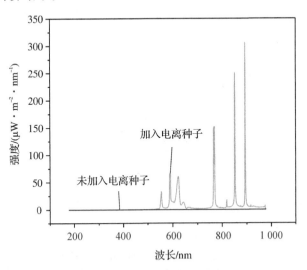

图 6 - 55　加入电离种子光谱图对比

　　2)压力变化(见图 6 - 56)。通过对比发现加入电离种子后的压力有一定程
度的降低,可能的原因是加入的电离种子吸收了一部分的热量,一定程度上影响

了发射药的燃烧,导致燃气压力下降。

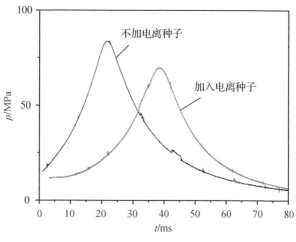

图 6-56　有无电离种子压力变化

(2)不同火药力发射药。本试验中研究的不同种类的发射药区分为单基药、双基药和三基药,火药成分不同,火药力也不相同。为贴近仿真结果和火药一般性,选用以下三种型号的火药进行试验。

1)单基药燃烧试验。试验中选用单基药为常用的单樟发射药,黑色细小颗粒,如图 6-57 所示,其火药力约为 900 kJ/kg,取该型火药 30 g,钾盐电离种子 3 g,充分混合均匀,点火药硝化棉 1 g,电点火进行燃烧试验。

图 6-57　试验用的单基药单樟

采集到的光谱数据如图 6-58 所示。

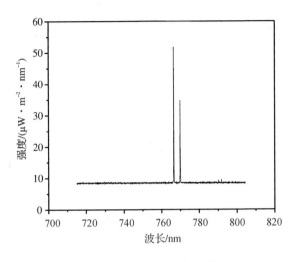

图 6-58　单基药燃烧光谱

试验采集的 $p-t$ 曲线如图 6-59 所示。

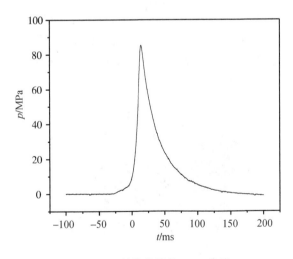

图 6-59　单樟燃烧的 $p-t$ 曲线

2) 双基药燃烧试验。采用的双基药为 ZTH - 24/19 型火药, 火药力约为
1 110 kJ/kg, 取该型药 30 g, 钾盐电离种子 3 g, 充分混合均匀, 点火药硝化棉 1
g, 电点火进行燃烧试验 (见图 6-60)。

图 6-60　试验采用的双基药

采集的光谱数据如图 6-61 所示。

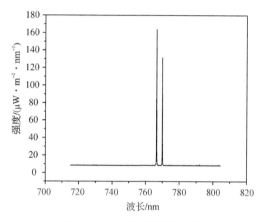

图 6-61　双基药燃烧光谱

试验采集的 $p$-$t$ 曲线如图 6-62 所示。

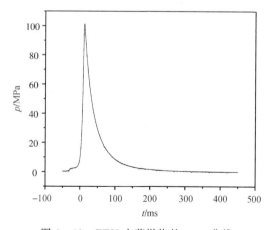

图 6-62　ZTH 火药燃烧的 $p$-$t$ 曲线

3)三基药燃烧试验。采用的三基药为 AH6/7 型火药,火药力约为 1 020 kJ/kg,取该型药 30 g,钾盐电离种子 3 g,充分混合均匀,点火药硝化棉 1 g,电点火进行燃烧试验(见图 6-63)。

图 6-63　试验 AH6/7 型火药

通过光谱仪采集到如图 6-64 所示的光谱。

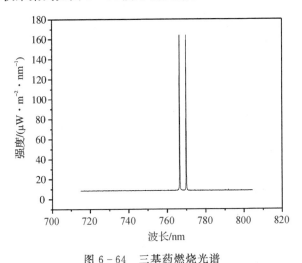

图 6-64　三基药燃烧光谱

试验采集的 $p$-$t$ 曲线如图 6-65 所示。

通过对比发现,光谱强度逐渐增大,三基药和双基药的燃烧光谱强度明显大于单基药。因为随着火药力增加,等离子体电子密度也在增大。三种火药力分别为 $f=900$ kJ/kg,1 100 kJ/kg,1 020 kJ/kg,经过计算三种火药燃烧等离子体

电子密度为 $1.5 \times 10^{22} \, \mathrm{m}^{-3}$，$2.95 \times 10^{22} \, \mathrm{m}^{-3}$ 和 $1.46 \times 10^{21} \, \mathrm{m}^{-3}$，燃烧过程中的峰值压强分别为 $p = 88 \, \mathrm{MPa}$，$100 \, \mathrm{MPa}$，$96 \, \mathrm{MPa}$，试验数据计算结果与仿真结果保持统一数量级，相差不大。双基药的火药力最大，产生等离子体电子密度最大，火药燃气压强最大。

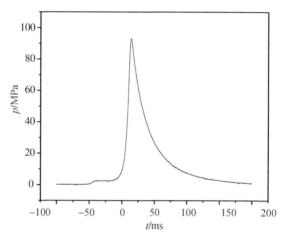

图 6-65　AH 火药燃烧的 $p$-$t$ 曲线

（3）不同电离种子。取相同种类的火药，分别加入相同质量的钾盐电离种子和铯盐电离种子，进行密闭爆发器试验，光谱仪采集到的光谱数据如图 6-66 所示。

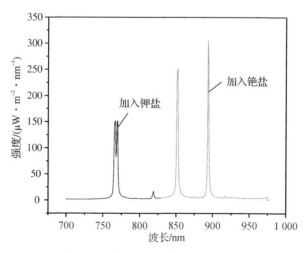

图 6-66　加入不同添加剂的光谱对比

从图中可以发现，铯的光谱强度明显强于钾元素。因为铯元素的化学性质更活泼,更容易热电离产生等离子体。经过计算,加入钾盐和铯盐燃烧产生等离子体电子密度为 $3.65 \times 10^{21} \mathrm{m}^{-3}$ 和 $2.67 \times 10^{22} \mathrm{m}^{-3}$。

图 6-67、图 6-68 是加入电离种子后等离子体密度试验数据计算结果与仿真结果对比,通过数据对比发现,试验数据与仿真结果保持在同一数量级,误差范围合理,验证模型一定范围内的正确性。

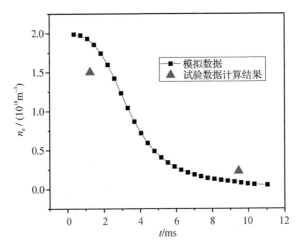

图 6-67　加入碳酸钾电子密度的试验结果与仿真数据

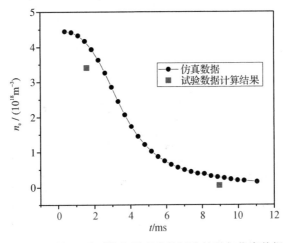

图 6-68　加入碳酸铯电子密度的试验结果与仿真数据

(4)电离种子质量。在 100 mL(定容)密闭爆发器中试验,采用电点火。取 30 g 火药(太根发射药)与电离种子混合均匀,分五次进行试验,逐渐加大电离种子的的质量(第一次不添加),用光谱仪采集火药燃烧过程中的谱线并计算等离子体温度和密度(见图 6-69)。

图 6-69　试验用的电离种子

试验得到的光谱,如图 6-70 所示。

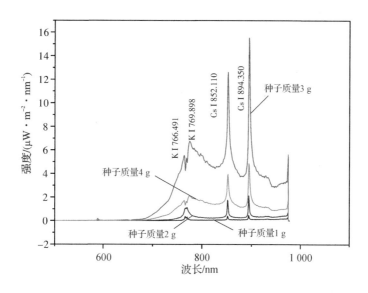

图 6-70　不同质量电离种子的光谱图

可以看出:光谱图包括了 Cs 和 K 元素的谱线。Cs 原子主要是 894.350 nm 和 852.110 nm 两条特征谱线,K 原子主要是 769.898 nm 和 766.491 nm 两条特征谱线。虽然电离种子在一定程度上可以促进电离,但是含量并不是越多越好。电离种子的含量过多,会影响火药的燃烧,不利于等离子的生成。当质量质量大于 3 g 时,等离子体电子温度和密度随着电离种子的增加而下降,见表 6-6。

表 6 - 6　电离种子质量与电子密度、温度关系

| 种子质量/g | 电子密度/($10^{21}\,m^{-3}$) | 电子温度/eV |
| --- | --- | --- |
| 不添加 | 0 | 0 |
| 1 | 0.05 | 0.19 |
| 2 | 0.15 | 0.24 |
| 3 | 0.85 | 0.29 |
| 4 | 0.21 | 0.18 |

(5)密闭爆发器体积。为研究密闭爆发器容积对等离子体电子温度和密度影响试验,电离种子质量固定为 3 g,采用电点火。分别取不同容积的密闭爆发器内进行试验用光谱仪采集火药燃烧过程中的谱线并计算等离子体温度和密度试验得到的光谱图,如图 6 - 71 所示。

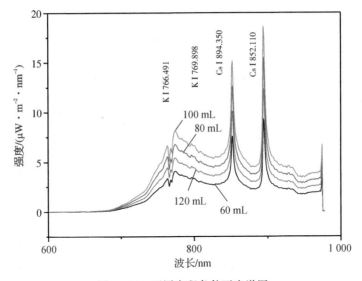

图 6 - 71　不同容积条件下光谱图

当密闭爆发器容积在 60～100 mL 时,光谱的强度随着容积的增大而增大;超过 100 mL 时,随着容积的增大而减小。表 6 - 7 是不同容积与电子密度、温度的关系。可以看出密闭爆发器的容积为 100 mL 时,电子密度和温度达到最大。因为在 60～100 mL 内,随着容积的增大,火药的燃速降低,高温的环境持续的时间也加长,有利于等离子的产生。但是当容积超过 100 mL 时,虽然燃烧时间变长了,但是单位体积内的电子数也下降了。

**表 6 - 7　容积与电子密度、电子温度关系**

| 容积/mL | 电子密度/$(10^{20}\,m^{-3})$ | 电子温度/eV |
|---------|------------------------------|-------------|
| 60 | 0.45 | 0.15 |
| 80 | 0.62 | 0.28 |
| 100 | 0.85 | 0.30 |
| 120 | 0.59 | 0.21 |

# 第7章　外加磁场源特性仿真分析

　　身管中的等离子体在磁场的作用下,会在内膛表面形成"磁化等离子体鞘层"并产生三个效应,而等离子体的电磁特性以及施加磁场的方式、大小,对等离子体的三个效应起决定性作用。因此研究磁化等离子体,磁场源是关键。理论分析与仿真研究表明:采用电磁铁可以产生径向可调的强磁场;在身管外部绕制螺线管,可以产生轴向、可调、均匀的磁场。两者均能较好地满足实际需求。

　　电磁铁成本低,结构简单、结实坚固。尽管电磁铁的形式多种多样,但它们的工作原理和基本组成部分却是大致相同的,一般是由衔铁、铁芯和线圈三个主要部分组成的。虽然电磁铁的结构比较简单,但是其各部分结构参数的变化会对电磁铁的静态特性、响应速度等各项性能产生较大的影响。项目组初步分析了电磁铁的特性,通过电磁场有限元理论建立了电磁铁的仿真模型,并对其磁场强度进行了计算及分析。仿真结果表明,电磁铁在极距 80 mm 范围内的磁场强度能够超过 1 T,满足产生效应所需的强磁场要求。

　　由于钢材料的磁导率比空气大得多,当磁场中有金属导体时,磁力线大部分通过金属导体内部,导致静场条件下磁场空间的不均匀分布。当磁场施加于身管时,磁力线大部分通过身管管壁,身管内部磁场大于膛内磁场,空间中磁通分布对磁场进入身管内部影响较大。因此还需研究身管膛内的磁场分布。

　　身管与螺线管磁场耦合在诸多领域有着广泛的应用。施加于身管内部的电磁场不仅能传递能量,提高身管发射弹丸的效能,还能传递信息,提高身管的可检测性。近年来,在火炮身管缺陷检测、引信膛内感应储能、电磁线圈炮发射等领域均对磁场耦合有较为深入的研究。然而,火炮身管通常由铁磁性材料制成,较高的导磁率和涡流效应导致交变磁场难以穿透管壁进入膛内,相关文献指出,钛合金身管在外激励磁场频率小于 5 kHz 时,内管壁能保留外激励磁场强度的80%。因此磁场穿透难题亟待解决。

　　在电磁学领域,对于无限长、载流圆导线以及密绕的有限长螺线管已有相关的理论推导和数值计算,但关于螺线管磁场的研究大多集中于恒定磁场,而关于交变磁场的研究较少,且大多进行理论分析计算。项目组通过理论研究,建立了螺线管交变磁场数学模型,探讨了膛内电磁感应特性,并基于 Ansys Maxwell 软件建立了有限元仿真模型,开展了相应的仿真研究。

# 7.1　电磁铁有限元仿真分析

## 7.1.1　有限元分析基础

### 1. 二阶电磁场微分方程

在实际有限元分析中,通常并不是直接对麦克斯韦方程组的一阶方程进行求解,而是将其转化为二阶方程,然后对二阶方程进行数值求解。

(1)拉普拉斯方程。在没有电荷的自由区域中的静磁场中,各个变量并不随时间变化而变化,此时电磁场方程的形式非常简单,这种方程被称为拉普拉斯方程。

$$\nabla^2 \boldsymbol{A} = 0 \tag{7.1}$$

(2)泊松方程。假设磁介质都为均匀介质,在低频的时变场情况下,因为其各个变量的变化速率比较小,所以麦克斯韦方程中的时变项可近似认为等于零。这种有源的静磁场可以表示为泊松方程。

$$\nabla^2 \boldsymbol{A} = \mu \boldsymbol{J} \tag{7.2}$$

### 2. 电磁场中常见边界条件

因为所处区域、激励和磁性介质的不同,电磁场微分方程通常由初始条件和边界条件限制。这种由初始条件和边界条件制约并描述为偏微分方程的数学问题被称作初值问题和边值问题。在实际工程电磁场问题中,有着各种各样的边界条件,将这些边界条件归纳起来可以分成狄里克雷(Dirichlet)边界条件、诺依曼(Neumann)边界条件以及它们的组合三种形式。

## 7.1.2　电磁场分析方法

电磁场的数值分析方法主要有微分法和积分法。微分法又包括有限差分和有限元两种分析方法,而有限差分法不适合于边界条件复杂、边界不规则的情况。有限元法是以变分原理剖分插值为基础的一种数值计算方法,它将求解域划分为许多小的单元,对每个单元求解一个近似解,然后推导求解域的总体解。

网格划分越精密,畸变区域越少,则获得的解越精确。

三维静磁场分析采用的是棱边法,也就是以剖分单元边上待求场量为自由度求算。而且三维静磁场也可以用来分析永磁材料,不同的是软件对永磁体的计算通常采用的是体电流法或是等效面电流法。

三维静磁场的麦克斯韦方程组表示为

$$\nabla \times \boldsymbol{H}(x,y,z) = \boldsymbol{J}(x,y,z) \tag{7.3}$$

$$\nabla \cdot \boldsymbol{B}(x,y,z) = 0 \tag{7.4}$$

式中:$\boldsymbol{H}(x,y,z)$ 表示磁场强度;$\boldsymbol{B}(x,y,z)$ 表示磁感应强度;$\boldsymbol{J}(x,y,z)$ 表示电流密度。在静磁场中,$\boldsymbol{B}$ 表示为

$$\boldsymbol{B} = \mu_0 \mu_r \boldsymbol{H} + \mu_0 \boldsymbol{M}_p \tag{7.5}$$

式中:$\mu_r$ 为相对磁导率;$\mu_0$ 为真空绝对磁导率;$\boldsymbol{M}_p$ 为极化强度。

各项异性磁性材料的三维静磁场描述为相对磁导率张量形式:

$$\boldsymbol{\mu}_r = \begin{bmatrix} \mu_{rx} & 0 & 0 \\ 0 & \mu_{ry} & 0 \\ 0 & 0 & \mu_{rz} \end{bmatrix} \tag{7.6}$$

磁场强度 $\boldsymbol{H}$ 描述为

$$\boldsymbol{H} = \boldsymbol{H}_p + \nabla \varphi + \boldsymbol{H}_c \tag{7.7}$$

其中:$\varphi$ 为标量磁位;$\boldsymbol{H}_p$ 为有限元剖分四面体的六条边上的磁场强度,该场量同时也是待求场量;$\boldsymbol{H}_c$ 为永磁体的磁场强度。

## 7.1.3 电磁铁磁场源三维模型建立

使用 Ansys Maxwell 软件对密绕螺线管身管进行电磁场有限元仿真分析,主要分为以下步骤:

(1)前处理:建立模型,赋予材料属性,划分网格,施加边界条件和载荷(激励);

(2)求解:设置收敛步数、时间步长、容错百分比;

(3)后处理:查看磁力线、磁场强度等计算结果。

仿真分析流程如图 7-1 所示。

Ansys Maxwell 软件按照计算模型所需的求解模块不同,选择的求解器不同。磁场有限元仿真分析用到的是三维静磁场求解模块("Magnetostatic"),求解模块设置界面如图 7-2 所示。

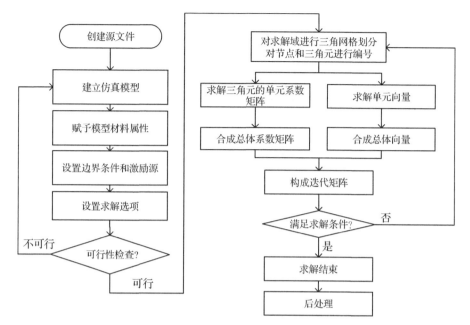

图 7-1  仿真分析流程图

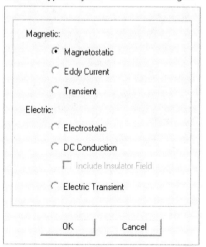

图 7-2  求解模块设置界面

电磁铁结构尺寸图 7-3 所示,图中电磁铁长 460 mm,高 450 mm,极柱直径均为 100 mm,极面直径为 80 mm,极距为 80 mm。Ansys Maxwell 软件中将激励设置在横截面上,并且可以通过设置"winding"添加线圈,因此可以简化线圈模型,无需具体设计极柱线圈尺寸。

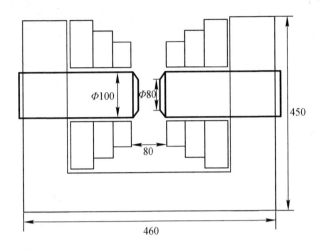

图 7-3   电磁铁结构尺寸(单位:mm)

建立图 7-4 所示仿真模型。坐标采用笛卡儿坐标系,长度单位为 mm。

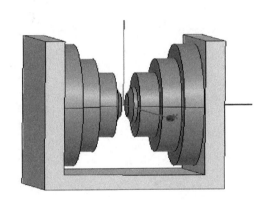

图 7-4   电磁铁三维仿真模型

### 1. 指定材料属性

材料属性可以通过材料管理器来实现。选择"Setup Materials"命令访问材料管理器。指定极柱的材料属性为 copper(铜),指定铁芯为 Cold rolled steel(冷轧钢,一种非线性磁性材料)。

建模过程定义磁感应强度 $B$ 和磁场强度 $H$ 的最大值与最小值,冷轧钢的 $H$ 值在 0~35 000 A/m 之间,依次输入数据点,生成 $B$-$H$ 曲线,如图 7-5 所示。

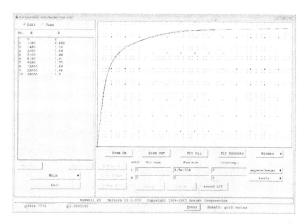

图 7-5　冷轧钢 $B$-$H$ 曲线图

### 2.划分网格设置

图 7-6 是通过手动划分后的结果,定义极柱"Skin Depth"为 5 mm,
"Number of layers of Elements"为 8,"Surface Triangle of Length"设置为
2 mm,其余部分则采用自适应网格划分网格大小,如图 7-6 所示。

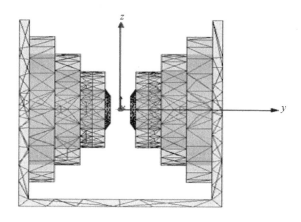

图 7-6　电磁铁网格划分

对于三维磁场分析,以空气环境(真空)建立了包围整个区域的求解域,设置
激励源为电流源,电流大小为 30 A。由于自然边界条件下跨不同物体之间界面
磁场强度 $H$ 的切向分量和磁感应强度 $B$ 的法向分量是连续的,因此物体间的
界面设为自然边界条件;诺依曼边界条件下磁场强度 $H$ 与边界面相切,而磁场
强度 $H$ 在法向分量为 0,本书不研究径向磁场的分布情况,因此所有边界条件

定义为诺依曼边界条件。设置求解区域为空气,在极柱模型上任意划分出一个横截面,施加电流激励。

由图7-7可知,极柱内部的磁感应强度可达到2 T,而极柱之间的间隙磁感应强度可达1 T,初步满足隔热和增力效应仿真中对磁场的要求。

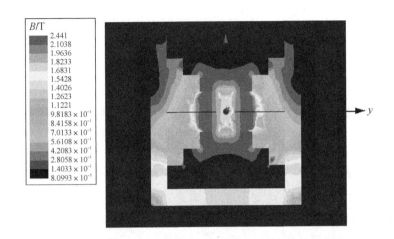

图7-7 电磁铁磁密度云图

建立身管二维模型,建模过程如上节所述,首先建立磁场空间,如图7-8所示,磁感应强度为1 T,磁场在空间均匀分布。考虑身管轴向的磁场分布情况,绘制沿身管轴向切面二维模型,身管材料选用PCrNi3MoVA钢,施加磁场激励后,磁力线如图7-9所示;考虑身管径向磁场分布情况,绘制身管径向切面二维模型,施加磁场激励后的磁场分布如图7-10、图7-11所示。

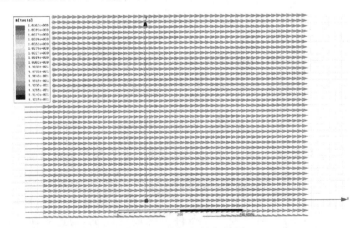

图7-8 磁场空间矢量图

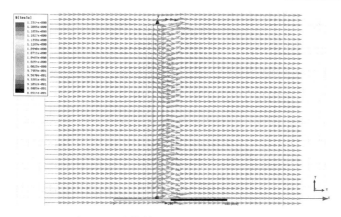

图 7 - 9　身管轴向切面磁通密度矢量图

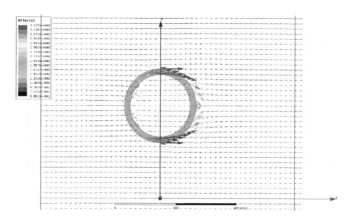

图 7 - 10　身管径向切面磁通密度矢量图

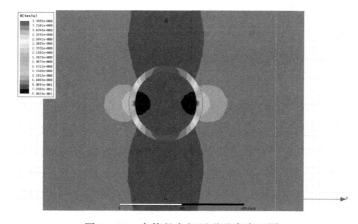

图 7 - 11　身管径向切面磁通密度云图

### 3.结果分析

设置完激励和边界条件后,进行模型检查,而后求解计算,最后得出模型的沿轴向和径向的磁场变化曲线图,如图 7 - 12、图 7 - 13 所示。

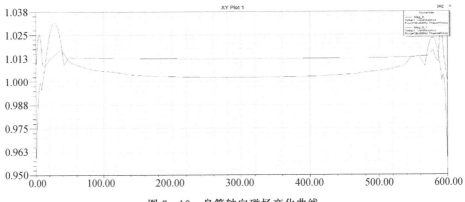

图 7 - 12　身管轴向磁场变化曲线

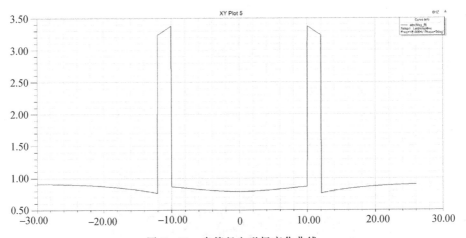

图 7 - 13　身管径向磁场变化曲线

图 7 - 11 为身管轴向切面磁通密度矢量图,从图中可以看出,磁场在轴线方向较为均匀,在身管端部有明显变化。由图 7 - 10、图 7 - 11 可看出,磁场在身管中并非均匀分布,若施加水平方向磁场,则圆形管壁与磁力线垂直的部分穿过的磁力线更密,磁场更强,而平行于磁力线的管壁部分的磁场较弱,但总体上穿过身管壁的磁场强于腔内磁场。图 7 - 12 为轴线方向的磁场变化曲线,可以看出磁场沿轴线方向分布比较均匀,而图 7 - 13 则说明身管壁聚集了较大的磁场。

由于钢材料的磁导率比空气的大得多,当磁场中有金属导体时,磁力线大部分通过金属导体内部,导致静场条件下身管内部磁场大于膛内磁场。当磁场施加于身管时,磁力线大部分通过身管管壁。空间中磁通分布对磁场进入身管内部影响较大,因此还需研究身管膛内的磁场分布。

# 7.2　螺线管磁场源理论分析

## 7.2.1　螺线管磁场基础理论

电磁场的全部理论可以归结为列出和求解麦克斯韦方程组,其微分形式如下:

$$\left.\begin{aligned}
\nabla \times \boldsymbol{H} &= \boldsymbol{J} + \frac{\partial \boldsymbol{D}}{\partial t} \\
\nabla \times \boldsymbol{E} &= -\frac{\partial \boldsymbol{B}}{\partial t} \\
\nabla \cdot \boldsymbol{B} &= 0 \\
\nabla \cdot \boldsymbol{D} &= \rho
\end{aligned}\right\} \tag{7.8}$$

式中: $\boldsymbol{H}$ 为磁场强度矢量; $\boldsymbol{D}$ 为电位移矢量; $\boldsymbol{J}$ 为传导电流矢量; $\boldsymbol{E}$ 为电场强度矢量; $\boldsymbol{B}$ 为磁感应强度矢量。稳定的电流可以产生恒定的磁场,此时的磁感应强度不随时间而变化,即 $\partial \boldsymbol{B}/\partial t = 0$,称为静磁场,磁感应强度 $\boldsymbol{B}$ 仅仅是空间位置的函数而与时间无关。毕奥-萨伐尔定律可以计算由任意分布的稳定电流所产生的磁场,其表达式为

$$\boldsymbol{B} = \frac{\mu_0}{4\pi} \oint \frac{I \mathrm{d} \boldsymbol{l} \times \boldsymbol{r}}{r^3} \tag{7.9}$$

式中: $\boldsymbol{r}$ 为从电流元指向场点得相对位置矢量; $r$ 为电流元与场点间的距离; $\boldsymbol{B}$ 为磁感应强度。线圈的内外半径分别为 $R_1$,$R_2$,长度为 $2l$,线圈的匝数为 $N$ 匝,线圈中的电流为 $I$。

根据身管径向尺寸的实际情况,线圈内径设置 30 mm。对于圆环线圈,电流已知的情况下轴向磁场是关于 $Z$ 的一元函数。设定纵轴为轴向磁场与中心点磁场的比值为 $B/B_0$,横轴为 $z$ 轴,单位是 mm。

螺线管线圈是一种轴对称结构的线圈(见图 7 - 14),它是使用细导线以均匀的间距密绕在圆柱面上,当忽略电流的螺旋性以及线间距离时,可以认为线圈中的电流是由许多同轴、同半径的圆环电流所组成的。

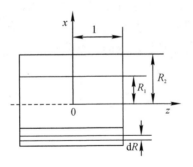

图 7-14　螺线管线圈

线圈的内外半径分别为 $R_1$，$R_2$，长度为 $2l$，线圈的匝数为 $N$ 匝，线圈中的电流为 $I$，假定绕线均匀，壁厚为 $\mathrm{d}R$ 的线圈元在它轴线上任一点 $(0,0,z)$ 的磁场强度值为

$$\mathrm{d}H = \frac{J\,\mathrm{d}R}{2}\left[\frac{z+l}{\sqrt{R^2+(z+l)^2}} - \frac{z-l}{\sqrt{R^2+(z-l)^2}}\right] \tag{7.10}$$

式 (7.10) 从 $R_1$ 到 $R_2$ 对 $R$ 积分即得出空心圆柱轴线的磁场强度为

$$H_z = \frac{J}{2}\left[(z+l)\ln\frac{R_2+\sqrt{R_2{}^2+(z+l)^2}}{R_1+\sqrt{R^2+(z+l)^2}} - (z-l)\ln\frac{R_2+\sqrt{R_2{}^2+(z-l)^2}}{R_1+\sqrt{R^2+(z-l)^2}}\right] \tag{7.11}$$

当 $z=0$ 时，得到中心点的磁场强度为

$$H_0 = Jl\ln\frac{R_2+\sqrt{R_2{}^2+(z+l)^2}}{R_1+\sqrt{R^2+(z+l)^2}} \tag{7.12}$$

在磁场大小确定的情况下，螺线管线圈的安匝数是长度 $l$ 的函数，在中心点磁感应强度 $B=1$ T 的条件下计算出 $l=0.3$ m 时，$NI=1.779\,6\times10^4$ 安匝。

## 7.2.2　螺线管理论模型

变化的磁场产生电场，变化的电场也产生磁场。因此，变化的磁场分布若不受其产生的电场的影响，则该电场一定是恒定的。由安培环路定理可知，在稳恒电流的条件下，长直螺线管内的磁场是均匀分布的。当电流变化时必然导致管内的磁场随之变化，若由此产生的涡旋电场对磁场无反作用，则磁场的分布仍将保持均匀。若要涡旋电场对磁场无反作用即保持涡旋电场恒定，则 $\mathrm{d}B/\mathrm{d}t$ 必须为常数。由此可见，磁场均匀分布的条件是 $\mathrm{d}B/\mathrm{d}t$ 为常数。

在长直螺线管上，电流的正弦交流变化将产生正弦交流变化的磁场，而变化的磁场也将产生变化的涡流，该电场将反作用于磁场，对磁场的分布产生影响。由于线圈中传到电流的改变并不直接影响磁场 $\boldsymbol{B}$ 的分布，所以只讨论位移电流和涡旋电流对 $\boldsymbol{B}$ 的分布影响，设位移电流 $\boldsymbol{j}_D = \partial \boldsymbol{D}/\partial t$，涡旋电流 $\boldsymbol{j}_e = \gamma \boldsymbol{E}$，补充以下 3 个本构方程：

$$D = \varepsilon E \tag{7.13}$$

$$B = \mu H \tag{7.14}$$

$$J = \gamma E \tag{7.15}$$

则由麦克斯韦方程：

$$\nabla \times \boldsymbol{B} = \mu_0 (\boldsymbol{j}_e + \boldsymbol{j}_D) \tag{7.16}$$

$$\nabla \times \boldsymbol{B} = 0 \tag{7.17}$$

$$\nabla \times \boldsymbol{E} = 0 \tag{7.18}$$

$$\nabla \times \boldsymbol{E} = -\frac{\partial \boldsymbol{B}}{\partial t} \tag{7.19}$$

为了进一步分清位移电流和涡旋电流 $\boldsymbol{B}$ 对分布的影响，考虑以下两种情况。

## 7.2.3　螺线管中无导体情况下的磁场分布

由于无导体存在，故 $\boldsymbol{j}_e = \boldsymbol{0}$。由正弦变化得

$$\left. \begin{array}{l} \boldsymbol{E} = \boldsymbol{E}_0 \exp(-\mathrm{j}\omega t) \\ \boldsymbol{B} = \boldsymbol{B}_0 \exp(-\mathrm{j}\omega t) \end{array} \right\} \tag{7.20}$$

由式（7.16）取旋度，并将式（7.17）至式（7.19）代入式（7.20）可得

$$\nabla^2 \boldsymbol{B}_0 + \mu_0 \omega^2 \varepsilon_0 \boldsymbol{B}_0 = 0 \tag{7.21}$$

考虑到 $\boldsymbol{B}_0$ 的分布是柱对称的，且与 $\varphi$、$z$ 无关，则取柱坐标式，式（7.21）可写成

$$\frac{\mathrm{d}^2 \boldsymbol{B}_0}{\mathrm{d} r^2} + \frac{1}{r} \frac{\mathrm{d} \boldsymbol{B}_0}{\mathrm{d} r} + \mu_0 \varepsilon_0 \omega^2 \boldsymbol{B}_0 = 0 \tag{7.22}$$

令 $k = \sqrt{\mu_0 \varepsilon_0 \omega^2}$，取 $x = kr$，代入式（7.22）则

$$\frac{\mathrm{d}^2 \boldsymbol{H}}{\mathrm{d} x^2} + \frac{1}{x} \frac{\mathrm{d} \boldsymbol{H}}{\mathrm{d} x} + \boldsymbol{H} = 0 \tag{7.23}$$

式（7.23）为零阶 Bessel 方程，其通解为

$$\boldsymbol{B}_0 = a J_0(x) + b Y_0(x) \tag{7.24}$$

由于 $\boldsymbol{B}_0$ 在 $x = 0$ 处为有限值，而 $Y_0(0) = \infty$，所以有 $b = 0$，故

$$B_0 = a J_0(x) = a J_0(kr) \tag{7.25}$$

设边界条件 $r = R$ 时，$B_0 = B_{oR}$，则

$$a = \frac{B_{oR}}{J_0(kR)} \tag{7.26}$$

$$B_0 = \frac{B_{oR}}{J_0(kR)} J_0(kr) \tag{7.27}$$

即

$$\frac{B_0}{B_{oR}} = \frac{J_0(kr)}{J_0(kR)} \tag{7.28}$$

设 $k = \sqrt{\mu_0 \varepsilon_0 \omega^2}$，当 $\omega$ 较小时，长直螺线管内磁场可近似看成均匀分布，随着 $\omega$ 的增大，管内磁场将变成非均匀分布，且中心部分磁场大，边缘处磁场小。

## 7.2.4  螺线管中有导体情况下的磁场分布

由于有导体存在，就会产生涡旋电流，且 $j_e \gg j_D$，故忽略位移电流的影响。由式(7.16)至式(7.19)，并考虑 $j_e = \gamma E$ 可得

$$\nabla \times (\nabla \times H) = \nabla(\nabla \cdot H) - \nabla^2 H = -\gamma\mu \frac{\partial H}{\partial t} \tag{7.29}$$

考虑介质是均匀的且各项同性，有

$$\nabla H = 0 \tag{7.30}$$

故可得

$$\nabla^2 H = \gamma\mu \frac{\partial H}{\partial t} \tag{7.31}$$

式中：$1/(\gamma\mu)$ 称为电磁渗透系数。

当螺线管输入正弦电流时，此时磁场 $B$ 和电场 $E$ 可表示为

$$E = E_0 \exp(-j\omega t) \tag{7.32}$$

$$B = B_0 \exp(-j\omega t) \tag{7.33}$$

代入式(7.31)并考虑 3 个本构方程，可得

$$\nabla^2 H_0 - j\omega\gamma\mu H_0 = 0 \tag{7.34}$$

金属圆筒外壁螺线管线圈中交变电流角频率为 $\omega$，取柱坐标，设 $k^2 = -j\omega\gamma\mu$，则 $x = ky$，有

$$\frac{d^2 H}{dx^2} + \frac{1}{x}\frac{dH}{dx} + H = 0 \tag{7.35}$$

式(7.35)是零阶 Bessel 方程,其解为

$$\boldsymbol{H} = a\, J_0(kx) + b\, Y_0(kr) \tag{7.36}$$

式中:$J_0(kx)$ 为第一类 Bessel 函数;$Y_0(kr)$ 为第二类 Bessel 函数。

此问题的边界条件为

$$B(x) = B_{oR}, \quad r = R \tag{7.37}$$

$$B_0 = \frac{B_{oR}}{J_0(kR)} J_0(kr) \tag{7.38}$$

$k$ 是一个复数,在 $J_0(kr)$ 中展开,得

$$B_{er}(\nu) = Re \tag{7.39}$$

$$B_{ei}(\nu) = \mathrm{Im}\,[\,J_0\,(i^{-\frac{1}{2}}\nu)\,] \tag{7.40}$$

$$J_0\,(i^{-\frac{1}{2}}r) = B_{er}(\nu) + \mathrm{j}\,B_{ei}(\nu) \tag{7.41}$$

应用上述关系式,则

$$\boldsymbol{H} = H_0 \left[ \frac{B_{er}^{\,2}\,(r\,\sqrt{\omega\mu\gamma}) + \mathrm{j}B_{ei}^{\,2}\,(r\,\sqrt{\omega\mu\gamma})}{B_{er}^{\,2}\,(R\,\sqrt{\omega\mu\gamma}) + \mathrm{j}B_{ei}^{\,2}\,(R\,\sqrt{\omega\mu\gamma})} \right]^{1/2} \tag{7.42}$$

令 $\dfrac{\boldsymbol{H}}{\boldsymbol{H}_0} = \left|\dfrac{\boldsymbol{H}}{\boldsymbol{H}_0}\right| < \theta$ ,则有

$$\left|\frac{\boldsymbol{H}}{\boldsymbol{H}_0}\right| = \left[ \frac{B_{er}^{\,2}\,(r\,\sqrt{r\omega\mu\gamma}) + B_{ei}^{\,2}\,(r\,\sqrt{r\omega\mu\gamma})}{B_{er}^{\,2}\,(R\,\sqrt{r\omega\mu\gamma}) + B_{ei}^{\,2}\,(R\,\sqrt{r\omega\mu\gamma})} \right]^{1/2} \tag{7.43}$$

辐射角为(两个分子相同,相减为零)

$$\theta = \arctan\left[ \frac{B_{er}(r\,\sqrt{\omega\mu\gamma})\,B_{ei}(R\,\sqrt{\omega\mu\gamma}) - B_{er}(r\,\sqrt{\omega\mu\gamma})\,B_{ei}(R\,\sqrt{\omega\mu\gamma})}{B_{er}(R\,\sqrt{\omega\mu\gamma})\,B_{ei}(r\,\sqrt{\omega\mu\gamma}) + B_{er}(R\,\sqrt{\omega\mu\gamma})\,B_{ei}(r\,\sqrt{\omega\mu\gamma})} \right] \tag{7.44}$$

长直螺线管中的交变磁场在径向的分布是非均匀的。它不仅受变化的角频率的影响,还与磁场中是否存在导体有关,在无导体时,交变磁场的影响使中心部分磁场大于边缘部分。与此相反,在有导体存在时,中心部分的磁场小于边缘部分。当频率较小时,两种情况的影响都趋于零,可看成磁场随时间变化为恒定值的情况,即均匀分布。

由图 7-15 可知,外激励磁场频率越小,圆筒内部的磁场越接近均匀分布,随着频率的增大,圆筒中部的磁场将迅速减小,并且随外激励磁场频率的增加,穿透后的磁场强度呈指数规律衰减,而管壁则变化较小,整体上磁场变成非均匀分布。由图 7-16 可知,在圆筒中心,即 $r=0$ 处,可知 $R/d=9.35$ 时,磁场强度接近于 0,此时 $\omega=3\,719.9$ rad/s,外激励磁场的谐振频率 $f=592$ Hz。

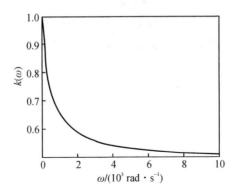

图 7-15　膛内磁场与外激励磁场的幅值比随频率变化关系

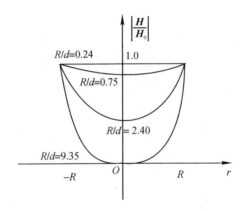

图 7-16　不同 $R/d$ 条件下磁场分布

# 7.3　螺线管磁场源有限元仿真分析

### 7.3.1　建立螺线管磁场源三维模型

本书仿真的是身管与螺线管线圈的耦合,真实结构如图 7-17 所示,身管壁外密绕线圈,形成螺线管,Ansys Maxwell 软件中将激励设置在横截面上,并且可以通过设置"winding"添加加线圈,因此可以简化线圈模型,用圆筒仿真螺线管。

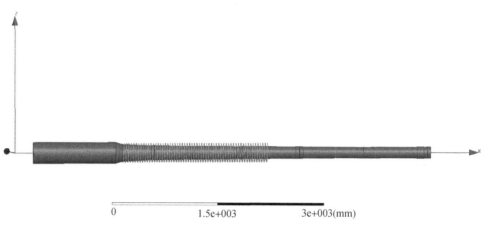

图 7 - 17　密绕螺线管线圈身管模型

　　建立图 7 - 18 所示仿真模型,外部环状为励磁线圈,内部圆筒为身管模型。模型中身管长度 600 mm,外径 40 mm,内径 30 mm。螺线管内径 35 mm。螺线管线圈外径 50 mm,内径 40 mm,长度 300 mm;密绕于身管外壁,位于身管的中间位置。

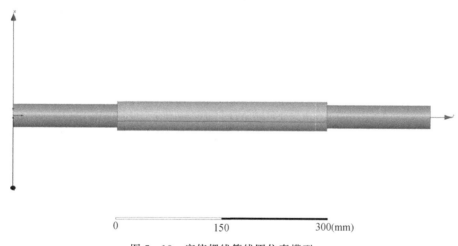

图 7 - 18　密绕螺线管线圈仿真模型

　　对于交变磁场,且磁场中有导磁率较高的金属构件,应当采用磁场模块中的涡流求解器,选择"Magnetic"中的"Eddy current",坐标采用笛卡儿坐标系,长度单位为 mm。所有边界条件定义为诺依曼边界条件。设置求解区域为空气,在螺线管模型上的任意划分出一个横截面,并施加电流激励,添加求解设置。图 7 - 19 是通过手动划分后的结果,定义螺线管"Skin Depth"为 5 mm,"Number of

Layers of Elements"为 20,"Surface Triangle Length"设置为 6 mm,螺线管匝数设置为 17 800 N(匝),身管则采用自适应网格划分网格大小,如图 7 - 20 所示。对线圈施加正弦交流电流,则磁场随时间按正弦规律变化。

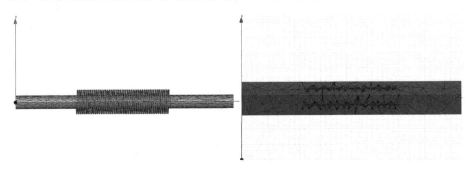

图 7 - 19　模型网格划分

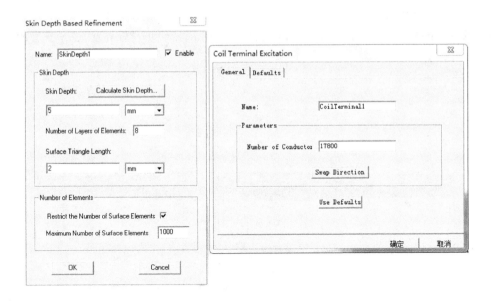

图 7 - 20　输入参数

## 7.3.2　结果分析

设置完激励和边界条件后,进行模型检查,而后求解计算,最后得出模型的磁场强度矢量图、磁力线图和磁场强度分别如图 7 - 21、图 7 - 22 所示。

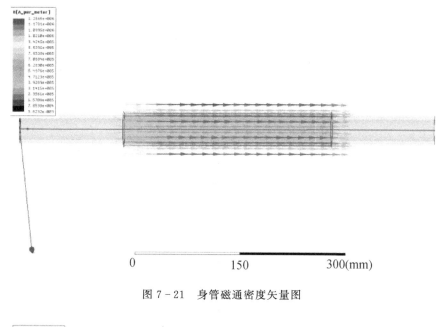

图 7 - 21　身管磁通密度矢量图

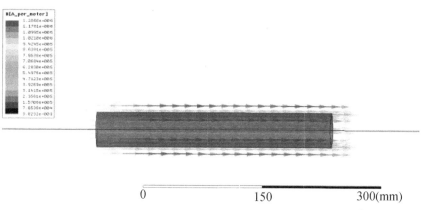

图 7 - 22　螺线管磁通密度矢量图

　　由图 7 - 21、图 7 - 22 可知,磁场在身管轴线方向分布较为均匀,身管两端的磁场几乎为零。由图 7 - 23、图 7 - 24 可以看出,磁场主要集中于螺线管中,螺线管中穿过的磁场明显高于身管壁中的磁场,而管壁的磁场强度又明显高于膛内的磁场强度,表明磁场在螺线管和身管、身管和空气两种不同介质的界面中有突变,金属身管的存在改变了螺线管的空间磁场构型,减小了圆筒内部的磁场强度。

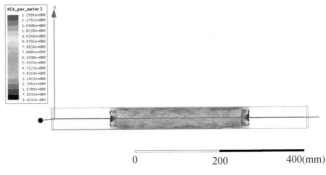

图 7 - 23　身管磁通密度云图

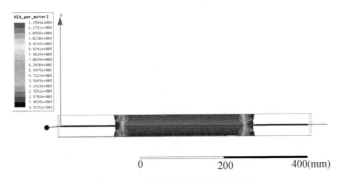

图 7 - 24　螺线管磁通密度云图

图 7 - 25 为只有螺线管时的磁场分布曲线,由图可知,线圈在其内部空间内磁场强度达到 1 T,且磁场分布均匀。

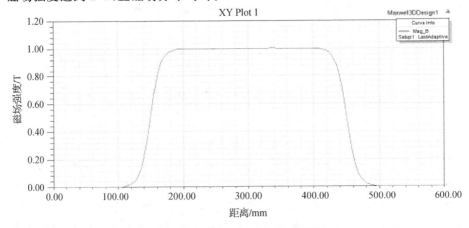

图 7 - 25　身管轴向磁场强度曲线

图 7-26～图 7-31 为激励频率 0 Hz、100 Hz、200 Hz、300 Hz、400 Hz、500 Hz时的磁场分布情况,由图可知,时谐磁场条件下,身管内磁场强度随着激励频率的增大而减小,表明高频磁场穿透难于低频磁场。

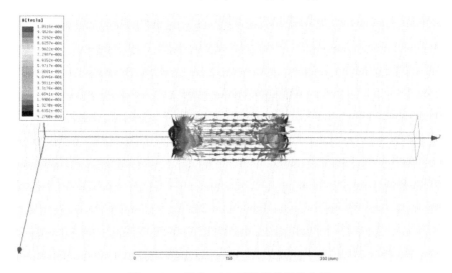

图 7-26　频率 0 Hz 时轴线磁场分布图

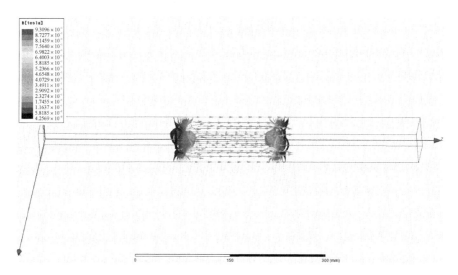

图 7-27　频率 100 Hz 时轴线磁场分布图

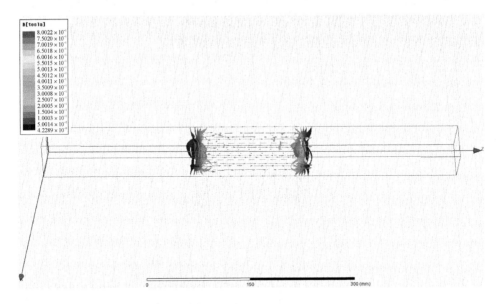

图 7 - 28　频率 200 Hz 时轴线磁场分布图

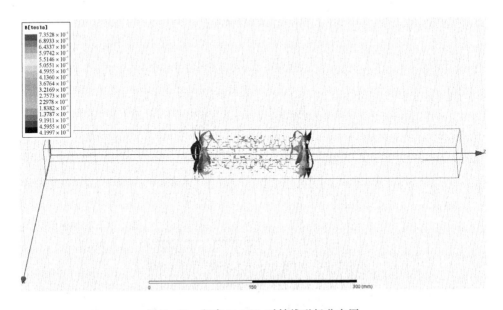

图 7 - 29　频率 300 Hz 时轴线磁场分布图

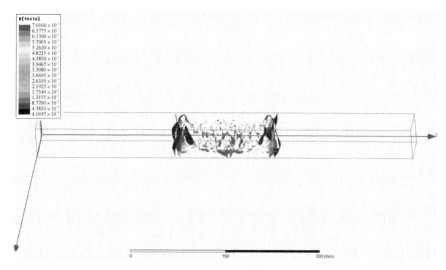

图 7 - 30　频率 400 Hz 时轴线磁场分布图

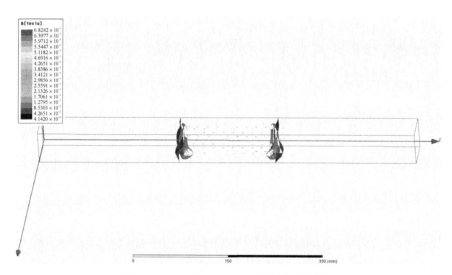

图 7 - 31　频率 500 Hz 时轴线磁场分布图

从图中可以看出,磁场在频率升高的情况下,磁场强度下降明显。图 7 - 32 为身管中心沿身管轴线的磁感应强度变化曲线,由上至下分别是频率 0 Hz、100 Hz、200 Hz、300 Hz、500 Hz 时的身管轴线磁感应强度,可知,身管在螺线管内部分磁场沿轴线均匀分布,在螺线管端部则迅速衰减。对比图 7 - 25 与图 7 - 32 可知,在螺线管中有金属导体时,磁场明显降低,金属导体在交变外磁场激励下产生涡流,涡流电场产生反向磁场,因此金属导体减弱磁场在空间的分布,外磁场穿透到轴线处的磁场为外激励磁场的 60％。

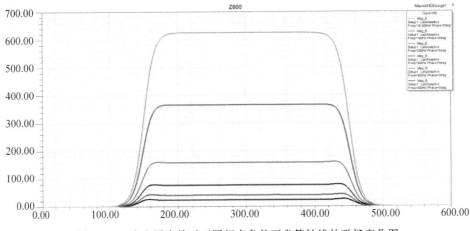

图 7-32　有金属身管时不同频率条件下身管轴线处磁场变化图

　　交变的磁场会在金属身管中产生涡流,而涡流的产生将使穿过身管的磁场强度减弱。仿真结果表明,外激励频率小于 100 Hz,才能保证穿透到轴线处的磁场强度为激励磁场强度的 70％,并且随外激励磁场频率的增加,穿透后的磁场强度呈指数规律衰减。此结果验证了前一节数学模型的结论。

　　将螺线管长度作为变量,改变螺线管长度,如图 7-33、图 7-34 所示,仿真结果如图 7-35、图 7-36 所示。

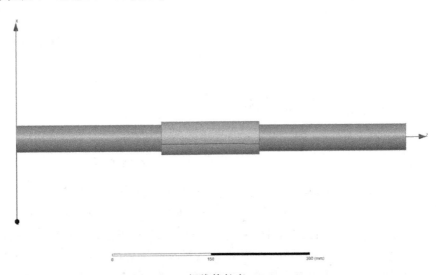

图 7-33　螺线管长度 150 mm

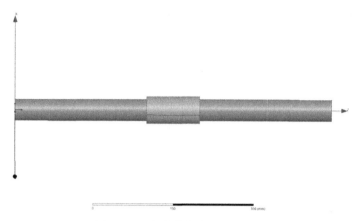

图 7 - 34　螺线管长度 100 mm

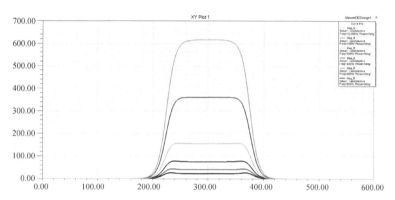

图 7 - 35　150 mm 长螺线管不同频率条件下身管轴线处磁场变化图

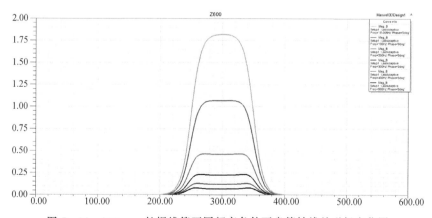

图 7 - 36　100 mm 长螺线管不同频率条件下身管轴线处磁场变化图

改变螺线管长度结果表明,螺线管长度仅仅影响身管轴线处的磁场分布均匀度和磁场强度,身管长度减小,若电流不变,螺线管安匝数相应减少,但磁场强度峰值不变,因此螺线管内的磁场分布状态并为发生改变,而身管膛内的磁场分布状态则发生了改变,磁场分布区间减小。

# 第8章　磁约束等离子体发射原理试验验证

## 8.1　试　验　原　理

### 8.1.1　身管径向压力试验原理

在身管径向压力试验系统中,采用应变片粘贴在身管表面进行身管径向压力试验测试。应变片的工作原理是基于金属丝或薄膜的电阻应变效应,即金属丝或薄膜电阻随机械变形而改变这一物理现象。在不同方向的外力作用下,所产生的变形量不同。应变片与温度补偿片及固定电阻组成电桥电路,通过信号调理电路和瞬态波形记录仪组成压力测试系统,应力测试每个通道采样频率为62.5 kHz。应变片如图 8-1 所示。

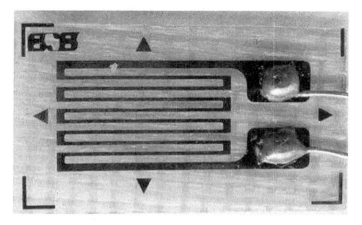

图 8-1　应变片实物图

### 8.1.2 身管表面温度试验原理

在身管表面温度试验系统中,采用热电偶粘贴在身管表面进行身管表面温度试验测试。热电偶测温原理基于物理学中的"热电效应"现象,利用该原理把两种不同的金属材料一端焊接而成,焊接的一端叫测量端(也叫热端或工作端),未焊接的一端叫参考端(也叫冷端或自由端)。热端安装在身管外表面,冷端安放在信号调理电路附近,然后连接信号调理电路和瞬态波形记录仪组成温度测试系统,应力测试每个通道采样频率为 62.5 kHz。热电偶传感器如图 8-2 所示。

热量比热容公式为

$$Q = cm(T - T_0)$$

式中:$T_0$ 为身管外壁初始温度;$T$ 为身管上升后的温度;$c$ 为比热容;$m$ 为质量。

通过比热容公式可以算出身管的传热量,且传热量与温度变化量成正比。

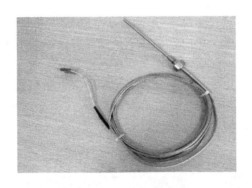

图 8-2　热电偶实物图

### 8.1.3 弹底压力试验原理

弹底压力是指火炮射击时弹丸在膛内运动,底部所受的火药气体的压力,这是一个随弹丸运动的时间或位移而变化的量。不同于火炮膛压的是,膛压描述的是发射过程中药筒底部的火药气体压力,而弹底压力描述的是在发射过程中弹丸实时的底部气压,相对于膛压,弹底压力更能表示弹丸真实的受压情况。多年来,中北大学动态测试技术与智能仪器课题组在已有放入式电子测压器的基础之上,研制出可随弹飞行的弹底压力测试仪,弹底压力测试仪采样频率为 200 kHz。测压弹实物图如图 8 - 3 所示。

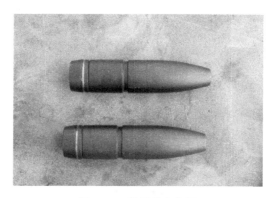

图 8 - 3　测压弹实物图

# 8.2　试验系统

## 8.2.1　试验系统组成

试验系统由试验架体、燃烧室、过渡架、碳纤维身管和磁场加载装置以及测试子系统等组成。试验架体是整个试验系统的基础,由台架和基座组成。台架主要承载试验时产生的冲击力;基座固定在试验台架上,基座上设计了滑动导轨槽及缓冲器限制器,导轨槽可以使运动部分沿轴线方向运动。试验系统运动部分包括燃烧室、过渡架、压板和身管。燃烧室内产生高温高压火药气体,推动身管内部弹体做定向运动,在弹体运动的同时产生与之运动方向相反的力作用于燃烧室上,并带动过渡架等相关零件运动压缩过渡架底部缓冲器,在弹簧力的作用下停止向后运动并复位,使整个试验装置处于柔性运动状态,改善受力环境。磁场加载装置主要由螺线管、电磁铁、恒流源、霍尔探头、高斯计等组成。该系统可以产生恒定的磁场并测试磁感应强度的大小。通过调节恒流源输出电流的大小调节磁场的强度。测试总体系统设计示意图如图 8 - 4 所示,其中螺线管磁场方向平行于身管轴线,而电磁铁产生的磁场垂直于身管轴线。装有螺线管的系统实物图如图 8 - 5 所示,装有电磁铁的系统实物图如图 8 - 6 所示。

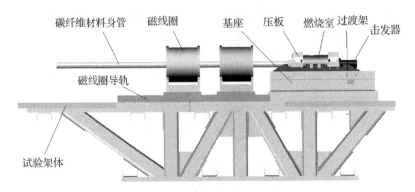

图8-4 测试总体系统设计示意图

图8-5 装有螺线管的系统实物图

图8-6 装有电磁铁的系统实物图

**1.试验架体的设计**

试验台架分为三部分,如图 8-7 所示。下部为基板与地面连接固定整个试验台架;中部为桁架结构,采用角钢焊接作为台架的主要支撑;上部为平台,作为基座、电磁线圈等试验装置的安装平台。该台架可以承载 9 t 的冲击载荷,能够满足试验各设备的安装、试验要求。

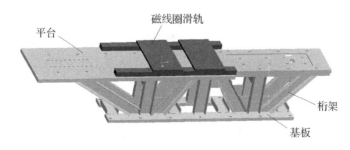

图 8-7　台架示意图

基座(见图 8-8)为试验装置后坐部分提供安装接口,设计有滑轨槽和缓冲器限制器,为后坐部分提供支撑,同时将后坐力传递到试验台架上。

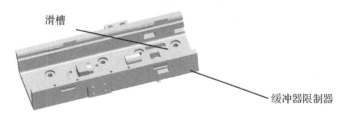

图 8-8　基座示意图

**2.燃烧室的设计**

燃烧室的设计采用了 AK630 弹膛的制式结构形式,结构成熟稳定,经过大量的试验验证,安全性好。燃烧室结构如图 8-9 所示。

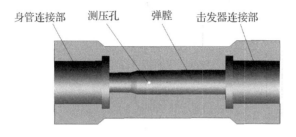

图 8-9　燃烧室结构示意图

### 3.过渡架和压板的设计

本试验装置中燃烧室的体积小、质量轻,一方面不宜在燃烧室本体上增加导轨等结构设计,另一方面不利于整体缓冲,因此设计了过渡架。过渡架是缓冲器、燃烧室及压板的安装载体,兼有配重的功能。过渡架如图 8－10 所示。

图 8－10　过渡架示意图

压板的主要功能是将燃烧室压紧在过渡架上的定位槽内,在射击时确保燃烧室不松动。压板如图 8－11 所示。

图 8－11　压板示意图

缓冲器的功能是吸收后坐能量,提供试验装置复进力,提供柔性位移量避免试验装置的刚性碰撞。后坐部分装配图如图 8－12 所示。缓冲器的设计借鉴某型号产品自动机的缓冲器原理,根据初速、参与后坐部分质量等进行了初步的设计,参数如下:

(1)弹簧刚度 $C=4\ 000$ N/mm;

(2)预压力 $p=1\ 600$ N/mm;

(3)自由长度 $L_0=256$ mm。

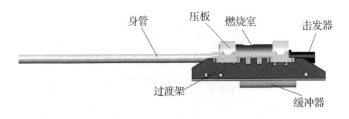

图 8－12　后坐部分装配图

### 4.碳纤维材料身管设计

火炮身管通常由炮钢材料制成,由于钢材料的磁导率比空气大得多,磁场中有铁磁性导体时,磁力线大部分通过导体内部,导致静场条件下磁场空间的不均匀分布。当磁场施加于身管时,磁力线大部分从导磁材料通过,而进入空腔内部的磁通量较少,从而形成磁场屏蔽效应。考虑到高压下身管的强度及内部透磁性,采用 T700S - 12K 环氧树脂体系研制模拟短身管,即增强材料为 T700 碳纤维,基体材料为环氧树脂,该材料具有较高的比强度、比模量和断裂应变,详细参数见表 8 - 1。

由于碳纤维材料难以加工螺纹对接口,因此在连接端镶嵌金属接头,身管结构如图 8 - 13 所示,金属接头与碳纤维身管段的连接如图 8 - 14 所示。设计的身管与燃烧室连接部的连接螺纹是 M76×4,连接螺纹长度 50 mm,身管内径 30 mm,长 1 500 mm。

螺纹连接部　　　　　　　　　身管本体

图 8 - 13　身管示意图

表 8 - 1　T700S - 12K 环氧树脂复合材料单向板力学性能

| 序　号 | 性　　能 | 单　位 | 指　　标 | 执行标准 |
|---|---|---|---|---|
| 1 | 0°拉伸强度 | MPa | 2 100 | GB/T3354 |
| 2 | 0°拉伸模量 | GPa | 120 | |
| 3 | 90°拉伸强度 | MPa | 30 | |
| 4 | 90°拉伸模量 | GPa | 9.2 | |
| 5 | 0°弯曲强度 | MPa | 1 580 | GB/T3356 |
| 6 | 0°弯曲模量 | GPa | 110 | |
| 7 | 面内剪切强度 | MPa | 76.2 | GB/T3357 |
| 8 | 面内剪切模量 | GPa | 5.2 | |
| 9 | 主泊松比 | | 0.3 | |
| 10 | 次泊松比 | | 0.02 | |
| 11 | 密　　度 | kg/m³ | 1 650 | |

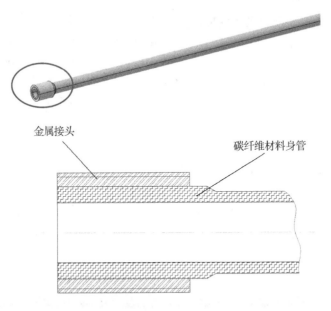

图 8-14　金属接头与碳纤维身管段的连接示意图

　　为了对身管的强度进行校核,采用有限元分析法建立碳纤维身管模型(见图 8-15),接头采用金属连接件结构,壳体复材筒段和金属连接件均采用实体单元建模,前端固定约束,内表面施加 400 MPa 的内压。

图 8-15　管体有限元模型

　　图 8-16 和图 8-17 分别为施加内载荷后金属接头和身管部的应力云图,从图 8-16 中可以看出管体金属接头的最大应力为 308 MPa,由于选用金属的许用强度为 825 MPa,最小安全系数约为 2.6。图 8-17 中可以看出碳纤维的最大应力为 1 210 MPa,由于碳纤维的许用强度为 2 100 MPa,最小安全系数约为 1.7。为了确保试验的安全性,试验过程中并未采用 30 mm 弹的整装药,只装填了部分发射药,最大膛压不超过 100 MPa,因此,可以满足使用要求。

图 8-16　金属连接件应力云纹图　　图 8-17　碳纤维复合材料应力云纹图

火药气体燃烧时,温度可超过上千摄氏度,持续时间为毫秒级。一般树脂基结构复合材料耐热性较低,在如此高的温度下很难保证其结构的完整性。因此,在身管内表面添加一定厚度的有机烧蚀层,通过在发射高温下碳化并形成致密的碳层起到对管材的保护。考虑到本方案中的管材为多次使用,将烧蚀层控制在 1 mm 的厚度。

### 5.温度应力采集系统

温度应力采集上位机系统如图 8-18 所示,该上位机由三部分组成,左边是数值显示部分,中间是图像显示部分,右边是设置按钮,采集系统最大采集频率为 500 kHz,共有 16 个采集通道,电压量程为 -10~10 V,触发方式有外触发模式和内触发模式。

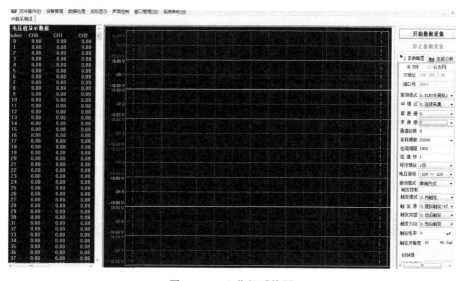

图 8-18　上位机系统图

## 8.2.2　身管径向压力试验系统

测试身管上粘贴应变片主视图和左视图如图 8 - 19 和图 8 - 20 所示,以身管出炮口方向为左视图,在身管的上、下、左、右四个方向分别粘贴应变片。

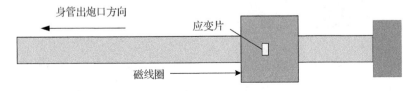

图 8 - 19　测试应变片的粘贴主视图

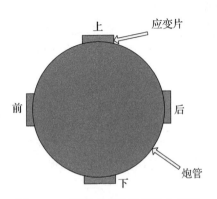

图 8 - 20　测试应变片的粘贴左视图

测试身管上粘贴应变片主视图和左视图如图 8 - 21 和图 8 - 22 所示,如图 8 - 21所示,应变片共粘贴四组,从左到右测点编号为 1、2、3 和 4。测点 1 传感器与测点 2 传感器间隔距离为 15 cm,测点 2 传感器与测点 3 传感器间隔间隔距离为 7.5 cm,测点 3 传感器与测点 4 传感器间隔间隔距离为 7.5 cm,测点 2 和测点 3 的传感器在磁线圈内,测点 2 的传感器在磁线圈中心,磁场强度比测点 3 大。

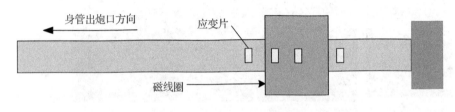

图 8 - 21　应变片的粘贴主视图

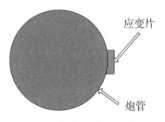

图 8 - 22　应变片的粘贴左视图

应变片粘贴步骤：在身管相应的位置用甲苯或四氯化碳等有机溶剂去除油污；选用细砂纸打磨炮管，使光洁程度达到贴片要求；用蘸有酒精的脱脂棉清除身管表面的磨屑；在相应的位置制作定位线，使用蘸有酒精的脱脂棉再清洗身管；在定位线位置均匀涂抹 502 胶水，将应变片贴在身管的贴计坐标上，检查并微调应变片的方向，准确无误后，在应变片表面覆盖一块四氟乙烯薄膜，用压板压出多余的胶水和粘贴剂层中的气泡。

待胶水固化 12 h 后，对应变片加载、卸载几次，检测粘贴质量，无误后，将应变片接入测量电路。

## 8.2.3　身管表面温度试验系统

测试身管上粘贴热电偶主视图和左视图如图 8 - 23 和图 8 - 24 所示，以身管出炮口方向为左视图，在身管的上、下、左、右四个方向分别粘贴热电偶。

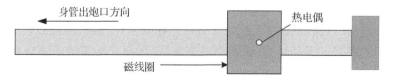

图 8 - 23　测试热电偶的粘贴主视图

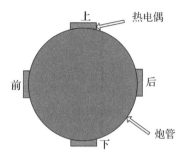

图 8 - 24　测试应变片与热电偶的粘贴左视图

测试身管上粘贴热电偶主视图和左视图如图 8-25 和图 8-26 所示。热电偶共粘贴四组，从左到右测点编号为 1、2、3 和 4。测点 1 传感器与测点 2 传感器间隔距离为 15 cm，测点 2 传感器与测点 3 传感器间隔距离为 7.5 cm，测点 3 传感器与测点 4 传感器间隔距离为 7.5 cm 测点 2 和测点 3 的传感器在磁线圈里边，测点 2 的传感器在磁线圈中心，磁场强度比测点 3 大。

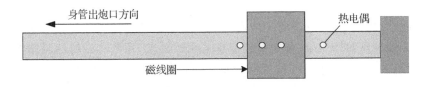

图 8-25　热电偶的粘贴主视图

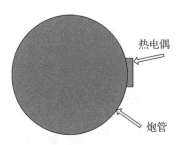

图 8-26　热电偶的粘贴左视图

热电偶粘贴步骤：在身管相应的位置用甲苯或四氯化碳等有机溶剂去除油污；选用细砂纸打磨炮管，使光洁程度达到贴片要求；用蘸有酒精的脱脂棉清除身管表面的磨屑；在相应的位置制作定位线，使用蘸有酒精的脱脂棉再清洗身管；用隔热胶带将热电偶贴在应变片旁边，检查并微调方向；检测粘贴质量，将热电偶接入测量电路。

## 8.2.4　弹底压力试验系统

弹底压力测试仪采用了可拆卸设计，弹丸底部设计了专门的空间放置电路，拆装处使用了密封铜环，保证发射过程中火药气体不会冲毁电路与传感器。使用时先将内部电路取出，进行上电与编程操作；电路状态正常后，在电路顶部放置橡胶垫与青稞纸，与电路一同放入弹丸内部并用管钳旋紧。弹底压力测试仪安装位置示意图如图 8-27 所示。弹底压力测试仪实物如图 8-28 所示，弹底压力测试仪总体结构框图如图 8-29 所示。

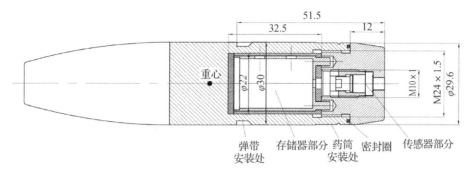

图 8 - 27　弹底压力测试仪安装位置示意图

图 8 - 28　弹底压力测试仪实物

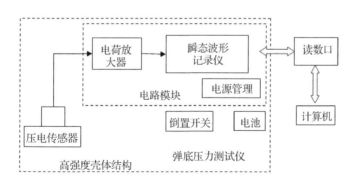

图 8 - 29　弹底压力测试仪总体结构框图

该系统主要由压力传感器与电路模块组成,压力传感器采用的是 Kistler 公司的 6215 型压电传感器,该传感器重复性好,固有频率高,适用于各类膛底、弹底压力的测试;电路模块由电荷放大器、瞬态波形记录仪与数据接口组成。压力信号经压力传感器和电荷放大器后转换为电压信号,并存储于瞬态波形记录仪中,弹丸发射后需回收装置,通过专用读数口将弹底压力数据传输到上位机中。

为了降低功耗,电路模块中还设计了倒置开关部件,维持倒置状态 10 s 以上即可给装置上电,对于需要保高温、保低温需求的测试实验,可采用先进行保温,结束后对弹丸整体进行倒置的方式,使电路处于工作状态,采用此方式功耗降为原先的 5%。

测压器被安装在专用的固定座上,放置于弹丸底部。测压弹的技术指标如下:

量程范围:0~600 MPa;

分辨率:12 bit;

采样频率:125 kHz、100 kHz、50 kHz(可编程设置);

存储容量:52KWords;

负延时点数:2KWords;

触发压力:5%~99%发射(可编程设置);

触发方式:内触发;

抗冲击能力:20 000g;

工作时间:测前准备时间:3 h;

上电方式:无保温要求时手动上电、有保温要求时倒置上电;

通信方式:USB 接口。

# 8.3 试验结果分析

在进行测试试验时,需要按如下步骤进行测试:

(1)打开电源,确认测试系统处于待触发状态;

(2)测试仪触发,弹丸发射过程中身管外壁应变和温度参数实时存入测试仪;

(3)读取测试仪数据。

根据试验测试结果进行温度数据分析、应变数据分析和弹底压力数据分析。

## 8.3.1　温度数据分析

在进行温度测试试验时,第一发射击时系统不加磁场,第二发射击时系统加平行磁场,第三发射击时系统加垂直磁场,第四发射击时系统加平行磁场,第五发射击时系统加垂直磁场。第一发与第二发射击后身管温度对比图如图 8 - 30 所示,第一发与第三发射击后身管温度对比图如图 8 - 31 所示,第一发与第四发射击后身管温度对比图如图 8 - 32 所示,第一发与第五发射击后身管温度对比图如图 8 - 33 所示。身管温度对比总表见表 8 - 2。

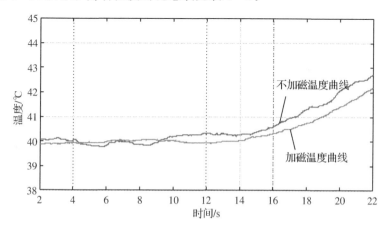

图 8 - 30　第一发与第二发身管温度对比图

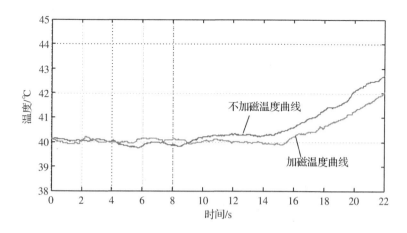

图 8 - 31　第一发与第三发身管温度对比图

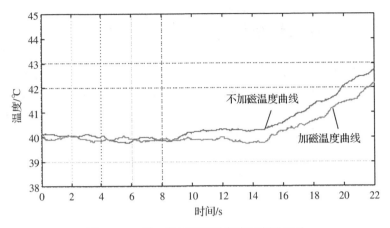

图 8 - 32　第一发与第四发身管温度对比图

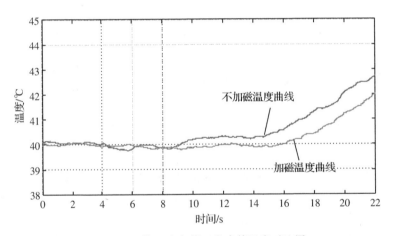

图 8 - 33　第一发与第五发身管温度对比图

表 8 - 2　温度对比总表

| 射　序 | 磁场强度/T | 磁场方向 | 药　量 | 等离子体密度/$m^3$ | 外壁最高温度/℃ | 传热量减少量/(%) |
|---|---|---|---|---|---|---|
| 1 | 0 | 无磁 | 30 g 火药,4 g $CsNO_3$ | $7.8×10^{14}$ | 42.71 | |
| 2 | 0.1 | 平行磁场 | 30 g 火药,4 g $CsNO_3$ | $7.8×10^{14}$ | 42.18 | 18.9 |
| 3 | 0.61 | 垂直磁场 | 30 g 火药,4 g $CsNO_3$ | $7.8×10^{14}$ | 41.80 | 33.1 |
| 4 | 0.41 | 平行磁场 | 30 g 火药,4 g $CsNO_3$ | $7.8×10^{14}$ | 42.17 | 20.1 |
| 5 | 0.41 | 垂直磁场 | 30 g 火药,4 g $CsNO_3$ | $7.8×10^{14}$ | 41.99 | 26.6 |

通过表格中温度数据对比,可以看出加磁场后,身管外壁传热量平均降低24.7%。试验结果与数值仿真所得的温度趋势相一致,验证了磁化等离子体火炮隔热效应的正确性。

## 8.3.2　应变数据分析

在进行应变测试试验时,第一发射击时系统不加磁场应力曲线如图 8 - 34 所示,最大应力为 16.3 MPa,第二发射击时系统加平行磁场应力曲线如图 8 - 35 所示,最大应力为 13.59 MPa,系统加平行磁场应力比不加磁场降低 16.6%。第三发射击时系统加垂直磁场应力曲线如图 8 - 36 所示,最大应力为 13.85 MPa,系统加垂直磁场应力比不加磁场降低 15%。

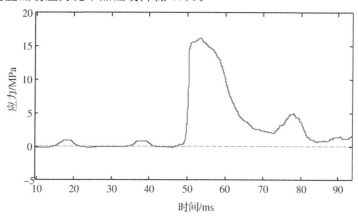

图 8 - 34　不加磁场应力曲线

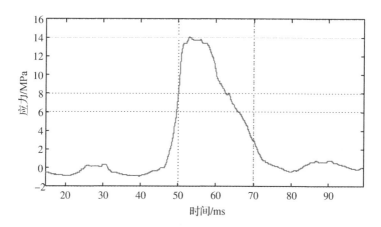

图 8 - 35　加磁场轴向应力曲线

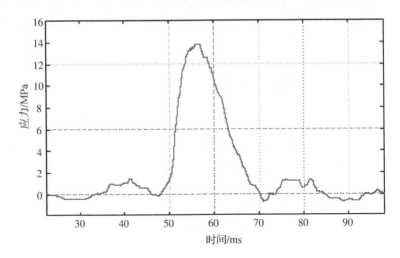

图 8-36　加磁场径向应力曲线

第四发射击时系统不加磁应力曲线如图 8-37 所示,最大应力为 10.85 MPa,第五发射击时系统加平行磁场应力曲线如图 8-38 所示,最大应力为 8.98 MPa,加平行磁场应力比不加磁场降低 17.2%。第六发射击时系统加垂直磁场应力曲线如图 8-39 所示,最大应力为 9.2 MPa,加垂直磁场应力比不加磁场降低 15.2%。

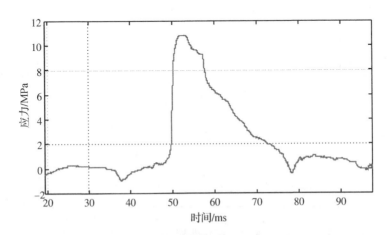

图 8-37　不加磁场应力曲线

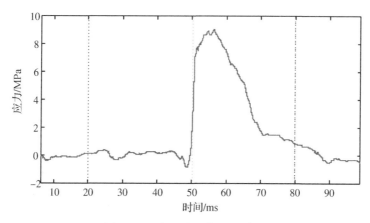

图 8 - 38　加平行磁场应力曲线

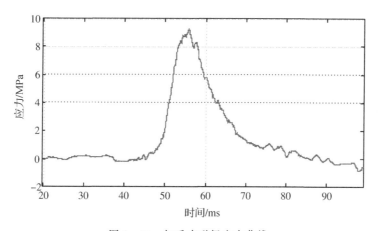

图 8 - 39　加垂直磁场应力曲线

表 8-3 中射序 1、2 和 3 为一组,4、5 和 6 为一组,7、8 和 9 为一组,看出加磁场后,炮管内壁应力平均降低了 16.5%。试验结果与数值仿真所得的压力趋势相一致,验证了磁化等离子体火炮减压效应的正确性。

**表 8 - 3　应力对比表**

| 射　序 | 磁场强度/T | 磁场方向 | 药　量 | 膛压——MPa | 等离子体密度/m³ | 内壁应力/MPa | 相对减少量/(%) |
|---|---|---|---|---|---|---|---|
| 1 | 0 | 无磁 | 30 g,4 g CsNO₃ | 31.5 | 7.8×10¹⁴ | 16.3 | |
| 2 | 0.1 | 平行磁场 | 30 g,4 g CsNO₃ | 37.3 | 7.8×10¹⁴ | 13.59 | 16.6 |
| 3 | 0.1 | 垂直磁场 | 30 g,4 g CsNO₃ | 25.8 | 7.8×10¹⁴ | 13.85 | 15.0 |

**续表**

| 射　序 | 磁场强度/T | 磁场方向 | 药　量 | 膛压/MPa | 等离子体密度/m³ | 内壁应力/MPa | 相对减少量/(%) |
|---|---|---|---|---|---|---|---|
| 4 | 0 | 无磁 | 30 g,无 CsNO₃ | 14.5 | $1.5 \times 10^{14}$ | 10.85 | |
| 5 | 0.41 | 平行磁场 | 30 g,无 CsNO₃ | 16.0 | $1.5 \times 10^{14}$ | 8.98 | 17.2 |
| 6 | 0.41 | 垂直磁场 | 30 g,无 CsNO₃ | 16.5 | $1.5 \times 10^{14}$ | 9.2 | 15.2 |
| 7 | 0 T | 无磁 | 30 g,无 CsNO₃ | 18.5 | $1.5 \times 10^{14}$ | 14.7 | |
| 8 | 0.61 | 平行磁场 | 30 g,无 CsNO₃ | 15.0 | $1.5 \times 10^{14}$ | 11.93 | 18.8 |
| 9 | 0.61 T | 垂直磁场 | 30 g,无 CsNO₃ | 16.3 | $1.5 \times 10^{14}$ | 12.33 | 16.1 |

### 8.3.3　弹底压力数据分析

第二发弹底压力数据,最大压力为 60.24 MPa。第二发测试条件为:无磁场,药量为 40 g 火药和 5 g CsNO₃(第一发弹由于数据采集失败,因此没有记录)。第二发测试数据如图 8-40 所示。

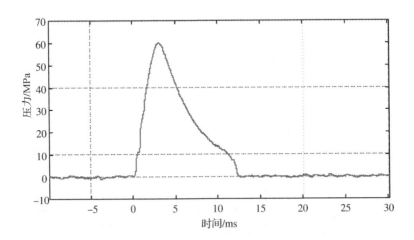

图 8-40　第二发测试数据

第三发弹底压力数据,最大压力为 60.58 MPa。第三发测试条件为:加垂直磁场,磁场强度 0.61 T,电流大小为 8.5 A,药量为 40 g 火药和 5 g CsNO₃,测试数据如图 8-41 所示。

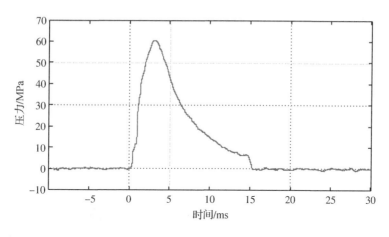

图 8 - 41　第三发测试数据

第四发弹底压力数据,最大压力为 60.85 MPa。第三发测试条件为:加垂直磁场,磁场强度 0.61 T,电流大小为 8.5 A,药量为 40 g 火药和 5 g CsNO₃,测试数据如图 8 - 42 所示。

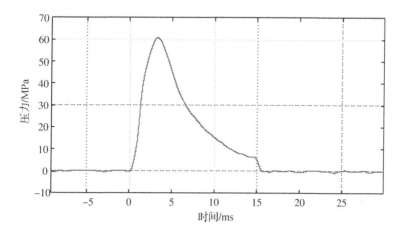

图 8 - 42　第四发测试数据

第一发弹底压力数据,最大压力为 59.3 MPa。第一发测试条件为:无磁场,药量为 40 g 火药和 5 g CsNO₃测试数据如图 8 - 43 所示。

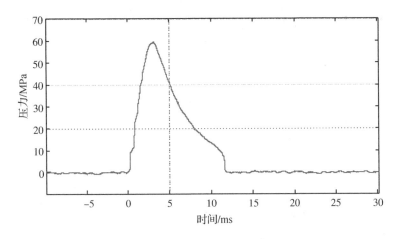

图 8-43　第一发测试数据

从表 8-4 可以看出,加垂直磁场对增力效果不明显,加平行磁场时,弹底压力比不加磁场时压力值提高了 5.35%。试验结果与高压下磁化等离子体增力效应仿真研究所得的弹底压力趋势相一致,验证了磁化等离子体火炮增力效应的正确性。

表 8-4　弹底压力数据统计表

| 射　序 | 磁场强度/T | 药　量 | 磁场方向 | 弹底压力最大值/MPa | 相对增加量/(%) |
|---|---|---|---|---|---|
| 1 | 无 | 40 g 火药,5 g CsNO3 | 无磁 | 60.24 | |
| 2 | 0.61 | 40 g 火药,5 g CsNO$_3$ | 垂直磁场 | 60.58 | 0.6 |
| 3 | 0.61 | 40 g 火药,5 g CsNO$_3$ | 垂直磁场 | 60.85 | 1.0 |
| 4 | 无 | 40 g 火药,5 g CsNO$_3$ | 无磁 | 59.3 | |
| 5 | 0.15 | 40 g 火药,5 g CsNO$_3$ | 平行磁场 | 62.36 | 5.2 |
| 6 | 0.15 | 40 g 火药,5 g CsNO$_3$ | 平行磁场 | 62.56 | 5.5 |

# 参 考 文 献

［1］ 李程,毛保全,白向华,等.磁场方向对圆筒结构内高温导电气体流动与传热特性的影响研究[J].兵工学报,2018,39(5):851-858.

［2］ JONES M S, BLACKMAN V. Parametric studies of explosive driven MHD power generators［R］.California:MHD Research,Inc. Newport Beach,1964.

［3］ JONES M S. Explosive driven linear MHD generators［R］.［S. l.］: Proceedings of the Conference on Megagauss Magnetic Field Generation by Explosives,2014.

［4］ RIHERD M,ROY S. Stabilization of boundary layer streaks by plasma actuators[J]. J Phys D: Appl Phys, 2014,47(12):195-203.

［5］ LINEBERRY J,BEGG L,CASTRO J,et al. Scramjet driven MHD power demonstration HVEPS program［C］// 37th AIAA Plasmadynamics and Lasers Conference.San Francisco:AIAA,2006:3080.

［6］ 居滋象.中国的磁流体发电研究与开发[J].磁流体发电情报,1992,53:3.

［7］ 居滋象,吕友昌,荆伯弘.开环磁流体发电[M].北京:北京工业大学出版社,1998.

［8］ 李益文,李应红,张百灵,等.基于激波风洞的超声速磁流体动力技术实验系统[J].航空学报,2011,32(6):1015-1024.

［9］ ABDOU M ,SZE D,WONG C,et al. U.S. plans and strategy for ITER blanket testing[J]. Fusion Sci Technol,2005,47(3):475-487.

［10］ 余羿.稳态磁约束环等离子体输运相关问题的实验研究[D].合肥:中国科学技术大学,2009.

［11］ 张百灵,朱涛,李益文,等.超声速气流磁流体加速技术的应用与发展[J].力学与实践,2013,35(2):13-21.

［12］ ASANO H, KAMINAGA S, YAMASAKI H. Effect of non-uniform

discharge on performance of MHD accelerator with non-equilibrium plasma[C]// 44th AIAA Aerospace Sciences Meeting and Exhibit. Reno：AIAA,2006：969.

[13]  HARADA N,SAKAMOTO N,KONDO J. MHD accelerator studies at nagaoka university of technology[C]//38th Plasmadynamics and Lasers Conference. Miami：AIAA,2007：4131.

[14]  夏俊明,徐跃民,孙越强. 电磁波在大面积等离子体片中传播特性的分析[J]. 物理学报, 2015,64(19)：194 - 202.

[15]  MURAKAMI N, ROBERSON B R, WINGLEE R, et al. Downstream flow analysis of high-power helicon double gun thruster with application to spacecraft propulsion systems[C]// 50th AIAA/ASME/SAE/ASEE Joint Propulsion Conference. Cleveland：AIAA,2014：3698.

[16]  夏广庆,王冬雪,薛伟华,等. 螺旋波等离子体推进研究进展[J]. 推进技术,2011,32(6)：857 - 863.

[17]  张康平,丁国昊,田正雨,等. 磁流体动力学控制二维扩压器流场数值模拟研究[J]. 国防科技大学学报,2009,31(6)：39 - 42.

[18]  许振宇,李椿萱. 超声速磁流体管道流动的数值模拟[J]. 北京航空航天大学学报, 2005,31(8)：893 - 898.

[19]  BISEK N J. Numerical study of plasma assisted aerodynamic control for hypersonic vehicles[D]. Michigan：The University of Michigan,2010.